Vorwort zur zweiten Auflage

Im Notfall muss man schnell und adäquat handeln. Deshalb ist es wichtig, die benötigten Arzneimittel und ihre Eigenschaften zu kennen oder sie schnell nachschlagen zu können. Welche Ansprüche werden daher an ein Arzneimittelbuch für den Rettungsdienst gestellt? Es sollte alle relevanten Arzneimittel beinhalten, einen schnellen Zugriff auf die entsprechenden Informationen gewährleisten und trotzdem handlich im Format sein.

Das **Arzneimittel Rettungsdienst pocket** wird allen diesen Ansprüchen gerecht: Zu jedem Medikament gibt es ein Profil mit Angaben zu Darreichungsform, Dosierung, Wirkung, unerwünschten Wirkungen und Pharmakokinetik. In der vorliegenden 2. Auflage wurden Informationen zur körpergewichtsabhängigen Dosierung ergänzt, zudem Inkompatibilitäten und besondere Hinweise zur Lagerung der Medikamente.

Die häufigsten Notfälle und ihre Therapie werden im Kapitel Notfallindikationen aufgelistet. Neben jedem Notfall steht mindestens ein Medikament und ein Querverweis zu dem entsprechenden Profil für nähere Angaben zu Dosierung und Wirkung.

Da man im Rettungsdienst oft auch mit der Vormedikation des Patienten konfrontiert wird, haben wir eine Liste mit Medikamenten in Deutschland hinzugefügt. Angegeben sind die einzelnen Arzneimittel und die Handelsnamen mit dazugehörigem Wirkstoff und die pharmakologische Bezeichnung.

Ein Glossar, Reanimationsalgorithmen für Kinder und Erwachsene, Dosierungstabellen und das Kapitel Arbeitstechniken runden das Buch ab.

Wir hoffen, dass Ihnen das Buch gute Dienste leistet und freuen uns über Anregungen, Lob und Kritik.

Die Autoren

Hausham und Bonn im Juli 2008

Weitere Titel dieser Reihe:

Anamnese & Untersuchung pocket
Arzneimittel Infektionen pocket
Arzneimittel pocket 2008
Arzneimittel pocket plus 2008
Arzneimittel Therapie pocket 2007-2008
Arzneimittel Pädiatrie pocket
Arzneimittel Phytotherapie pocket
Arzneimittel Wirkungen pocket
Anamnese und Untersuchung pocket
Anatomie fast
Antiinfektiva XXS pocket
Asthma XXS pocket
Chirurgische Notfälle pocket
Chirurgue fast
COPD XXS pocket
Differenzialdiagnose pocket
EKG pocket
EKG Fälle pocket
GK3 Termini pocket
Heilpraktiker Kompaktwissen pocket
Homöopathie pocket
Homöopathie für Kinder pocket
Labormedizin pocket
Medizin Translator pocket
Medizinisches Englisch pocket
Medizinisches Französisch pocket
Medizinisches Italienisch pocket
Medizinisches Spanisch pocket
Neurologie pocket
Neurologie XXS pocket
Normalwerte pocket
Notaufnahme Innere Medizin XXS pocket
Notfallmedikamente XXS pocket
Pneumonie pocket
Psychiatrie fast
Wörterbuch Medizin pocket

Börm Bruckmeier Verlag im Internet:
www.media4u.com

Arzneimittel Rettungsdienst pocket

Autor:
Dr. med. Andreas Ruß
Fachärztliche Internistische Praxis
Kirchplatz 1
83734 Hausham
→ andreas.russ@media4u.com

Marc Deschka
Dechant-Heimbach-Str. 13
53177 Bonn
→ marc.deschka@media4u.com

Lektorat: Andrea Rauneker
Herstellung: Alexander Storck
Umschlagfoto: Jan Kretschmer (www.jan-kretschmer.de)

Wichtiger Hinweis
Der Stand der medizinischen Wissenschaft ist durch Forschung und klinische Erfahrung ständig im Wandel. Autor und Verlag haben größte Mühe darauf verwandt, dass die Angaben in diesem Werk korrekt sind und dem derzeitigen Wissensstand entsprechen. Für die Angaben kann von Autor und Verlag jedoch keine Gewähr übernommen werden. Jeder Benutzer ist dazu aufgefordert, Angaben dieses Werkes gegebenenfalls zu überprüfen und in eigener Verantwortung am Patienten zu handeln.
Geschützte Warennamen (Warenzeichen) werden nicht besonders kenntlich gemacht. Aus dem Fehlen eines solchen Hinweises kann also nicht geschlossen werden, dass es sich um einen freien Handelsnamen handelt.

Die Deutsche Bibliothek verzeichnet diese Publikation in der Deutschen Nationalbibliografie; detaillierte bibliografische Daten sind im Internet über <http://dnb.ddb.de> abrufbar.

Nördliche Münchner Str. 28, 82031 Grünwald, www.media4u.com

2. Auflage, Januar 2009, verbesserter Nachdruck der 2. Auflage
ISBN 978-3-89862-292-9
Printed in China through Colorcraft Ltd., Hong Kong

Inhalt

1 Arzneimittelprofile

Acetylcystein (ACC)

Antidot, Mukolytikum

Hn Appl	**Fluimucil Antidot 20%** *Amp. 5g/25ml (1ml=0.2g=200mg; 100mg=0.1g=0.5ml)*
Dos	**Paracetamol-Intoxikation:** initial 150mg/kgKG in 200ml Glukose5% über 15min i.v.:

5 kgKG	10 kgKG	15 kgKG	20 kgKG	30 kgKG	40 kgKG
0.75g	1.5g	2.25g	3g	4.5g	6g
50 kgKG	60 kgKG	70 kgKG	80 kgKG	90 kgKG	100 kgKG
7.5g	9g	10.5g	12g	13.5g	15g

dann: 50mg/kgKG in 500ml Glukose5% über 4h i.v.:

5 kgKG	10 kgKG	15 kgKG	20 kgKG	30 kgKG	40 kgKG
0.25g	0.5g	0.75g	1g	1.5g	2g
50 kgKG	60 kgKG	70 kgKG	80 kgKG	90 kgKG	100 kgKG
2.5g	3g	3.5g	4g	4.5g	5g

dann: 100mg/kgKG in 1000ml Glukose5% über 16h i.v.:

5 kgKG	10 kgKG	15 kgKG	20 kgKG	30 kgKG	40 kgKG
0.5g	1g	1.5g	2g	3g	4g
50 kgKG	60 kgKG	70 kgKG	80 kgKG	90 kgKG	100 kgKG
5g	6g	7g	8g	9g	10g

Glukoselösung auf 70 kg schwere Patienten berechnet, Verringerung bei leichteren Patienten oder Kindern möglich; **DANI** nicht erforderlich

Ind	Intoxikationen mit Paracetamol, Acrylnitril, Methacrylnitril, Methylbromid
KI	Keine
Wi	Verstoffwechslung in Hepatozyten zu Glutathion, das zur Entgiftung toxischer Paracetamolmetabolite benötigt wird
NW	Abfall des Prothrombinwertes, anaphylaktische Reaktionen
Info	Rp HWZ 30-40min, Q_0 0.7, PRC B, Lact ?
Inkom	Kann mit den Antibiotika Amoxicillin, Doxicyclin, Erythromycin, Thiamphenicol und Cefuroxim in einer gemeinsamen Lösung verabreicht werden; nicht mit anderen halbsynthetischen Penicillinen, Tetracyclinen, Cephalosporinen sowie Aminoglycosiden mischen

Acetylcystein (Fortsetzung)	
Lager	Keine besonderen Lagerungsanforderungen
s.a.	**Antidota** (→ S. 166): Atropin → S. 20, Kalziumglukonat → S. 58, Digitalis-Antitoxin → S. 31, Dimercaptopropansulfonat (DMPS) → S. 35, Dimethylaminophenol (4-DMAP) → S. 33, Ethanol → S. 43, Flumazenil → S. 47, Hydroxycobalamin → S. 55, Naloxon → S. 73, Natriumthiosulfat → S. 76, Obidoximchlorid → S. 81, Physostigmin → S. 89, Toloniumchlorid → S. 109

<table>
<tr><th colspan="2">Acetylsalicylsäure (ASS)</th></tr>
<tr><th colspan="2">Thrombozytenaggregationshemmer, Analgetikum, NSAR, Phosphodiesterasehemmer</th></tr>
<tr><td>Hn
Appl</td><td>Aspirin i.v. Inj.Lsg. 500mg/5ml (1ml=0.1g=100mg)</td></tr>
<tr><td>Dos</td><td>Akutes Koronarsyndrom: 500mg i.v.; akute, mäßig starke bis starke Schmerzen, Fieber: 0.5-1g i.v., max. 5g/d; akuter Migräneanfall: 1g i.v.; Ki.: Fieber: 10-25mg/kgKG/d i.v. (in 2-3 Einzelgaben):
<table>
<tr><td>5 kgKG</td><td>10 kgKG</td><td>15 kgKG</td><td>20 kgKG</td><td>30 kgKG</td><td>40 kgKG</td></tr>
<tr><td>50-125mg/d</td><td>100-250mg/d</td><td>150-375mg/d</td><td>200-500mg/d</td><td>300-750mg/d</td><td>400mg-1g/d</td></tr>
</table></td></tr>
<tr><td>Ind</td><td>Akutes Koronarsyndrom, Angina-pectoris-Anfall mit Hinweis auf Myokardinfarkt; Schmerzen, Fieber; Migräneanfall</td></tr>
<tr><td>KI</td><td>Bek. Überempfindlichkeit, allergische Reaktionen und Asthmaanfälle auf NSAR/Salicylate in Vorgeschichte Magen-Darm-Ulzera, erhöhte Blutungsneigung, schweres Leber- oder Nierenversagen, schwere nicht eingestellte Herzinsuffizienz, Kombination mit Methotrexat ab 15mg/W., Gravidität (letztes Trimenon, vorher strenge Ind.Stell.), Stillzeit; Anw.Beschr. bei Kindern und Jugendlichen mit fieberhaften Erkrankungen (Cave: Reye-Syndrom)</td></tr>
<tr><td>Wi</td><td>Hemmung der Cyclooxygenase ⇒ Prostaglandinsynthese ↓ ⇒ Thrombozytenaggregation ↓, analgetisch (Schmerz ↓), antiphlogistisch (Entzündung ↓), antipyretisch (Fieber ↓)</td></tr>
<tr><td>NW</td><td>Allerg. Hautreaktionen, Schwindel, Tinnitus, Übelkeit, Erbrechen, Sodbrennen, Magen-Darm-Ulzera, Bronchospasmus, Blutbildungsstörungen, Panzytopenie, Blutungszeit ↑, Störung des Säure-Basen-Haushalts, Nierenfunktionsstörung, Abszesse bei i.m.-Anwendung</td></tr>
<tr><td>Info</td><td>HWZ (2–3) h, Q_0 1.0, PPB 70-90%, PRC D, Lact ?</td></tr>
<tr><td>Inkom</td><td>Trockensubstanz in 5 ml Wasser für Injektionszwecke lösen; ausschließlich mit Natriumchlorid 0,9%, Glukose 5% und 10%, Ringer-Lösung und Ringer-Lactat-Lösung mischen</td></tr>
<tr><td>Lager</td><td>Nicht über +25°C lagern</td></tr>
<tr><td>s.a.</td><td>Nonsteroidale Antirheumatika (NSAR) (→ S. 157): Metamizol → S. 66, Paracetamol → S. 84
Opioid-Analgetika (→ S. 156): Fentanyl → S. 46, Morphin → S. 72, Pethidin → S. 86, Piritramid → S. 90, Tramadol → S. 110
Gerinnungstherapeutika (→ S. 149): Unfraktioniertes Heparin → S. 149
Fibrinolytika (→ S. 150): Alteplase → S. 16, Tenecteplase → S. 102
Thrombozytenaggregationshemmer (→ S. 150): Clopidogrel → S. 28, Tirofiban → S. 107</td></tr>
</table>

Adenosin

Antiarrhythmikum

Hn Appl
Adenosin Item *Inj.Lsg. 10mg/2ml, 50mg/10ml, 250mg/50ml (1ml=5mg=5000µg; 1mg=1000µg=0.2ml)*
Adrekar *Inj.Lsg. 6mg/2ml (1ml=3mg=3000µg; 1mg=1000µg≈0.33ml)*

Dos
Paroxysmale AV-junktionale Tachykardien: initial 3mg als Bolus i.v., bei persistierender Rhythmusstörung nach 2 min: 6mg i.v.; ggf. 9 bzw. 12mg i.v.

Ki.: initial 100µg/kgKG i.v.:

5 kgKG	10 kgKG	15 kgKG	20 kgKG	30 kgKG	40 kgKG
0.5mg	1mg	1,5mg	2mg	3mg	4mg

je nach Wirkung steigern um 50µg/kgKG alle 2min bis 250µg/kgKG:

5 kgKG	10 kgKG	15 kgKG	20 kgKG	30 kgKG	40 kgKG
+ 0.25mg (bis 1.25mg)	+ 0.5mg (bis 2.5mg)	+ 0.75mg (bis 3.75mg)	+ 1mg (bis 5mg)	+ 1.5mg (bis 7.5mg)	+ 2mg (bis 10mg)

DANI nicht erforderlich

Ind
Paroxysmale supraventrikuläre Tachykardien mit Beteiligung des AV-Knotens

KI
AV-Block II°-III°, Sick-Sinus-Syndrom, Vorhofflimmern, obstruktive Lungenerkrankungen, verlängertes QT-Intervall

Wi
Über Purin-1-Rezeptoren vermittelte Verlangsamung der Überleitungszeit am AV-Knoten und Sinusknoten ⇒ Terminierung v. Reentry-Tachykardien; Relaxierung von Gefäßmuskelzellen

NW
Flush, thorakale Schmerzen, Bradykardie, Asystolie (meist transient), Sinuspause, ventrikuläre u. supraventrikuläre Extrasystolen, AV-Block, ventrikuläre Tachykardien, Vorhofflimmern, Dyspnoe, Kopfschmerzen, Schwindel, innere Unruhe, Verschwommensehen, metallischer Geschmack, Bronchospasmus, Blutdruckabfall

Info
Rp HWZ < 10s, Q_0 1.0, PRC C, Lact ?

Inkom
Adrekar: Inkompatibilitäten nicht bekannt, Adenosin Item: nur mit NaCl 0.9% mischen

Lager
Adrekar, Adenosin Item: bei Raumtemperatur lagern

s.a.
Antiarrhythmika (→ S. 142): Adenosin → S. 12, Adrenalin → S. 13, Ajmalin → S. 15, Amiodaron → S. 18, Digoxin → S. 32, Esmolol → S. 41, Metoprolol → S. 69, Verapamil → S. 113

Adrenalin (Epinephrin)

Sympathomimetikum, Betamimetikum, Nebennierenrindenhormon, Adrenergikum, Vasopressor, Antiarrhythmikum, Bronchodilatator

Hn Appl
Suprarenin *Amp. 1mg/1ml; Inj.Lsg. 25mg/25ml (1ml=1mg=1000µg)*
Adrenalin Jenapharm *Amp. 1mg/1ml (1ml=1mg=1000µg)*
Anapen *Autoinjektor 0.15mg/0.3ml (1ml=0.5mg=500µg; 1mg=1000µg=2ml); 0.3mg/0.3ml (1ml=1mg=1000µg)*
Fastjekt *Fertigspr. 0.15mg/0.3ml (1ml=0.5mg=500µg; 1mg=1000µg=2ml); 0.3mg/0.3ml (1ml=1mg=1000µg)*
Infectokrupp Inhal *Dosierhub 0.56mg/0.14ml*

Dos
Kardiopulmonale Reanimation: jeweils 1mg mit NaCl 0,9% auf 10ml verdünnen (⇒ 1ml=0.1mg=100µg), 1mg i.v. alle 3–5min; falls kein i.v.-Zugang verfügbar: 2-3mg (mit NaCl 0.9% auf 10ml verdünnt) endotracheal;
Ki.: 0.01mg/kgKG i.v. oder i.o.:

5 kgKG	10 kgKG	15 kgKG	20 kgKG	30 kgKG	40 kgKG
0.05mg	0.1mg	0.15mg	0.2mg	0.3mg	0.4mg

oder 0.1mg/kgKG in 3-5ml NaCl 0.9% endotracheal alle 3-5min; bei persistierender Erfolglosigkeit 0.1mg/kgKG i.v. oder i.o.:

5 kgKG	10 kgKG	15 kgKG	20 kgKG	30 kgKG	40 kgKG
0.5mg	1mg	1.5mg	2mg	3mg	4mg

Schwere Anaphylaxie: 0.1mg langsam i.v., je n. Wirkung initial alle 1-2, später alle 5min wiederholen; ggf. Perfusor (s.u.) mit 0.05-0.5µg/kgKG/min i.v.:

50 kgKG	60 kgKG	70 kgKG	80 kgKG	90 kgKG	100 kgKG
2.5-25µg/min =1.5-15ml/h	3-30µg/min =1.8-18ml/h	3.5-35µg/min =2.1-21ml/h	4-40µg/min =2.4-24ml/h	4.5-45µg/min =2.7-27ml/h	5-50µg/min =3-30ml/h

Ki.: 0.01mg/kgKG über 1-2min i.v. oder i.o., ggf. alle 15-20 min wiederholen:

5 kgKG	10 kgKG	15 kgKG	20 kgKG	30 kgKG	40 kgKG
0.05mg	0.1mg	0.15mg	0.2mg	0.3mg	0.4mg

ggf. Perfusor (s.u.) mit 0.05-0.5µg/kgKG/min i.v.:

5 kgKG	10 kgKG	15 kgKG	20 kgKG	30 kgKG	40 kgKG
0.25–2.5 µg/min =0.15-1.8ml/h	0.5-5 µg/min =0.3-3ml/h	0.75-7.5 µg/min =0.45-4.5ml/h	1-10 µg/min =0.6-6ml/h	1.5-15 µg/min =0.9-9ml/h	2-20 µg/min =1.2-12ml/h

Akute allergische Reaktionen (Selbstmedikation): 0.3mg i.m.;
Ki.: 15-30kgKG: 0.15-0.3mg i.m.; >30kgKG: 0.3mg i.m.; **Akute stenosierende Laryngotracheitis:** 7-14 Dosierhübe (= 4-8mg) über Vernebler applizieren

Adrenalin (Fortsetzung)	
Perf	**5ml Suprarenin (=5mg) + 45ml NaCl 0.9%** (= 50ml=5mg; 1ml=0.1mg=100µg) ⇒ 0.6ml/h=1µg/min (siehe auch Umrechnungstabelle Umschlagseite)
Ind	Kardiopulmonale Reanimation (Kammerflimmern, Asystolie), Anaphylaxie, allergische Reaktionen, Status asthmaticus
KI	Hypertonie, Hyperthyreose, Phäochromozytom, Glaukom, paroxysmale Tachykardie, hochfrequente abs. Arrhythmie, Cor pulmonale, Blasenentleerungsstörungen
Wi	Beta-agonistische Wi > alpha-Wi; Herzfrequenz ↑, Kontraktionskraft des Herzens ↑, Erregbarkeit des Herzens ↑; systolischer Blutdruck ↑, diastolischer Blutdruck ↓; Bronchodilatation
NW	Tachykarde Rhythmusstörungen, Kammerflimmern, Angina pectoris, hoher Blutdruck, Vasokonstriktion, Hyperglykämie, Übelkeit, Erbrechen, Tremor, Nervosität, Angst, Kopfschmerzen, Halluzinationen
Info	HWZ 1–3min, Q_0 >0.7, PRC C, Lact ?
Inkom	Suprarenin: insb. bei pH-Werten >5 empfindlich auf Sauerstoff und Metallionen
Lager	Suprarenin Amp. und Durchstechflasche: vor Licht geschützt (z.B. in der Umverpackung) bei +2°C - +8°C lagern; bei Raumtemperatur (25°C) verkürzt sich die Lagerungsdauer auf 6 Monate
s.a.	**Sympathomimetika** (→ S. 134): Dobutamin → S. 37, Dopamin → S. 38, Orciprenalin → S. 83, Noradrenalin → S. 80 **Parasympatholytika** (→ S. 137): Atropin → S. 20 **Antiarrhythmika** (→ S. 142): Adenosin → S. 12, Ajmalin → S. 15, Amiodaron → S. 18, Digoxin → S. 32, Esmolol → S. 41, Metoprolol → S. 69, Verapamil → S. 113

Ajmalin	
Antiarrhythmikum Klasse Ia	
Hn Appl	**Gilurytmal** *Amp. 50mg/10ml (1ml=5mg; 1mg=0.2ml)*
Dos	**Supraventr. Tachykardie bei WPW-Syndrom:** 50mg über 5min i.v.; ggf. erneut 50mg nach 30min; ggf. Perfusor mit 20-50mg/h i.v., max 1200mg/24h; **DANI** sorgfältige Dosiseinstellung
Perf	**5 Amp. Gilurytmal (=5x50mg/10ml) pur** (=50ml=250mg; 1ml=5mg) ⇒ 0.2ml/h=1mg/h
Ind	AV-junktionale Tachykardien, supraventrikuläre Tachykardien bei WPW-Syndrom, paroxysmales Vorhofflimmern, schwerwiegende symptomatische ventrikuläre Tachykardien, DD des WPW-Syndroms (Ajmalin-Test)
KI	Bradykardie <50/min, Erregungsleitungsstörungen, AV-Block II-III, Adam-Stokes-Anfälle, manifeste Herzinsuffizienz (EF < 35%), Digitalisintox., hypertrophe Kardiomyopathie, bis 90 Tage nach Myokardinfarkt, erhebl. Verbreiterung des QRS, QT-Verlängerung, Myasthenia gravis
Wi	Na^+-Einstrom ↓ ⇒ Depolarisation ↓, Leitungsgeschwindigkeit ↓, Erregbarkeit des Herzens ↓, Kontraktionskraft des Herzens ↓; K^+-Ausstrom ↓ ⇒ Aktionspotential-Dauer ↑, Refraktärzeit ↑
NW	Transaminasen ↑, Cholestase, Blutbildveränderungen, Proarrhythmien, Reizleitungsstörungen, Asystolie, Anstieg der Kammerfrequenz bei Vorhofflimmern, Flush-Symptomatik; Magen-Darm-Beschwerden
Info	HWZ 1.6h, Q_0 0.85, PPB 75%
Inkom	Nicht mit Furosemid oder alkalischen Lösungen mischen
Lager	Vor Licht geschützt (z.B. in der Umverpackung) lagern
s.a.	**Antiarrhythmika** (→ S. 142): Adenosin → S. 12, Adrenalin → S. 13, Amiodaron → S. 18, Digoxin → S. 32, Esmolol → S. 41, Metoprolol → S. 69, Verapamil → S. 113

Alteplase (t-PA)

Thrombolytikum

Hn **Appl**	**Actilyse** *Inj.Lsg. 10mg/10ml, 20mg/20ml, 50mg/50ml (Trockensubstanz + Wasser für Injektionszwecke als Lösungsmittel)*
Dos	**Herzinfarkt**: 15mg i.v. in 2min, dann 50mg über 0.5h, dann 35mg über 1h; < 65kgKG: 1. Dosis 15mg, 2. Dosis 0.75mg/kgKG, 3. Dosis 0.5mg/kgKG; Komb. mit Heparin:

Körpergew.	45 kg	50 kg	55 kg	60 kg	≥ 65 kg
1.Dosis	15mg in 2min	15mg in 2min	15mg in 2min	15mg in 2min	15mg in 2min
2.Dosis (Perfusor)	33.75mg in 30min	37.5mg in 30min	41.25mg in 30min	45mg in 30min	50mg in 30min
3.Dosis (Perfusor)	22.5mg in 60min	25mg in 60min	27.5mg in 60min	30mg in 60min	35mg in 60min
Gesamtdosis	71.25mg	77.5mg	83.75mg	90mg	100mg

Lungenembolie: 10mg i.v. über 2min, dann 2. Dosis (90mg) über 2 h; Komb. mit Heparin; < 65kgKG: Gesamtdosis max. 1.5mg/kgKG:

Körpergew.	45 kg	50 kg	55 kg	60 kg	≥ 65 kg
1. Dosis	10mg in 2min	10mg in 2min	10mg in 2min	10mg in 2min	10mg in 2min
2. Dosis (Perfusor)	57.5mg in 120min	65mg in 120min	72.5mg in 120min	80mg in 120min	90mg in 120min.
Gesamtdosis	67.5mg	75mg	82.5mg	90mg	100mg

Zerebrale Ischämie: 0.9mg/kgKG, davon 10% als Initialbolus; Rest über 1h als Perfusor (max. 90mg), kein Heparin!

Körpergew.:	60 kg	70 kg	80 kg	90 kg	≥ 100 kg
Initialbolus:	5.4mg	6.3mg	7.2mg	8.1mg	9.0mg
Rest: (Perfusor)	48.6mg in 60min	56.7mg in 60 min	64.8mg in 60 min	72.9mg in 60 min	81.0mg in 60 min
Gesamtdosis:	54mg	63mg	72mg	81mg	90mg

Perf	Mit Wasser für Injektionszwecke aus der berechneten Gesamtdosis eine Lösungskonzentration von 1ml=1mg oder 1ml=2mg herstellen, z.B. 100mg Actilyse in 50ml Wasser f. Inj.-zwecke lösen (=50ml=100mg; 1ml=2mg); Weiterverdünnung der Lösung mit NaCl 0.9% bis zu einer Mindestkonzentration von 0.2mg/ml möglich

Ind	Akuter Herzinfarkt innerhalb 6-12h nach Symptombeginn, akute Lungenembolie, akute zerebrale Ischämie innerhalb 3h nach Symptombeginn u. nach Ausschluss intrakranieller Blutung
KI	Bekannte Blutungsneigung, orale Antikoagulanzientherapie (z.B. Marcumar), manifeste oder kurz zurückliegende schwere Blutung, bestehende, anamnest. bek. oder V.a. auf intrakraniale Blutung, V.a. oder Z.n. Subarachnoidalblutung, Schädigung des ZNS i.d. Anamnese (Neoplasma, Aneurysma, intrakraniale od. spinale OP), kurz zurückliegende (< 10d) traumatische externe Herzmassage, Entbindung, kurz zurückliegende Punktion eines nicht komprimierbaren Blutgefäßes, unkontrollierbare schwere art. Hypertonie, bakt. Endokarditis, Perikarditis, akute Pankreatitis, Magen-Darm-Ulzera in den letzten 3 M., Ösophagusvarizen, art. Aneurysmen, arterioven. Missbildung, Neoplasie mit erhöhtem Blutungsrisiko, schwere Lebererkr.; bei Ind. Herzinfarkt, Lungenembolie: Schlaganfall i.d. Anamanese; bei Ind. cerebr. Ischämie: Schlaganfall in den vergangenen 3 Monaten, Krampfanfall zu Beginn des Schlaganfalls, Thrombo < 100/nl, Heparingabe in den letzten 48h, Schlaganfall i.d. Anamnese + Diabetes
Wi	Rekombinanter, menschlicher Gewebs-Plasminogenaktivator, der Plasminogen direkt zu Plasmin aktiviert, welches Fibringerinnsel auflöst
NW	Blutungen, Reperfusionsarrhythmien, anaphylaktoide Reaktionen
Info	Rp HWZ 26–46min, Q_0 1.0, PPB 0%, PRC C, Lact ?
Inkom	Keine Mischung mit anderen Arzneimitteln, ggf. über separaten Zugang verabreichen
Lager	Vor Licht geschützt (z.B. in der Umverpackung) und nicht bei Temp. > +25°C lagern
s.a.	**Gerinnungstherapeutika** (→ S. 149): unfraktioniertes Heparin → S. 149 **Fibrinolytika** (→ S. 150): Tenecteplase → S. 102 **Thrombozytenaggregationshemmer** (→ S. 150): Acetylsalicylsäure → S. 11, Clopidogrel → S. 28

Amiodaron

Antiarrhythmikum Klasse III

Hn Appl	**Amiodaron-ratioph.** *Amp. 150mg/3ml (1ml=50mg; 10mg=0.2ml)* **Cordarex** *Amp. 150mg/3ml (1ml=50mg; 10mg=0.2ml)* **Cordarone** *Amp. 150mg/3ml (1ml=50mg; 10mg=0.2ml)*
Dos	**Reanimation mit rezidiv. Kammerflimmern oder pulsloser VT:** 300mg i.v.; **supraventrikuläre und ventrikuläre Rhythmusstörungen:** 5mg/kgKG über 3min i.v. (erneute Injektion frühestens n. 15min):

50 kgKG	60 kgKG	70 kgKG	80 kgKG	90 kgKG	100 kgKG
250mg	300mg	350mg	400mg	450mg	500mg

Dauerinfusion 10-20mg/kgKG in 250–500ml Glukose5% über 24h (bis 7d):

50 kgKG	60 kgKG	70 kgKG	80 kgKG	90 kgKG	100 kgKG
500-1000mg ü. 24h	600-1200mg ü. 24h	700-1400mg ü. 24h	800-1600mg ü. 24h	900-1800mg ü. 24h	1000-2000mg ü. 24h

Ind	AV-junktionale Tachykardien, supraventr. Tachykardien bei WPW-Syndrom, paroxysmales Vorhofflimmern, tachykarde ventrikuläre Rhythmusstörungen
KI	Sinusbradykardie (< 55/min), alle Formen einer Leitungsverzögerung (sinuaurikuläre und nodale Leitungsverzögerung, einschließlich Sick-Sinus, AV-Block II und III sowie bi- und trifaszikuläre Blöcke, sofern kein Herzschrittmacher eingesetzt ist; Schilddrüsenerkrankungen, vorbestehende QT-Verlängerung, Hypokaliämie, Jodallergien und Überempfindlichkeit gegen Amiodaron oder einen der Hilfsstoffe, gleichzeitige Th mit MAO-Hemmern, gleichzeitige Th mit Arzneimitteln, die Torsade de pointes auslösen können; Kreislaufkollaps, Hypotonie, schwere Ateminsuffizienz, Kardiomyopathie, Herzinsuffizienz, Neugeborene, Gravidität, Stillzeit
Wi	Hemmung des Kaliumausstroms in der Phase III des AP im Myokardgewebe, dadurch selektive Verlängerung der Repolarisationsdauer und Refraktärperiode des Aktionspotentials ⇒ Unterdrückung von Ektopien und Reentry-Mechanismen ohne Beeinträchtigung der Kontraktionskraft des Myokards
NW	Korneaablagerung, Lungenfibrose, Pneumonie, Photosensibilität, Leberschäden, Übelkeit, Erbrechen, Geschmacksveränderungen, Sehstörungen, Erythema nodosum, Hypo-, Hyperthyreose, Bradykardie, SA-Block, AV-Block
Info	Rp HWZ 20–100 d, Q_0 1.0, PPB 95%, PRC D, Lact -
Inkom	Amiodaron-ratiopharm: nicht mit anderen Arzneimitteln mischen, Infusion ausschließlich mit Glukose5% herstellen; Cordarex: nicht mit anderen Arzneimitteln mischen, möglichst durch DEHP-freies Infusionssystem verabreichen

Amiodaron (Fortsetzung)

Lager	Amiodaron-ratiopharm: nicht bei Temperaturen < +8°C und > +25°C lagern; Cordarex: vor Licht geschützt und nicht bei Temp. > +25°C lagern
s.a.	**Antiarrhythmika** (→ S. 142): Adenosin → S. 12, Adrenalin → S. 13, Ajmalin → S. 15, Digoxin → S. 32, Esmolol → S. 41, Metoprolol → S. 69, Verapamil → S. 113

Atracurium

Muskelrelaxans, nichtdepolarisierend

Hn Appl	**Atracurium Delta** *Amp. 25mg/2.5ml ; 50mg/5ml (1ml=10mg; 1mg=0.1ml)* **Atracurium Hameln** *Amp. 25mg/2.5ml; 50mg/5ml (1ml=10mg;1mg=0.1ml)* **Atracurium Hexal** *Amp. 25mg/2.5ml; 50mg/5ml (1ml=10mg; 1mg=0.1ml)* **Tracrium** *Amp. 25mg/2.5ml; 50mg/5ml (1ml=10mg; 1mg=0.1ml)*
Dos	**Muskelrelaxierung:** 0.3–0.6mg/kgKG i.v.:

5 kgKG	10 kgKG	15 kgKG	20 kgKG	30 kgKG	40 kgKG
1.5-3mg	3-6mg	4.5-9mg	6-12mg	9-18mg	12-24mg
50 kgKG	60 kgKG	70 kgKG	80 kgKG	90 kgKG	100 kgKG
15-30mg	18-36mg	21-42mg	24-48mg	27-54mg	30-60mg

dann Repetitionsdosen von 0.1–0.2mg/kgKG nach Bedarf ca. alle 15–20min:

5 kgKG	10 kgKG	15 kgKG	20 kgKG	30 kgKG	40 kgKG
0.5-1mg	1-2mg	1.5-3mg	2-4mg	3-6mg	4-8mg
50 kgKG	60 kgKG	70 kgKG	80 kgKG	90 kgKG	100 kgKG
5-10mg	6-12mg	7-14mg	8-16mg	9-18mg	10-20mg

oder Perfusor mit 0.3–0.6mg/kgKG/h:

5 kgKG	10 kgKG	15 kgKG	20 kgKG	30 kgKG	40 kgKG
1.5-3mg/h	3-6mg/h	4.5-9mg/h	6-12mg/h	9-18mg/h	12-24mg/h
50 kgKG	60 kgKG	70 kgKG	80 kgKG	90 kgKG	100 kgKG
15-30mg/h	18-36mg/h	21-42mg/h	24-48mg/h	27-54mg/h	30-60mg/h

DANI nicht erforderlich

Perf	**1 Amp. Tracrium (=50mg/5ml) + 45ml NaCl 0.9%** (= 50ml=50mg; 1ml=1mg) ⇒ 1ml/h=1mg/h
Ind	Muskelrelaxierung bei Narkosen und im intensivmedizinischen Bereich
KI	Bek. Überempfindlichkeit; vorsichtige Anwendung bei Myasthenia gravis und anderen neuromuskulären Erkrankungen, bei Elektrolytstörungen, bei Allergie und Asthma in der Anamnese

Atracurium (Fortsetzung)

Wi	Kompetitive Verdrängung von Acetylcholin an der motorischen Endplatte ⇒ nichtdepolarisierende Muskelrelaxation
NW	Hautrötung, Blutdruckabfall, Tachykardie, Bronchospasmus, Urtikaria, Histaminfreisetzung, Laryngospasmus, schwere anaphylaktische u. anaphylaktoide Reaktionen, Schock, Kreislaufversagen und Herzstillstand
Info	Rp HWZ 20–30min, PPB 82%, Wirkdauer 15–35min, Q_0 1.0
Inkom	Atracurium Hameln u. Tracrium: nicht in derselben Spritze mit Thiopental oder anderen alkalischen Lösungen bzw. Substanzen mischen, Venenzugang vor und nach Injektion mit NaCl 0.9% spülen
Lager	Atracurium Hameln u. Tracrium: bei +2°C bis +8°C vor Licht geschützt (z.B. in der Umverpackung) lagern, nicht einfrieren; Perfusorlösung bis zu 24h bzw. 8h bei Tageslicht und Temp. bis zu +30°C haltbar
s.a.	**Muskelrelaxanzien** (→ S. 161), nichtdepolarisierend: Atracurium → S. 19, Rocuronium → S. 97, Vecuronium → S. 112

Atropin

Parasympatholytikum, Anticholinergikum, Antidot

Hn Appl	**Atropinsulfat** *Amp. 0.5mg/1ml; Inj.Lsg. 100mg/10ml (1ml=10mg);* **Atropinum sulfuricum** *Amp. 0.25mg/1ml, 0.5mg/1ml, 1mg/1ml, 2mg/1ml*
Dos	**Reanimation mit Asystolie:** 3mg i.v.; **bradykarde Rhythmusstörungen:** 0.5-1.5mg i.v. alle 4-6h; **Ki.:** 0.01mg/kgKG i.v. (minimal 0.1mg, max. 0.5mg):

10 kgKG	15 kgKG	20 kgKG	25 kgKG	30 kgKG	40 kgKG
0.1 bis max. 0.5mg	0.15 bis max. 0.5mg	0.2 bis max. 0.5mg	0.25 bis max. 0.5mg	0.3 bis max. 0.5mg	0.4 bis max. 0.5mg

Narkoseprämedikation: 0.01mg/kgKG i.v.:

10 kgKG	15 kgKG	20 kgKG	25 kgKG	30 kgKG	40 kgKG
0.1mg	0.15mg	0.2mg	0.25mg	0.3mg	0.4mg
50 kgKG	60 kgKG	70 kgKG	80 kgKG	90 kgKG	100 kgKG
0.5mg	0.6mg	0.7mg	0.8mg	0.9mg	1mg

Alkylphosphatvergiftung: 2–5mg alle 10–15min i.v. bis zum Rückgang der Bronchialsekretion, bis zu 50mg in Einzelfällen, Erh.Dos. 0.5–1mg alle 1-4h; **Ki.:** 0.5–2mg i.v., Erh.Dos. nach Klinik; **Neostigmin- u. Pyridostigminüberdosierung:** 1–2mg i.v.

Ind	Bradykarde Herzrhythmusstörungen, Asystolie, Narkoseprämedikation, Alkylphosphatvergiftung (=Organophosphat, z.B. E 605), Neostigmin- u. Pyridostigminüberdosierung bei Myasthenia gravis
KI	Engwinkelglaukom, Tachykardie bei Herzinsuffizienz und Thyreotoxikose, tachykarde Herzrhythmusstörungen, Koronarstenose, mechanische Verschlüssen des Magen-Darm-Traktes, paralytischer Ileus, Megakolon, obstruktive Harnwegserkrankungen, Prostatahypertrophie mit Restharnbildung, Myasthenia gravis, akutes Lungenödem, Schwangerschaftstoxikose, bek. Überempfindlichkeit gegenüber Atropin und anderen Anticholinergika
Wi	Parasympatholytisch durch kompetitiven Antagonismus an muscarinartigen Cholinozeptoren ⇒ Hemmung der negativ chronotropen und dromotropen Wirkung des Acetylcholins am Herzen, Hemmung der Speichelsekretion, der Motorik, und des Tonus des Magen-Darm-Traktes, Hemmung der Schleimsekretion und des Tonus der Bronchien, Hemmung des Harnblasentonus; Auge: Mydriasis und Akkomodationslähmung
NW	Schweißdrüsensekretion ↓, Tachykardie, Miktionstrg., Mundtrockenheit, Glaukomanfall, Akkomodationsstrg., Unruhe, Halluzinationen, Krämpfe, Delir
Info	Rp HWZ 2-3h, Q_0 0.45, PPB 2-40%, PRC C, Lact ?
Inkom	Atropinsulfat Braun: inkompatibel mit Methohexital, Noradrenalin, Phenobarbital und alkalischen Lösungen
Lager	Atropinsulfat Braun: keine besonderen Lagerungsanforderungen
s.a.	**Parasympatholytika** (→ S. 137), **Antidota** (→ S. 166): Acetylcystein (ACC) → S. 9, Kalziumglukonat → S. 58, Digitalis-Antitoxin → S. 31, Dimercaptopropansulfonat (DMPS) → S. 35, Dimethylaminophenol (4-DMAP) → S. 33, Ethanol → S. 43, Flumazenil → S. 47, Hydroxycobalamin → S. 55, Naloxon → S. 73, Natriumthiosulfat → S. 76, Obidoximchlorid → S. 81, Physostigmin → S. 89, Toloniumchlorid → S. 109

Beclometason

Inhalatives Glukokortikoid	
Hn Appl	**Aerobec N** *DA 0.1mg/Hub; Autohaler 0.1mg/Hub* **Beclometason-ratioph.** *DA 0.1, 0.2mg/Hub* **Bronchocort novo** *DA 0.1mg/Hub* **Junik** *DA 0.1mg/Hub, Autohaler 0.1mg/Hub* **Ventolair** *0.1mg/Hub*
Dos	**Rauchgasexposition:** unmittelbar nach Exposition 0.4mg, nach ambulanter Aufnahme erneut 0.4mg, nach weiteren 2h 0.4mg, bei persistierenden Symptomen alle 2h 0.4mg bis zum Abklingen
Ind	Antientzündliche Akuttherapie nach Rauchgasexposition durch Brände und Schwelbrände; Unfälle, bei denen giftige Dämpfe und Gase freigesetzt werden, die zu einem schnell auftretenden Lungenödem führen (z.B. Zinknebel, Chlorgas, Ammoniak) oder nach einer Latenzzeit ein Lungenödem auslösen (z.B. durch Nitrosegase, Phosgen, Schwermetall-Dämpfe)
KI	Bek. Überempfindlichkeit
Wi	Lokaler entzündungshemmender Effekt, Reduktion der Hyperreagibilität des Bronchialsystems auf exogene Reize
NW	Überempfindlichkeitsreaktionen, paradoxe Bronchospasmen, Heiserkeit, Pilzinfektionen im Rachenraum
Info	Rp
Inkom	Entfällt
Lager	Behälter stehen teilweise unter Druck; nicht über +25°C lagern; vor Hitze, direkter Sonnenbestrahlung und Frost schützen
s.a.	**Inhalative Kortikoide** → S. 154 **Glukokortikoide** (→ S. 158): Dexamethason → S. 29, Methylprednisolon → S. 67, Prednisolon → S. 91

Biperiden	
Zentral wirksames Anticholinergikum	
Hn **Appl**	**Akineton** *Amp. 5mg/1ml (0.2ml=1mg)* **Biperiden neuraxph.** *Amp. 5mg/1ml (0.2ml=1mg)*
Dos	**Medikamentös-induzierte extrapyramidale Symptome:** 2.5–5mg i.m. oder langsam i.v., ggf. nach 30min wiederholen, max. 20mg/d
Ind	Neuroleptika-induzierte extrapyramidale Symptome wie Frühdyskinesien, Akathisie, Parkinsonoid; Nikotinvergiftung; Parkinson-Syndrome
KI	Bek. Überempfindlichkeit, unbehandeltes Engwinkelglaukom, mechan. Stenosen im Magen-Darm-Trakt, Megakolon, Ileus
Wi	Kompetitiver Antagonismus an zentralen M1-Rezeptoren ⇒ anticholinerg
NW	Müdigkeit, Schwindelgefühl, Benommenheit, Unruhe, Angst, Erregung, Euphorie, Verwirrtheit, Gedächtnisstörungen, delirante Syndrome, Halluzinationen, Nervosität, Kopfschmerzen, Schlaflosigkeit, Dyskinesien, Ataxie, Muskelzuckungen, Sprechstörungen beobachtet, zentral erregende Wirkung, Mundtrockenheit (selten mit Parotitis), Akkommodationsstörungen, Mydriasis, Verminderung d. Schweißabsonderung, Obstipation, Magenbeschwerden, Übelkeit, Tachykardie, selten auch Bradykardie, Miktionsbeschwerden, Harnverhalt, Blutdrucksenkung, allerg. Reaktionen, Engwinkelglaukom
Info	Rp HWZ 1–36h, Q_0 1.0, PPB 94%, PRC C, Lact ?
Inkom	Akineton: keine bekannt
Lager	Akineton: keine besonderen Lagerungsanforderungen
s.a.	**Neuroleptika** (→ S. 163), **Antidota** (→ S. 166)

Butylscopolamin

Spasmolytikum

Hn Appl	**BS-ratioph.** *Amp. 20mg/1ml (1ml=20mg; 10mg=0.5ml)* **Buscopan Supp.** *10mg; Amp. 20mg/1ml; Inf.Lsg. 200mg/10ml (1ml=20mg; 10mg=0.5ml)* **Butylscopolamin Rotexmed** *Amp. 20mg/1ml (1ml=20mg; 10mg=0.5ml)* **Spasman Scop** *Amp. 20mg/1ml (1ml=20mg; 10mg=0.5ml)* **Spasmowern** *Amp. 20mg/1ml (1ml=20mg; 10mg=0.5ml)*
Dos	**Magen-Darm-Spasmen:** 20–40mg i.v./i.m./s.c., max. 100mg/d; 3–5 x 10–20mg p.o./rect.; **Ki.:** 0.3–0.6mg/kgKG i.v./i.m./s.c., max. 1.5mg/kgKG/d:

10 kgKG	15 kgKG	20 kgKG	25 kgKG	30 kgKG	40 kgKG
3-6mg (max. 15mg/d)	4.5-9mg (max. 22.5mg/d)	6-12mg (max. 30mg/d)	7.5-15mg (max. 37.5mg/d)	9-18mg (max. 45mg/d)	12-24mg (max. 60mg/d)

Ind	Spasmen im Bereich von Magen, Darm, Gallenwegen und ableitenden Harnwegen sowie des weiblichen Genitals. Zur Erleichterung von endoskopischen Untersuchungen und zur Funktionsdiagnostik bei Untersuchungen des Gastrointestinaltrakts
KI	Bek. Überempfindlichkeit, mechanische Stenosen des Magen-Darm-Trakts, Megakolon, Harnverhaltung bei Prostataadenom, Engwinkelglaukom, tachykarde Herzrhythmusstörungen, Myasthenia gravis; Injektionslösung (10ml-Injektionsflasche): Überempfindlichkeit gegenüber Methyl-4-Hydroxybenzoat und Propyl-4-Hydroxybenzoat (Parabenen)
Wi	Periphere anticholinerge und parasympatholytische Wirkung ⇒ krampflösend im Bereich der glatten Muskulatur des GI-Traktes und des Urogenitalsystems
NW	Hemmung der Schweiß- und Speichelsekretion, Miktionsstörungen, Tachykardie, Blutdruckabfall, Schwindel, Flush, Akkomodationsstörungen, Glaukomanfall, Urtikaria, Dyspnoe
Info	OTC HWZ 5h, Q_0 0.55, PPB 3–11%, PRC C
Inkom	Buscopan + BS-ratiopharm Amp.: bislang nicht bekannt
s.a.	**Spasmolytika** (→ S. 158)

Cimetidin

Histamin-H_2-Rezeptorantagonist

Hn Appl
Cimehexal Inject *Amp. 200mg/2ml (1ml=100mg; 10mg=0.1ml)*
Cimetidin CT *Amp. 200mg/2ml (1ml=100mg; 10mg=0.1ml)*
H_2-Blocker-ratioph. *Amp. 200mg/2ml, 1g/10ml (1ml=100mg; 10mg=0.1ml)*

Dos
Allergische Reaktionen, anaphylaktischer Schock: 400mg i.v.
Ki.: 5–10mg/kgKG i.v.:

5 kgKG	10 kgKG	15 kgKG	20 kgKG	30 kgKG	40 kgKG
25-50mg	50-100mg	75-150mg	100-200mg	150-300mg	200-400mg

Prämedikation zur Vermeidung anaphylaktoider Reaktionen: 5mg/kgKG i.v.:

5 kgKG	10 kgKG	15 kgKG	20 kgKG	30 kgKG	40 kgKG
25mg	50mg	75mg	100mg	150mg	200mg
50 kgKG	60 kgKG	70 kgKG	80 kgKG	90 kgKG	100 kgKG
250mg	300mg	350mg	400mg	450mg	500mg

DANI GFR 0–15: 400–600mg/d; 15–30: 600–800mg/d; 30–50: 800–1200mg/d

Ind Allergische Reaktionen, anaphylaktischer Schock, Prämedikation zur Vermeidung anaphylaktoider Reaktionen

KI Bek. Überempfindlichkeit

Wi Kompetitive Hemmung von H_2-Rezeptoren ⇒ Hemmung der histaminvermittelten Magensäuresekretion

NW Durchfälle, Gelenk- und Muskelschmerzen, Schwindel, Juckreiz, Hautausschlag, Haarausfall

Info Rp HWZ 2h, Q_0 0.3, PPB 20%, PRC B, Lact +

Inkom H2-Blocker-ratiopharm: Lösung kann mit NaCl 0.9% auf 10ml verdünnt werden; inkompatibel mit stark alkalischen Lösungen (pH ≥ 8, z.B. Tris-Puffer), Aminophyllin, Amphotericin B, Dipyridamol, Pentobarbital, Polymyxin B, Penicillinen, Cephalosporinen

Lager H_2-Blocker-ratiopharm: keine besonderen Lagerungsanforderungen

s.a. **Antihistaminika** (→ S. 154): Clemastin → S. 26, Dimenhydrinat → S. 34, Dimetinden → S. 36, Promethazin → S. 92

Clemastin

Histamin-H_1-Rezeptorantagonist (Antihistaminikum)	
Hn Appl	**Tavegil** *Amp. 2mg/5ml (1ml=0.4mg; 1mg=2.5ml)*
Dos	**Akute allergische Zustände, anaphylaktischer Schock:** 2–4mg i.v.; **Prophylaxe v. Kontrastmittel-Allergien:** 2mg i.v./i.m.; **Ki.:** 0.024mg/kgKG/d i.m. in 2 Einzeldosen:
Ind	Akute allergische Zustände, anaphylaktischer Schock, Quincke-Ödem, Prophylaxe von Kontrastmittelallergien
KI	Bek. Überempfindlichkeit, Patienten mit Porphyrie, Kinder< 1 J., Gravidität, Stillzeit
Wi	Kompetitive Hemmung von H_1-Rezeptoren ⇒ Verminderung der Kapillarpermeabilität, juckreizstillend
NW	Sedierung, bei Kindern auch Erregungszustände, Mundtrockenheit, Kopfschmerzen, Schwindel, Hautreaktionen, Übelkeit, Magenschmerzen, Obstipation, Tachykardie, Hautausschlag, Atemnot, Schock
Info	OTC HWZ 8h, Q_0 1.0, PRC B, Lact -
Inkom	Bisher nicht bekannt
Lager	Nicht über +25°C lagern
s.a.	**Antihistaminika** (→ S. 154): Cimetidin → S. 25, Clemastin → S. 26, Dimenhydrinat → S. 34, Dimetinden → S. 36, Promethazin → S. 92

Dosierung Kinder (Dos):

10 kgKG	15 kgKG	20 kgKG	25 kgKG	30 kgKG	40 kgKG
2x0.12mg/d	2x0.18mg/d	2x0.24mg/d	2x0.3mg/d	2x0.36mg/d	2x0.48mg/d

<table>
<tr><th colspan="6">Clonidin</th></tr>
<tr><th colspan="6">Antihypertensivum, zentrales α-Sympathomimetikum</th></tr>
<tr><td>Hn
Appl</td><td colspan="5">Catapresan Amp. 0.15mg/1ml (1ml=0.15mg=150µg)
Clonidin-ratioph. Amp. 0.15mg/1ml (1ml=0.15mg=150µg)
Haemiton Amp. 0.15mg/1ml (1ml=0.15mg=150µg)
Paracefan Amp. 0.15mg/1ml; 0.75mg/5ml (1ml=0.15mg=150µg)</td></tr>
<tr><td>Dos</td><td colspan="5">Hypertensiver Notfall: 1–4 x 0.075–0.15mg i.m., s.c., i.v. (ggf. Verdünnung der Lsg. mit NaCl 0.9% bei i.v.-Anw.), Alkoholentzugssyndrom: initial 0.15–0.6mg, max. 0.9mg über 10–15min i.v., dann 0.3–4mg/d über Perfusor (max. 10mg/d)</td></tr>
<tr><td rowspan="3">Perf</td><td colspan="5">1 Amp. Paracefan (=0.75mg/5ml) + 45ml NaCl 0.9%
(=50ml=0.75mg=750µg; 1ml=0.015mg=15µg) ⇒ 1ml/h=15µg/h</td></tr>
<tr><td>1ml/h=15µg/h
=0.36mg/d</td><td>2ml/h=30µg/h
=0.72mg/d</td><td>3ml/h=45µg/h
=1.08mg/d</td><td>4ml/h=60µg/h
=1.44mg/d</td><td>5ml/h=75µg/h
=1.8mg/d</td></tr>
<tr><td>6ml/h
=90µg/h
=2.16mg/d</td><td>7ml/h
=105µg/h
=2.52mg/d</td><td>8ml/h
=120µg/h
=2.88mg/d</td><td>9ml/h
=135µg/h
=3.24mg/d</td><td>10ml/h
=150µg/h
=3.6mg/d</td></tr>
<tr><td>Ind</td><td colspan="5">Hypertensive Krise und Hochdruckfälle, sofern nicht durch ein Phäochromozytom bedingt; Symptome sympathoadrenerger Hyperaktivität bei akutem Alkoholentzugssyndrom</td></tr>
<tr><td>KI</td><td colspan="5">Bek. Überempfindlichkeit, AV-Block II° u. III°, Sinusknotensyndrom, Bradykardie < 50/min, Depressionen, Stillzeit</td></tr>
<tr><td>Wi</td><td colspan="5">Stimulation vorwiegend der postsynaptischen α-2-Rezeptoren, Verminderung der Sympathikusaktivität und der Plasma-Noradrenalin-Konzentration ⇒ Senkung von Blutdruck, Herzfrequenz und Herzminutenvolumen</td></tr>
<tr><td>NW</td><td colspan="5">Schlafstörung, Depression, Kopfschmerzen, AV-Block, Bradykardie, Müdigkeit, Mundtrockenheit, Potenz- u. Libidostörung, orthostat. Dysregulation</td></tr>
<tr><td>Info</td><td colspan="5">Rp HWZ 10–20h, Q_0 0.4, PPB 30–40%, PRC C, Lact ?</td></tr>
<tr><td>Inkom</td><td colspan="5">Catapresan + Clonidin-ratiopharm + Paracefan: nicht zutreffend/bekannt</td></tr>
<tr><td>Lager</td><td colspan="5">Catapresan: keine besonderen Lagerungsanforderungen; Clonidin-ratiopharm: keine Angabe; Paracefan: nicht über +25°C lagern</td></tr>
<tr><td>s.a.</td><td colspan="5">Antihypertensiva (→ S. 138): Furosemid → S. 48, Metoprolol → S. 69, Nifedipin → S. 77, Nitrendipin → S. 78, Nitroglycerin → S. 79, Urapidil → S. 111</td></tr>
</table>

Clopidogrel

Thrombozytenaggregationshemmer	
Hn Appl	**Iscover** *Tbl. 75mg* **Plavix** *Tbl. 75mg*
Dos	**Akutes Koronarsyndrom:** initial 300mg, dann 1 x 75mg p.o. in Kombination mit ASS
Ind	Akutes Koronarsyndrom ohne ST-Streckenhebung; Sekundärprophylaxe nach Herzinfarkt, Schlaganfall, art. Verschlusskrankheit
KI	Bek. Überempfindlichkeit, akute Blutung, schwere Leberfunktionsstörungen, Stillzeit
Wi	Selektive Hemmung der Bindung von ADP an den Thrombozytenrezeptor ⇒ Hemmung der Thrombozytenaggregation
NW	Bauchschmerzen, Dyspepsie, Durchfall, Übelkeit, Exanthem, Juckreiz, Kopfschmerzen, Schwindel, Parästhesien, Blutungen, Thrombopenie
Info	Rp HWZ 8h, Q_0 >0.8, PRC B, Lact ?
Inkom	Entfällt
Lager	In der Originalpackung aufbewahren
s.a.	**Thrombozytenaggregationshemmer** (→ S. 150): Acetylsalicylsäure → S. 11, Tirofiban→ S. 107 **Gerinnungstherapeutika** (→ S. 149): unfraktioniertes Heparin → S. 149 **Fibrinolytika** (→ S. 150): Alteplase → S. 16, Tenecteplase → S. 102

Dexamethason	
Glukokortikoid	
Hn Appl	**Dexa 100mg Inject Jenapharm** *Amp. 100mg/10ml (1ml=10mg; 1mg=0.1ml)* **Dexa-ratioph.** *Amp. 100mg/10ml (1ml=10mg; 1mg=0.1ml)* **Fortecortin Inject** *Amp. 40mg/5ml (1ml=8mg); Fertigspr. 40mg/5ml (1ml=8mg); Amp. 100mg/10ml (1ml=10mg; 1mg=0.1ml); Fertigspr. 100mg/10ml (1ml=10mg; 1mg=0.1ml)*
Dos	**Anaphylaktischer Schock:** (nach Adrenalin-Gabe) 100mg i.v.; **Ki.:** 40mg i.v.; **akutes Hirnödem:** initial 40-100mg i.v., dann 4-8mg i.v. alle 2-4h; **posttraumatischer Schock:** initial 40–100mg i.v., nach 12h oder 6-stündlich 16–40mg über 2-3d
Ind	Hirnödem, ausgelöst durch Hirntumor, Schädel-Hirn-Trauma (umstritten!); posttraumatischer Schock/Prophylaxe der posttraumatischen Schocklunge; anaphylaktischer Schock
KI	Bek. Überempfindlichkeit
Wi	Stark entzündungshemmend, antiödematös, antiallergisch, antiproliferativ
NW	Bei kurzfristiger Th.: Infektionen, Magen-Darm-Ulzera, verminderte Glukosetoleranz
Info	Rp HWZ 4h, Q_0 0.9, geringe PPB, PRC C, Lact-
Inkom	Fortecortin: mit jeweils 250 oder 500ml NaCl 0.9%, Ringer-Lösung und Glukose 5% mischbar, keine anderen Arzneimittel zumischen; Dexa-ratioph.: keine Inkompatibilitäten bekannt
Lager	Fortecortin: keine besonderen Hinweise; Dexa-ratioph.: in der Originalpackung aufbewahren und vor Licht schützen
s.a.	**Glukokortikoide** (→ S. 158): Methylprednisolon → S. 67, Prednisolon → S. 91 **Inhalative Kortikoide** (→ S. 154): Beclometason → S. 22

Diazepam

Benzodiazepin, Sedativum, Antikonvulsivum

Hn Appl
Diazep-CT *Amp. 10mg/2ml (1ml=5mg; 1mg=0.2ml)*
Diazepam Desitin Rectaltube *5mg/2.5ml; 10mg/2.5ml*
Diazepam lipuro *Amp. 10mg/2ml (1ml=5mg; 1mg=0.2ml)*
Diazepam-ratioph. *Amp. 10mg/2ml (1ml=5mg; 1mg=0.2ml)*
Faustan *Amp. 10mg/2ml (1ml=5mg; 1mg=0.2ml)*
Stesolid *Amp. 10mg/2ml (1ml=5mg; 1mg=0.2ml); Rektaltube 5mg/2.5ml; 10mg/2.5ml*

Dos
Status epilepticus: 5–10mg i.v./i.m./rect., Wdh. nach Bedarf alle 10min bis max. 30mg; **Ki. bis 3 J.:** 2–5mg i.v.; 5–10mg i.m.; 5mg rect.; **Ki. 3–5J.:** 5–10mg i.v.; 10mg rect.; **Ki. > 5 J.:** 1mg i.v. alle 2–5min bis max 10mg; **akute Erregungs-, Angst- u. Unruhezustände:** 2–10mg i.v., ggf. Wdh. nach 3–4h; **Ki. > 1 M.:** 1–2mg i.v./i.m.; **Ki. bis 3J.:** 5mg rect.; **Ki. > 3 J.:** 5-10mg rect.; **Narkoseeinleitung:** 0.2–0.35mg/kgKG i.v.:

50 kgKG	60 kgKG	70 kgKG	80 kgKG	90 kgKG	100 kgKG
10-17.5mg	12-21mg	14-24.5mg	16-28mg	18-31.5mg	20-35mg

Ki.: 0.1–0.2mg/kgKG i.v.:

5 kgKG	10 kgKG	15 kgKG	20 kgKG	30 kgKG	40 kgKG
0.5-1mg	1-2mg	1.5-3mg	2-4mg	3-6mg	4-8mg

DANI nicht erforderlich

Ind
Status epilepticus; zur Prämedikation vor operativen oder diagnostischen Eingriffen und zur postoperativen Medikation; akute Angst-, Erregungs-, Spannungs- und Unruhezustände, Tetanus und Fieberkrämpfe, Zustände mit erhöhtem Muskeltonus

KI
Bek. Überempfindlichkeit, Abhängigkeitsanamnese, Myasthenia gravis, schwere Ateminsuffizienz, schwere Leberinsuffizienz, Schlafapnoe

Wi
Öffnung von Chloridkanälen ⇒ Verstärkung der hemmenden Funktion GABAerger Neuronen im ZNS ⇒ sedierend, schlafinduzierend, anxiolytisch, antiaggressiv, antikonvulsiv, muskelrelaxierend

NW
Müdigkeit, Schläfrigkeit, Benommenheit, Verwirrtheit, paradoxe Reaktionen, antegrade Amnesie, Atemdepression, psychische und physische Abhängigkeit

Info
Rp HWZ 24–48(100)h, Q_0 1.0 (1.0), PPB 95–99%, PRC D,Lact ?

Inkom
Diazepam-Lipuro, Diazepam-ratiopharm, Diazep-CT, Faustan: nicht mit anderen Arzneimitteln mischen

Diazepam (Fortsetzung)	
Lager	Diazepam Desitin: nicht über 25°C lagern, kurzfristige Lagerung bei höheren Temperaturen (z.B. Notfalltaschen) unbedenklich; Diazepam-Lipuro + Diazep-CT: vor Licht geschützt (z.B. in der Umverpackung) nicht über +25°C lagern, Emulsion darf nicht gefrieren; Diazepam-ratiopharm: nicht über +25°C lagern; Faustan: keine besonderen Lagerungshinweise
s.a.	**Antiepileptika, Antikonvulsiva, Sedativa, Benzodiazepine** → S. 163, **167:** Lorazepam → S. 62, Midazolam → S. 70, Phenytoin → S. 87, Thiopental → S. 105

Digitalis-Antitoxin	
Antidot	
Hn Appl	**Digitalis-Antidot BM** *Inj.Lsg. 80mg*
Dos	**Digitalisintoxikation:** Allergietestung durch Intrakutan- bzw. Konjunktivaltest: 160mg als Infusion über 20min i.v., dann Dauerinfusion mit 30mg/h über 7–8h; nach Applikation der Bolusgabe kann auf die Digitalisbestimmung gewartet werden, um danach die notwendige Menge für die kontinuierliche Infusion zu errechnen. Bei bek. Serumkonzentration: Errechnung des Körperbestandes: Digoxin: Serumkonzentration in ng/ml x 5.6 x kgKG/1000; Digitoxin: Serumkonzentration ng/ml x 0.56 x kgKG/1000 Antikörperdosis (mg)=Körperbestand (mg) x 80
Ind	Akute Vergiftungen mit Glykosiden aus Digitalis purpurea und Digitalis lanata mit Hypokaliämie und digitalisbedingten Rhythmusstörungen; Digitalis-Tablettenintoxikation
KI	Bek. Überempfindlichkeit, Schafeiweißallergie
Wi	Von immunisierten Schafen gewonnene Immunglobulinfragmente, die freies und zellmembrangebundenes Digitalisglykosid binden
NW	Allergische Reaktionen, Anaphylaxie, Hypokaliämie
Info	Rp
Inkom	Keine aktuelle Fachinfo verfügbar
Lager	Keine aktuelle Fachinfo verfügbar
s.a.	**Antidota** (→ S. 166): Atropin → S. 20, Acetylcystein (ACC) → S. 9, Kalziumglukonat → S. 58, Dimercaptopropansulfonat (DMPS) → S. 35, Dimethylaminophenol (4-DMAP) → S. 33, Ethanol → S. 43, Flumazenil → S. 47, Hydroxycobalamin → S. 55, Naloxon → S. 73, Natriumthiosulfat → S. 76, Obidoximchlorid → S. 81, Physostigmin → S. 89, Toloniumchlorid → S. 109

Digoxin

Antiarrhythmikum, herzwirksames Glykosid

Hn Appl **Lanicor** *Amp. 0.25mg/1ml (1ml=0.25mg=250µg; 0.2ml=0.1mg=100µg)*

Dos **Tachyarrhythmia absoluta:** 2–3 x 0.25mg i.v.; **Ki.:** Schnellsättigungs-Tagesdosis auf 1/2–1/4–1/4 aufteilen: **Frühgeborene:** 30µg/kgKG i.v.; **Neugeborene:** 40µg/kgKG; **Säugl. 1–12 M.:** 40–50µg/kgKG; **Ki. 1–3 J.:** 40µg/kgKG; **Ki. 4–12 J.:** 25–30µg/kgKG; Erh.Dosis 5-15µg/kgKG

Rechentabelle zur Dosisberechung in µg bei Kindern:

	x 1	x 2	x 3	x 4	x 5	x 6	x 7	x 8	x 9	x 10
5µg	5	10	15	20	25	30	35	40	45	50
10µg	10	20	30	40	50	60	70	80	90	100
15µg	15	30	45	60	75	80	105	120	135	150
20µg	20	40	60	80	100	120	140	160	180	200
25µg	25	50	75	100	125	150	175	200	225	250
30µg	30	60	90	120	150	180	210	240	270	300
40µg	40	80	120	160	200	240	280	320	360	400
50µg	50	100	150	200	250	300	350	400	450	500

DANI GFR 50–100: 50%; 20–49: 33–50%; < 20: 33%

Ind Tachyarrhythmia absoluta bei Vorhofflimmern/Vorhofflattern; paroxysmales Vorhofflimmern/Vorhofflattern; manifeste chronische Herzinsuffizienz

KI Bek. Überempfindlichkeit, V.a. Digitalisintoxikation, Kammertachykardie oder Kammerflimmern, AV-Block II° oder III°, Sick-Sinus-Syndrom, akzessorische AV-Leitungsbahnen (z.B. WPW-Syndrom), Hypokaliämie, Hyperkalziämie, Hypomagnesiämie, hypertrophe obstruktive Kardiomyopathie, thorakales Aortenaneurysma, gleichzeitige i.v.-Gabe von Kalziumsalzen

Wi Hemmung des aktiven Na^+-K^+-Transports an der Muskelzelle ⇒ intrazell. Na^+↑ ⇒ Na^+-Ca^{2+}-Austausch↓ ⇒ intrazelluläres Ca^{2+}↑; Vagusaktivität↑, Sympathikusaktivität↓; pos. inotrop, Schlagvolumen↑ ⇒ Erhöhung des Wirkungsgrads des insuff. Herzens, Gewebsperfusion↑, Koronarperfusion↑, neg. chronotrop, neg. dromotrop, Refraktärzeit am AV-Knoten↑, am Myokard↓⇒ Aktivierung ektop. Schrittmacher, positiv bathmotrop

NW AV-Block, Arrhythmie, Extrasystolie, Nausea, Erbrechen, Diarrhoe, Farbsehstörung, Verwirrtheit, Psychosen, Kopfschmerzen, Müdigkeit, Schlaflosigkeit

Digoxin (Fortsetzung)	
Inkom	Ausschließlich mit Glukose 5% oder NaCl 0.9% mischen
Lager	Keine besonderen Lagerunganforderungen
s.a.	**Antiarrhythmika** (→ S. 142): Adenosin → S. 12, Adrenalin → S. 13, Ajmalin → S. 15, Amiodaron → S. 18, Esmolol → S. 41, Metoprolol → S. 69, Verapamil → S. 113

Dimenhydrinat

Antiemetikum, Antivertiginosum, Antihistaminikum

Hn Appl	**Vomex A** *Amp. 62mg/10ml (i.v.) (1ml=6.2mg); 100mg/2ml (i.m.) (1ml=50mg)*
Dos	**Übelkeit, Erbrechen:** 62–186mg/d i.v.; 100–300mg/d i.m.; max 400mg/d; **Ki. < 6 J.:** 1–3 x 1.25mg/kgKG i.v./i.m.:

5 kgKG	10 kgKG	15 kgKG	20 kgKG	25 kgKG	30 kgKG
6.25mg	12.5mg	18.75mg	25mg	31.25mg	37.5mg

	Ki. 6–14 J.: 1–3 x 25–50mg i.v./i.m.
Ind	Übelkeit und Erbrechen unterschiedlicher Genese
KI	Bek. Überempfindlichkeit, akuter Asthma-Anfall, Engwinkelglaukom, Phäochromozytom, Porphyrie, Prostatahypertrophie mit Restharn, Epilepsie, Eklampsie
Wi	H_1-antihistaminische, anticholinerge, antiemetische und zentral sedierende Eigenschaften
NW	Somnolenz, Benommenheit, Schwindel, Muskelschwäche, Mundtrockenheit, Tachykardie, Sehstörungen, erhöhter Augeninnendruck, Miktionsstörungen, Magen-Darm-Beschwerden, Lichtempfindlichkeit d. Haut, cholestat. Ikterus; bei Kindern: Unruhe, Erregung, Zittern, Schlaflosigkeit, Angstzustände
Info	Rp HWZ 5–10h, Q_0 > 0.7, PPB 99%, PRC B, Lact +
Inkom	Nicht mit Lösungen von Aminophyllin, Heparin-Natrium, Hydrocortison-Natriumsuccinat., Hydroxyzin-HCl, Phenobarbital-Natrium, Phenytoin-Natrium, Prednisolon-Natriumphosphat, Promazin-HCl und Promethazin-HCl mischen
Lager	Keine besonderen Lagerungsanforderungen
s.a.	**Antihistaminika** (→ S. 154): Cimetidin → S. 25, Clemastin → S. 26, Dimetinden → S. 36, Promethazin → S. 92, Kap. Antiemetika → S. 160, Metoclopramid → S. 68, Ondansetron → S. 82

Dimercaptopropansulfonat (DMPS)	
Antidot	
Hn Appl	**Dimaval** *Amp. 250mg/5ml (1ml=50mg)*
Dos	**Akute Quecksilbervergiftung:** Tag 1: 250mg i.v. alle 3–4h; Tag 2: 250mg alle 4–6h; Tag 3: 250mg alle 6–8h; Tag 4: 250mg alle 8–12h, dann 250mg 1–3 x täglich; **DANI** Anwendung nur bei gleichzeitiger Dialyse möglich
Ind	Akute Intoxikationen mit Quecksilber, Antimon, Chrom
KI	Bek. Überempfindlichkeit
Wi	Chelatbildner, bildet mit Schwermetallen stabile Komplexe, die renal ausgeschieden werden
NW	Fieber, Schüttelfrost, Übelkeit, allerg. Hautreaktionen, Erythema exsudativum multiforme, Stevens-Johnson-Syndr., Transaminasenerhöhung, Leukopenie, Angina pectoris, Geschmacksveränderungen, abdominelle Beschwerden, Appetitverlust, Zink- u. Kupfermangel
Info	Rp, PPB 90%
Inkom	Empfindlich gegenüber Oxidationsmitteln, wie z.B. Sauerstoff oder Eisen(III)salzen; nicht mit anderen Injektionslösungen mischen; keine essentiellen Schwermetalle, wie z.B. Kupfer oder Zink zusetzen
Lager	Nicht über +25°C lagern
s.a.	**Antidota** (→ S. 166): Atropin → S. 20, Acetylcystein (ACC) → S. 9, Digitalis-Antitoxin → S. 31, Dimethylaminophenol (4-DMAP) → S. 33, Ethanol → S. 43, Flumazenil → S. 47, Hydroxycobalamin → S. 55, Kalziumglukonat → S. 58, Naloxon → S. 73, Natriumthiosulfat → S. 76, Obidoximchlorid → S. 81, Physostigmin → S. 89, Toloniumchlorid → S. 109

Dimethylaminophenol (4-DMAP)

Antidot	
Hn Appl	**4-DMAP** *Amp. 250mg/5ml (1ml=50mg; 0.2ml=10mg)*
Dos	**Cyanidintoxikation:** 3-4mg/kgKG langsam i.v.:

50 kgKG	60 kgKG	70 kgKG	80 kgKG	90 kgKG	100 kgKG
150-200mg	180-240mg	210-280mg	240-320mg	270-360mg	300-400mg

Ki.: 3mg/kgKG langsam i.v.:

5 kgKG	10 kgKG	15 kgKG	20 kgKG	30 kgKG	40 kgKG
15mg	30mg	45mg	60mg	90mg	120mg

nach 4-DMAP Natriumthiosulfat geben!+

Ind	Akute schwere Intoxikation mit Cyanid (Blausäure) oder Nitrilen, evtl. auch bei Schwefelwasserstoff
KI	Glukose-6-Phosphat-Dehydrogenasemangel
Wi	Bildung von Methämoglobin ⇒ Komplexbildung mit Cyanid ⇒ Entblockung der Cytochromoxidase
NW	Methämoglobinämie, Brechreiz, Durchfall, Asthmaanfall, Bewusstseinsstörungen, Schock
Info	Rp
Inkom	Nicht bekannt
Lager	Vor Licht geschützt (z.B. in der Umverpackung) lagern
s.a.	**Antidota** (→ S. 166): Atropin → S. 20, Acetylcystein (ACC) → S. 9, Digitalis-Antitoxin → S. 31, Dimercaptopropansulfonat (DMPS) → S. 34, Ethanol → S. 43, Flumazenil → S. 47, Hydroxycobalamin → S. 55, Kalziumglukonat → S. 58, Naloxon → S. 73, Natriumthiosulfat → S. 76, Obidoximchlorid → S. 81, Physostigmin → S. 89, Toloniumchlorid → S. 109

Dimetinden

Histamin-H_1-Rezeptorantagonist (Antihistaminikum)

Hn **Appl**	**Fenistil** *Amp. 4mg/4ml (1ml=1mg)*
Dos	**Akute allergische Zustände, anaphylaktischer Schock:** 1–2 x 4mg i.v. **Prophylaxe von Allergien bei Rö-KM-Gabe bzw. bei Narkosen:** 1mg/10kgKG i.v.:

10 kgKG	15 kgKG	20 kgKG	25 kgKG	30 kgKG	40kgKG
1mg	1.5mg	2mg	2.5mg	3mg	4mg
50 kgKG	60 kgKG	70 kgKG	80 kgKG	90 kgKG	100 kgKG
5mg	6mg	7mg	8mg	9mg	10mg

Ind	Akutbehandlung allergischer Erkrankungen, Quincke-Ödem, anaphylaktischer Schock, Prophylaxe von Allergien bei Röntgenkontrastmittelgabe bzw. bei Narkosen
KI	Bek. Überempfindlichkeit, Schwangerschaft, Kinder < 1 J.
Wi	Kompetitive Hemmung von H_1-Rezeptoren ⇒ Verminderung der Kapillarpermeabilität, juckreizstillend
NW	Müdigkeit, Mundtrockenheit, Wärmegefühl, Magen-Darm-Beschwerden, Übelkeit, Brustbeklemmung, Kopfschmerz, Schwindelgefühl, Geschmacksirritationen, Frösteln, Muskelzittern, Beeinträchtigung des Sehvermögens
Info	OTC HWZ 5–7h, Q_0 0.9, PRC B
Inkom	Keine bekannt
Lager	Vor Licht geschützt (z.B. in der Umverpackung) lagern
s.a.	**Antihistaminika** (→ S. 154): Cimetidin → S. 25, Clemastin → S. 26, Dimenhydrinat → S. 34, Promethazin → S. 92

Dobutamin

Katecholamin, positives Inotropikum

Hn Appl
Dobutamin Hexal *Inf.Lsg. 250mg/50ml (1ml=5mg=5000µg)*
Dobutamin Fresenius *Inf.Lsg. 250mg/50ml (1ml=5mg=5000µg) 500mg/50ml (1ml=10mg=10000µg)*
Dobutamin-ratioph. *Inf.Lsg. 250mg/50ml (1ml=5mg=5000µg)*
Dobutamin Solvay *Inf.Lsg. 250mg/50ml (1ml=5mg=5000µg)*

Dos
Kardiale Dekompensation: (Perfusor) 2.5–10µg/kgKG/min i.v., max. 40µg/kgKG/min:

50 kgKG	60 kgKG	70 kgKG	80 kgKG	90 kgKG	100 kgKG
125-500 µg/min =1.5-6ml/h; max. 2000µg/min =24ml/h	150-600 µg/min =1.8-7.2ml/h; max. 2400µg/min =28.8ml/h	175-700 µg/min =2.1-8.4ml/h; max. 2800µg/min =33.6ml/h	200-800 µg/min= 2.4-9.6ml/h; max. 3200µg/min =38.4ml/h	225-900 µg/min= 2.7-10.8ml/h; max. 3600µg/min =43.2ml/h	250-1000 µg/min= 3-12ml/h; max. 4000µg/min =48ml/h

Ki.: (Perfusor) 1–15µg/kgKG/min i.v.:

5 kgKG	10 kgKG	15 kgKG	20 kgKG	30 kgKG	40 kgKG
5-75 µg/min = 0.06-0.9ml/h	10-150 µg/min = 0.12-1.8ml/h	15-225 µg/min = 0.18-2.7ml/h	20-300 µg/min = 0.24-3.6ml/h	30-450 µg/min = 0.36-5.4ml/h	40-600 µg/min = 0.48-7.2ml/h

Perf
50ml Dobutamin (=250mg/50ml) pur (=50ml=250mg=250000µg; 1ml=5mg=5000µg)
⇒ 0.6ml/h=50µg/min (siehe auch Umrechnungstabelle Umschlagseite)

Ind
Kardiale Dekompensation infolge eingeschränkter myokardialer Kontraktilität bei organischer Herzerkrankung oder bei herzchirurgischer OP

KI
Mechan. Behinderung d. ventrikulären Füllung und/oder des Ausflusses (z.B. Perikardtamponade, Perikarditis constrictiva, HOCM, schwere Aortenstenose), Hypovolämie, gleichzeitige Anw. v. MAO-Hemmern, Gravidität, Stillzeit

Wi
Stimulation überwiegend von Beta-1- und Alpha-1-, geringer auch Beta-2- und Alpha-2-Rezeptoren; Kontraktilität↑, Schlagvolumen↑, linksventrikulärer Füllungsdruck↓, systemischer Gefäßwiderstand↓

NW
Anstieg der Herzfrequenz, ventrikuläre Rhythmusstörungen, Palpitationen, Angina pectoris, Hypertonie, Hypotonie, Kopfschmerzen, Übelkeit, Exanthem, Fieber, Bronchospasmus, Hemmung der Thrombozytenfunktion

Info
Rp HWZ 2–3 min, Q_0 0.7, PRC B, Lact ?

Dobutamin (Fortsetzung)

Inkom	Dobutamin Liquid Fresenius, Dobutamin-ratiopharm: alkalische Lösungen (z.B. Natriumhydrogenkarbonat), Lösungen mit Natriumdisulfit und Ethanol, Aciclovir, Aminophyllin, Bretylium, Kalziumchlorid, Kalziumgluconat, Cefamandolformiat, Cephalotin-Natrium, Cephazolin-Natrium, Diazepam, Digoxin, Etacrynsäure (Na-Salz), Furosemid, Heparin-Natrium, Hydrogencortisonnatriumsuccinat, Insulin, Kaliumchlorid, Magnesiumsulfat, Penicillin, Phenytoin, Streptokinase, Verapamil
Lager	Dobutamin Liquid Fresenius: nicht über +25°C lagern
s.a.	**Sympathomimetika** (→ S. 134): Adrenalin → S. 13, Dopamin → S. 38, Orciprenalin → S. 83, Noradrenalin → S. 80

Dopamin

Katecholamin, positives Inotropikum

Hn Appl	**Dopamin Fresenius** *Amp. 50mg/5ml (1ml=10mg=10000µg), 200mg/5ml (1ml=40mg=40000µg), Inf.Lsg. 250mg/50ml (1ml=5mg=5000µg), 500mg/50ml (1ml=10mg=10000µg)* **Dopamin-ratioph.** *Inf.Lsg. 50mg/5ml (1ml=10mg=10000µg), 200mg/10ml (1ml=20mg=20000µg)* **Dopamin Solvay** *Amp. 50mg/5ml (1ml=10mg=10000µg), 200mg/5ml (1ml=40mg=40000µg), Inf.Lsg. 250mg/50ml (1ml=5mg=5000µg), 500mg/50ml (1ml=10mg=10000µg)*
Dos	**Schockzustände:** 2–20µg/kgKG/min i.v., max. 50µg/kgKG/min:

50 kgKG	60 kgKG	70 kgKG	80 kgKG	90 kgKG	100 kgKG
100-1000 µg/min =1.2-12 ml/h; max. 2500µg/min =30 ml/h	120-1200 µg/min =1.44-14.4 ml/h; max. 3000µg/min =36 ml/h	140-1400 µg/min =1.68-16.8 ml/h; max. 3500µg/min =42 ml/h	160-1600 µg/min =1.92-19.2 ml/h; max. 4000µg/min =48 ml/h	180-1800 µg/min =2.16-21.6 ml/h; max. 4500µg/min =54 ml/h	200-2000 µg/min =2.4-24 ml/h; max. 5000µg/min =60 ml/h

Perf	**50ml Dopamin (=250mg/50ml) pur** (=50ml=250mg=250000µg; 1ml=5mg=5000µg) ⇒ 0.6ml/h=50µg/min (siehe auch Umrechnungstabelle Umschlagseite)
Ind	Drohende oder manifeste Schockzustände bei Herzversagen (auch infarktbedingt), postoperativ, Überempfindlichkeitsreaktionen, starker Blutdruckabfall, beginnendes bzw. manifestes Nierenversagen

KI	Bek. Überempfindlichkeit, Thyreotoxikose, Phäochromozytom, Glaukom, Blasenentleerungsstörung, Tachyarrhythmie, Hypovolämie, Kammerflimmern, Sulfitüberempfindlichkeit; Anwendung in Gravidität und Stillzeit nur bei vitaler Indikation
Wi	Dosisabhängige Stimulation von Dopamin-, Alpha- und Beta-Rezeptoren, in niedriger Dosierung vermehrte Nierendurchblutung; in mittlerer bis hoher Dosierung Blutdrucksteigerung durch Erhöhung des Herzminutenvolumens bzw. des peripheren Gefäßwiderstandes
NW	Supraventrikuläre u. ventrikuläre Rhythmusstörungen, Angina pectoris, Dyspnoe, Übelkeit, Erbrechen, Angstgefühl, Kopfschmerzen
Info	Rp HWZ 5–10min, Q_0 0.95, PRC C, Lact ?
Inkom	Dopamin Fresenius + Dopamin-ratiopharm: grundsätzlich instabil in alkalischen Lösungen (> pH 7), z.B. Natriumbikarbonat; physikalische unverträglich auch mit: Aciclovir, Amikacin, Amphotericin B, Ampicillin, Cephalotin, Theophyllin-Ethylendiamin (Euphyllin), Theophyllin-Kalzium-Lösung (Euphyllin-Kalzium-Lösung), Furosemid, Gentamicin, Heparin, Eisensalzen, Nitroprussid, Benzylpenicillin (Penicillin G), Tobramycin
Lager	Dopamin Fresenius: vor Licht geschützt (z.B. in der Umverpackung), nicht über +25°C lagern; Dopamin-ratiopharm: keine besonderen Lagerungsanforderungen
s.a.	**Sympathomimetika** (→ S. 134): Adrenalin → S. 13, Dobutamin → S. 37, Orciprenalin → S. 83, Noradrenalin → S. 80

Esketamin

Allgemeinanästhetikum, Analgetikum

Hn Appl — **Ketanest S** *Amp. 25mg/5ml (1ml=5mg; 0.2ml=1mg); 50mg/2ml (1ml=25mg); Inj.Lsg. 100mg/20ml (1ml=5mg; 0.2ml=1mg); 250mg/10ml (1ml=25mg)*

Dos

Notfallmedizin: 0.25–0.5mg/kgKG i.m oder 0.125–0.25mg i.v.:

5 kgKG	10 kgKG	15 kgKG	20 kgKG	30 kgKG	40 kgKG
0.625-1.25 mg i.v.	1.25-2.5 mg i.v.	1.875-3.75 mg i.v.	2.5-5 mg i.v.	3.75-7.5 mg i.v.	5-10 mg i.v.
50 kgKG	**60 kgKG**	**70 kgKG**	**80 kgKG**	**90 kgKG**	**100 kgKG**
6.25-12.5 mg i.v.	7.5-15 mg i.v.	8.75-17.5 mg i.v.	10-20 mg i.v.	11.25-22.5 mg i.v.	12.5-25 mg i.v.

Intubation bei Status asthmaticus: 0.5–1mg/kgKG, max. 2.5mg/kgKG i.v.:

5 kgKG	10 kgKG	15 kgKG	20 kgKG	30 kgKG	40 kgKG
2.5-5mg i.v.; max: 12.5mg	5-10mg i.v.; max: 25mg	7.5-15mg i.v.; max: 37.5mg	10-20mg i.v.; max: 50mg	15-30mg i.v.; max: 75mg	20-40mg i.v.; max: 100mg
50 kgKG	**60 kgKG**	**70 kgKG**	**80 kgKG**	**90 kgKG**	**100 kgKG**
25-50mg i.v.; max: 125mg	30-60mg i.v.; max: 150mg	35-70mg i.v.; max: 175mg	40-80mg i.v.; max: 200mg	45-90mg i.v.; max: 225mg	50-100mg i.v.; max: 250mg

Narkose: Einleitung mit 2–4mg/kgKG i.m. *oder* 0.5–1mg/kgKG i.v.:

5 kgKG	10 kgKG	15 kgKG	20 kgKG	30 kgKG	40 kgKG
2.5-5mg i.v.	5-10mg i.v.	7.5-15mg i.v.	10-20mg i.v.	15-30mg i.v.	20-40mg i.v.
50 kgKG	**60 kgKG**	**70 kgKG**	**80 kgKG**	**90 kgKG**	**100 kgKG**
25-50mg i.v.	30-60mg i.v.	35-70mg i.v.	40-80mg i.v.	45-90mg i.v.	50-100mg i.v.

Narkoseaufrechterhaltung: 50% der Initialdosis alle 10–15min *oder* 0.5-3mg/kgKG/h als Perfusor i.v.:

5 kgKG	10 kgKG	15 kgKG	20 kgKG	30 kgKG	40 kgKG
2.5-15mg/h =0.25-1.5 ml/h	5-30mg/h =0.5-3 ml/h	7.5-45mg/h =0.75-4.5 ml/h	10-60mg/h =1-6 ml/h	15-90mg/h =1.5-9 ml/h	20-120mg/h =2-12 ml/h
50 kgKG	**60 kgKG**	**70 kgKG**	**80 kgKG**	**90 kgKG**	**100 kgKG**
25-150mg/h =2.5-15ml/h	30-180mg/h =3-18ml/h	35-210mg/h =3.5-21ml/h	40-240mg/h =4-24ml/h	45-270mg/h =4.5-27ml/h	50-300mg/h =5-30ml/h

Esketamin (Fortsetzung)

Perf	**2 Amp. Ketanest S (=2x250mg/10ml) + 30ml NaCl 0.9% oder Glukose 5%** (=50ml=500mg; 1ml=10mg) ⇒ 1ml/h=10mg/h; 0.1ml/h=1mg/h
Ind	Anästhesie und Analgesie in der Notfallmedizin, Einleitung und Durchführung einer Vollnarkose, zur Ergänzung bei Regionalanästhesien, zur Intubation im Status asthmaticus
KI	Arterielle Hypertonie (> 180/100mmHg), (Prä-)Eklampsie, Hyperthyreose, drohende Uterusruptur, Nabelschnurvorfall, Gravidität, Stillzeit
Wi	Blockade von NMDA-Rezeptoren ⇒ analgetische und hypnotische Wirkung
NW	Träume auch unangenehmer Art, Übelkeit, Erbrechen, erhöhter Speichelfluss, Sehstörungen, Schwindel, motorische Unruhe, Laryngospasmus, Anstieg von Blutdruck und Herzfrequenz, pulmon. Hypertonie, Atemdepression, Hautrötung
Info	Rp HWZ 2-4h, PPB 47%
Inkom	Geeignete Trägerinfusionslösungen: NaCl 0,9% oder Glukose 5%; wegen chemischer Unverträglichkeit nicht mit Barbituraten, Diazepam, 4-Hydroxybuttersäure (Natriumsalz), Theophyllin, Furosemid-Natrium oder Natriumhydrogenkarbonat mischen, da es sonst zu Ausfällungen kommen kann
Lager	Nicht unter 0°C wegen Bruchgefahr des Behältnisses lagern
s.a.	**Injektionsnarkotika** (→ S. 160): Etomidat → S. 44, Ketamin → S. 59, Propofol → S. 93, Thiopental → S. 105

Esmolol

Betablocker, Antiarrhythmikum

Hn **Appl**	**Brevibloc** *Amp. 100mg/10ml; 2.5g/250ml (1ml=10mg=10000µg)*
Dos	**Supraventrikuläre Tachykardien:** initial 0.5mg/kgKG über 1min i.v.:

50 kgKG	60 kgKG	70 kgKG	80 kgKG	90 kgKG	100 kgKG
25mg	30mg	35mg	40mg	45mg	50mg

dann über Perfusor oder Infusomat 50µg/kgKG/min, max. 200µg/kgKG/min:

50 kgKG	60 kgKG	70 kgKG	80 kgKG	90 kgKG	100 kgKG
2500µg/min =15.0ml/h; max.10000 µg/min =60ml/h	3000µg/min =18.0ml/h; max.12000 µg/min =72ml/h	3500µg/min =21.0ml/h; max.14000 µg/min =84ml/h	4000µg/min =24.0ml/h; max.16000 µg/min =96ml/h	4500µg/min =27.0ml/h; max.18000 µg/min =108ml/h	5000µg/min =30.0ml/h; max.20000 µg/min =120ml/h

DANI: GFR 30-60: Anwendung für max. 4 h; < 30: KI

Esmolol (Fortsetzung)	
Perf	**5 Amp. Brevibloc (=5x100mg/10ml) pur** (=50ml=500mg; 1ml=10mg=10000µg) ⇒ 0.6ml/h=100µg/min (siehe auch Umrechnungstabelle Umschlagseite)
Ind	Supraventrikuläre Tachykardien, die nicht durch Reentry-Mechanismen aufgrund atypischer Leitungsbahnen bedingt sind (z.B. nicht bei Präexitationssyndromen oder AV-Reentry-Tachykardie)
KI	Bradykardie < 50/min, höhergradige SA- oder AV-Blockierungen, Sinusknotensyndrom, manifeste Herzinsuffizienz, Schock, Azidose, Hypotonie, gleichzeitige Gabe von MAO-Hemmern (Ausnahme: MAO-B-Hemmer), Spätstadien peripherer Durchblutungsstörungen, mäßige oder schwere Nierenfunktionsstörungen (Krea-Clearance < 30ml/min und/oder Serum-Kreatinin-Konzentration > 2mg/10ml), schwere Leberfunktionsstörungen, klinisch relevante Elektrolytstörungen (z.B. Hyperkaliämie), anamnestisch Allergie gegen Betablocker; Kinder < 12 J.
Wi	Blockade von Beta-1-Rezeptoren mit schnellem Wirkungseintritt und kurzer Wirkungsdauer ⇒ Verminderung der Herzfrequenz, Verlängerung des Sinuszyklus und der Sinusknotenerholungszeit, Verlängerung des AV-Intervalls, Verminderung des systolischen Blutdrucks
NW	Blutdruckabfall, Verstärkung peripherer Durchblutungsstörungen, Bradykardie, Synkopen, Verstärkung einer Herzinsuffizienz, Lungenödem, Tachykardie bei hohen Dosen, Brustschmerzen, periph. Ödeme, Nausea, Erbrechen, Müdigkeit, Somnolenz, Schwindel, Verwirrtheit, Kopfschmerzen, Bronchospasmus
Info	Rp HWZ 9min, Q_0 1.0, PPB 55%, PRC C, Lact ?
Inkom	Nicht mit anderen Arzneimitteln mischen; chemisch inkompatibel mit Natriumbikarbonat (5%)-Lösung, Furosemid, Diazepam, Thiopental
Lager	2.5g Beutel: vor starker Wärmeeinwirkung schützen, nicht über +25°C lagern und nicht einfrieren; 10ml Amp.: keine besonderen Lagerungsanforderungen
s.a.	**Betarezeptorenblocker** (→ S. 139): Metoprolol → S. 69 **Antiarrhythmika** (→ S. 142): Adenosin → S. 12, Adrenalin → S. 13, Ajmalin → S. 15, Amiodaron → S. 18, Digoxin → S. 32, Metoprolol → S. 69, Verapamil → S. 113

Ethanol

Antidot

Hn **Appl**	**Alkohol 95%** *Amp. 15g/20ml (1ml=0.75g=750mg; 1g=1.3333ml)* *Zubereitung der Infusionslösung: periphervenöse Applikation: zur Vermeidung von Venenreizungen möglichst nur 20ml Konzentrat (15g/20ml) auf 1000ml Infusionslösung; zentralvenöse Applikation: zwingend ab 40g (=53.3ml) in 1000ml Infusionslösung, maximal 80g Konzentrat (=106.7ml) auf 1000ml Infusionslösung*
Dos	**Methanolintoxikation:** 0.5–0.75g/kgKG über 30min i.v. in Glukose 5%:

50 kgKG	60 kgKG	70 kgKG	80 kgKG	90 kgKG	100 kgKG
25-37.5g; =33.3-50ml Konzentrat	30-45g =40-60ml Konzentrat	35-52.5g =47-70ml Konzentrat	40-60g =53-80ml Konzentrat	45-67.5g =60-90ml Konzentrat	50-75g =80-100ml Konzentrat

dann 0.1–0.2g/kgKG (Serumalkoholspiegel von 0.5–1 Promille anstreben):

50 kgKG	60 kgKG	70 kgKG	80 kgKG	90 kgKG	100 kgKG
5-10g =6.7-13.3ml Konzentrat	6-12g =8-16ml Konzentrat	7-14g =9.3-18.7ml Konzentrat	8-16g =10.7-21.3ml Konzentrat	9-18g =11.9-24ml Konzentrat	10-20g =13.3-27ml Konzentrat

Ind	Methanolintoxikation
KI	Hyperhadratationszustände, hypotone Dehydratation, Hypokaliämie, Epilepsie, Gravidität, Stillzeit
Wi	Ethanol hat eine höhere Bindungskonstante an die Alkoholdehydrogenase (ADH) als Methanol; durch Sättigung der ADH mit Ethanol wird die Methanoloxidation gehemmt, es entstehen weniger toxische Metabolite wie Formaldehyd und Ameisensäure
Info	OTC
Inkom	Keine Kombination mit Fettemulsion und/oder Polyolen (Sorbit/Xylit)
Lager	Nicht über +25°C lagern
s.a.	**Antidota** (→ S. 166): Atropin → S. 20, Acetylcystein (ACC) → S. 9, Digitalis-Antitoxin → S. 31, Dimercaptopropan-sulfonat (DMPS) → S. 35, Dimethylaminophenol (4-DMAP) → S. 33, Flumazenil → S. 47, Hydroxycobalamin → S. 55, Kalziumglukonat → S. 58, Naloxon → S. 73, Natriumthiosulfat → S. 76, Obidoximchlorid → S. 81, Physostigmin → S. 89, Toloniumchlorid → S. 109

Etomidat

Hypnotikum, Allgemeinanästhetikum

Hn Appl	**Etomidat Lipuro** *Amp. 20mg/10ml (1ml=2mg)* **Hypnomidate** *Amp. 20mg/10ml (1ml=2mg)*
Dos	**Narkoseeinleitung:** 0.15–0.3mg/kgKG i.v, max. 60mg Gesamtdosis:

50 kgKG	60 kgKG	70 kgKG	80 kgKG	90 kgKG	100 kgKG
7.5-15mg	9-18mg	10.5-21mg	12-24mg	13.5-27mg	15-30mg

Ki. bis 15 J.: 0.15–0.2mg/kgKG i.v.:

5 kgKG	10 kgKG	15 kgKG	20 kgKG	30 kgKG	40 kgKG
0.75-1mg	1.5-2mg	2.25-3mg	3-4mg	4.5-6mg	6-8mg

Ind	Narkoseeinleitung, Kurznarkose in Verbindung mit Analgetikum
KI	Bek. Überempfindlichkeit gegen Fettemulsionen, Neugeborene und Säuglinge bis 6 Monate
Wi	Hypnotisch durch Interaktion in der Formatio reticularis; keine analgetische Wirkung
NW	Myoklonien, Übelkeit, Erbrechen, Husten, Singultus, Schüttelfrost, Laryngospasmus, Histaminfreisetzung, kurzfristige Apnoe, Hemmung der Steroidsynthese in der Nebennierenrinde
Info	Rp HWZ 3–5h, Q_0 1.0, PPB 76%, PRC C, Lact ?
Inkom	Etomidat lipuro + Hypnomidate: nicht mit anderen Medikamenten mischen oder gleichzeitig über einen venösen Zugang geben
Lager	Etomidat lipuro + Hypnomidate: nicht über +25°C lagern; zusätzlich Etomidat lipuro: vor Licht geschützt (z.B. in der Umverpackung) lagern, nicht einfrieren
s.a.	**Injektionsnarkotika** (→ S. 160): Esketamin → S. 40, Ketamin → S. 59, Propofol → S. 93, Thiopental → S. 105 **Hypnotikum:** Midazolam → S. 70

Fenoterol	
Beta$_2$-Sympathomimetikum, Bronchospasmolytikum, Wehenhemmer	
Hn Appl	**Berotec N Dosieraerolsol** *0.1mg/Hub* **Partusisten** *Amp. 0.5mg/10ml (1ml=0.05mg=50µg)*
Dos	**Akuter Asthma-Anfall:** 1 Hub inhalieren, ggf. nach 5min wiederholen; **Ki. 4–6J.:** 1 Hub inhalieren; **Ki. > 6 J.:** s. Erw.; **Vorzeitige Wehen:** 0.5–3µg/min i.v. über Perfusor (=3-18ml/h); alternativ 0.5mg in 250ml Infusionslösung: 15–90ml/h oder 5–30gtt./min
Perf	**1 Amp. Partusisten (=0.5mg/10ml) + 40 ml NaCl 0.9% oder Glukose 5%** (=50ml=0.5mg=500µg; 1ml=0.01mg=10µg) ⇒ 0.6ml/h=0.1µg/min; 6ml/h =1µg/min (siehe auch Umrechnungstabelle Umschlagseite)
Ind	Akutbehandlung des Asthma-Anfalls; Hemmung vorzeitiger Wehentätigkeit von der 20.-37. Schwangerschaftswoche oder bis zur Lungenreife des Feten; Uterusrelaxation bei äußerer Wendung aus Beckenendlage
KI	Bek. Überempfindlichkeit, hypertrophe obstruktive Kardiomyopathie, tachykarde Arrhythmien; bei i.v. Anw. zusätzlich: Myokarditis, Mitralvitium, WPW-Syndrom, Vena-cava-Kompressionssyndrom, frischer Myokardinfarkt, pulmonale Hypertonie, schwere Hyperthyreose, Phäochromozytom, Amnioninfektionssyndrom, schwere genitale Blutungen (Placenta praevia, Abruptio placentae), Psychosen, Hypokaliämie, schwere Leber- u. Nierenerkrankungen
Wi	Betasympathomimetikum mit überwiegender Stimulation von Beta$_2$-Rezept. ⇒ Erschlaffung der glatten Muskulatur in Bronchien, Blutgefäßen und Uterus
NW	Nervosität, Übererregbarkeit, Schlafstörungen, Hyperaktivität, Schwindel, Tremor, Kopfschmerzen, Tachykardien, Tachyarrhythmien, ST-Veränderungen im EKG, systolischer Blutdruck↑, diastolischer Blutdruck↓, Husten, Übelkeit, Erbrechen, Sodbrennen, Exanthem, Schwitzen, lokale Irritation (Dosieraerosol)
Info	Rp HWZ 3.2h, Q_0 > 0.85, PPB 40–55%
Inkom	Berotec N: entfällt; Partusisten: nicht mit anderen Arzneimittel mischen; zur Herstellung der Perfusorlösung kompatibel mit Glukoselösung 5%, NaCl 0.9%, Ringerlösung, Ringer-Lactat-Lösung, Xylitlösung 5%, Xylitlösung 10%; unverträglich mit Plasmasteril, Tutofusin B, Sterofundin
Lager	Berotec N: nicht über +25°C lagern, vor direkter Sonneneinstrahlung, Erwärmung über 50°C und Frost schützen; Partusisten: keine besonderen Lagerungsanforderungen
s.a.	**Bronchodilatatoren** (→ S. 152): Terbutalin → S. 103, Ipratropiumbromid → S. 57, Reproterol → S. 95, Theophyllin → S. 104 **Mittel zur Wehenhemmung** (→ S. 165)

Fentanyl

Opioidanalgetikum

Hn Appl	**Fentanyl Curasan** *Amp. 0.1mg/2ml (1ml=0.05mg=50µg)* **Fentanyl Hexal** *Amp. 0.1mg/2ml; 0.5mg/10ml (1ml=0.05mg=50µg)* **Fentanyl Janssen** *Amp. 0.1mg/2ml; 0.5mg/10ml (1ml=0.05mg=50µg)* **Fentanyl-ratioph.** *Amp. 0.1mg/2ml; 0.5mg/10ml (1ml=0.05mg=50µg)*
Dos	**Analgesie in Notfall- u. Intensivmedizin:** 1.5–3µg/kgKG i.v.:

5 kgKG	10 kgKG	15 kgKG	20 kgKG	30 kgKG	40 kgKG
7.5-15µg =0.15-0.3ml	15-30µg =0.3-0.6ml	22.5-45µg =0.45-0.9ml	30-60µg =0.6-1.2ml	45-90µg =0.9-1.8ml	60-120µg =1.2-2.4ml
50 kgKG	**60 kgKG**	**70 kgKG**	**80 kgKG**	**90 kgKG**	**100 kgKG**
75-150µg =1.5-3ml	90-180µg =1.8-3.6ml	105-210µg =2.1-4.2ml	120-240µg =2.4-4.8ml	135-270µg =2.7-5.4ml	150-300µg =3-6ml

Allgemeinanästhesie: (mittlere Dosis) 2–20µg/kgKG i.v.:

50 kgKG	60 kgKG	70 kgKG	80 kgKG	90 kgKG	100 kgKG
100-1000µg =2-20ml	120-1200µg =2.4-24ml	140-1400µg =2.8-28ml	160-1600µg =3.2-32ml	180-1800µg =3.6-36ml	200-2000µg =4-40ml

Ki. (2-12J): 1–3µg/kgKG i.v.:

10 kgKG	15 kgKG	20 kgKG	25 kgKG	30 kgKG	40 kgKG
10-30µg =0.2-0.6ml	15-45µg =0.3-0.9ml	20-60µg =0.4-1.2ml	25-75µg =0.5-1.5ml	30-90µg =0.6-1.8ml	40-120µg =0.8-2.4ml

Ind	Intensivmed. Schmerzbehandlung, Narkoseprämedikation, Neuroleptanalgesie, als Kombinationspartner oder Monosubstanz in der Allgemeinanästhesie
KI	Bek. Überempfindlichkeit; Epileptiker, bei denen intraoperativ eine Herdlokalisation vorgenommen werden soll
Wi	Agonismus an µ-Rezeptoren im ZNS ⇒ Analgesie, Sedierung
NW	Atemdepression, Sedierung, Somnolenz, Kopfschmerzen, Schwindel, Übelkeit, Erbrechen, Obstipation, Schwitzen, Juckreiz, Exanthem, Mundtrockenheit, Dyspepsie, Miosis, Bradykardie, Hypotonie, Harnverhalt, Skelettmuskeltonus ↑
Info	Rp (BtM), HWZ 3–12h, Q_0 0.9, PPB 85%, PRC C, Lact ?
Inkom	Fentanyl-Janssen + Fentanyl-ratiopharm: Verdünnung mit NaCl 0.9% oder Glukose 5% möglich; inkompatibel mit Thiopental, Methohexital, Pentobarbital und Nafcillin
Lager	Fentanyl-Janssen + Fentanyl-ratiopharm: gemäß §15 BtMG und vor Licht geschützt (z.B. in der Umverpackung) lagern

Fentanyl (Fortsetzung)

s.a.	**Opioid-Analgetika** (→ S. 156): Morphin → S. 72, Pethidin → S. 86, Piritramid → S. 90, Tramadol → S. 110 **Nonsteroidale Antirheumatika (NSAR)** (→ S. 157): Acetylsalicylsäure → S. 11, Metamizol → S. 66, Paracetamol → S. 84

Flumazenil

Benzodiazepinantagonist, Antidot

Hn Appl	**Anexate** *Amp. 0.5mg/5ml; 1mg/10ml (1ml=0.1mg);* **Flumanzenil Hexal** *Amp. 0.5mg/5ml; 1mg/10ml (1ml=0.1mg)*
Dos	**Aufhebung d. Benzodiazepin-Wirkung:** initial 0.2mg i.v., ggf. minütliche Nachinjektion von 0.1mg, bis max. 1mg Gesamtdosis; **Ki. > 1 J.:** 0.01mg/kgKG über 15sec i.v.:

5 kgKG	10 kgKG	15 kgKG	20 kgKG	30 kgKG	40 kgKG
0.05mg =0.5ml	0.1mg =1ml	0.15mg =1.5ml	0.2mg =2ml	0.3mg =3ml	0.4mg =4ml

ggf. minütliche Nachinjektionen bis max. 0.05mg/kgKG bzw. 1mg Gesamtdosis:

5 kgKG	10 kgKG	15 kgKG	20 kgKG	30 kgKG	40 kgKG
max. 0.25mg =2.5ml	max. 0.5mg =5ml	max. 0.75mg =7.5ml	max. 1mg =10ml	max. 1mg =10ml	max. 1mg =10ml

Ind	Aufhebung der zentral dämpfenden Wirkung von Benzodiazepinen
KI	Bek. Überempfindlichkeit; Erkrankungen, die mit Benzodiazepinen behandelt werden wie Epilepsie, Angstzustände, Selbstmordneigung; Mischintoxikationen mit tri- und tetrazyklische Antidepressiva
Wi	Antagonismus an Benzodiazepinrezeptoren
NW	Übelkeit, Erbrechen, Blutdruckschwankungen, Herzklopfen, Gefühl von Bedrohung, Auslösung von Benzodiazepinentzugssymptomen
Info	Rp HWZ 1h, Q_0 1.0, PPB 50%
Inkom	Anexate: bisher nicht bekannt
Lager	Anexate: keine besonderen Lagerungsanforderungen
s.a.	**Antidota** (→ S. 166): Atropin → S. 20, Acetylcystein (ACC) → S. 9, Digitalis-Antitoxin → S. 31, Dimercaptopropansulfonat (DMPS) → S. 35, Dimethyl-aminophenol (4-DMAP) → S. 33, Ethanol → S. 43, Hydroxycobalamin → S. 55, Kalziumglukonat → S. 58, Naloxon → S. 73, Natriumthiosulfat → S. 76, Obidoximchlorid → S. 81, Physostigmin → S. 89, Toloniumchlorid → S. 109

Furosemid

Schleifendiuretikum, Antihypertensivum	
Hn Appl	**Furorese** *Amp. 20mg/2ml, 40mg/4ml, 250mg/25ml (1ml=10mg; 0.1ml=1mg)* **Furosemid-ratioph.** *Amp. 20mg/2ml, 40mg/4ml, 250mg/25ml (1ml=10mg;1ml=1mg)* **Fusid** *Amp. 20mg/2ml (1ml=10mg; 0.1ml=1mg)* **Lasix** *Amp. 20mg/2ml, 40mg/4ml, 250mg/25ml (1ml=10mg; 0.1ml=1mg)*
Dos	**Lungenödem:** 40–80mg i.v., Wdh. je nach Diurese; **DANI** nicht erforderlich
Ind	Lungenödem, Ödeme, Aszites, arterielle Hypertonie, hypertensive Krise, akutes Nierenversagen, Hyperkaliämie
KI	Schwere Hypokaliämie, schwere Hyponatriämie, Hypovolämie oder Dehydratation, Anurie, hepatisches Koma, Stillzeit, Überempfindlichkeit gegen Furosemid oder Sulfonamide; strenge Indikationsstellung in Gravidität
Wi	Hemmung der Rückresorption von Na^+Cl^- und Wasser ⇒ gesteigerte Wasserausscheidung (Diurese); Vasodilatation
NW	Blutdruckabfall (orthostatische Hypotension), Thrombosen, Hypokaliämie, Hyponatriämie, Hypokalziämie, Hyperurikämie, Appetitverlust, Übelkeit, Erbrechen, reversibler Hörverlust, Kopfschmerzen
Info	HWZ 30–120min, Q_0 0.3, PPB 95%, PRC C, Lact ?
Inkom	Lasix + Furosemid-ratiopharm: keine Mischung mit Injektions- oder Infusionslösungen die sauer, oder schwach sauer reagieren und eine deutliche Pufferkapazität im sauren Bereich besitzen ⇒ Verschiebung des pH-Wertes in den sauren Bereich ⇒ Ausfällung von Furosemid als kristalliner Niederschlag
Lager	Lasix: vor Licht geschützt (z.B. in der Umverpackung) lagern; Furosemid-ratiopharm: vor Licht geschützt (z.B. in der Umverpackung) lagern, nicht im Kühlschrank lagern
s.a.	**Diuretika** (→ S. 139): Mannitol → S. 64 **Antihypertensiva** (→ S. 138): Clonidin → S. 27, Nifedipin → S. 77, Nitrendipin → S. 78, Urapidil → S. 111 **AM bei chronischer Herzinsuffizienz**: Digoxin → S. 32

Glukagon	
Blutzuckerregulierendes Hormon, Antihypoglykämikum	
Hn **Appl**	**GlucaGen** *Inj.Lsg. 1mg/1ml*
Dos	**Hypoglykämie:** 1mg i.v./s.c./i.m.; **Ki. < 25 kgKG:** 0.5mg i.v./s.c./i.m.; **Ki. > 25 kgKG:** s. Erw.; nach therapeutischem Ansprechen ist eine orale Kohlenhydratzufuhr erforderlich
Ind	Hypoglykämische Reaktionen bei Insulintherapie
KI	Bek. Überempfindlichkeit, Phäochromozytom; vorsichtige Anw. bei Glucagonom, Insulinom
Wi	Körpereigenes Hormon, cAMP-vermittelte Glykogenolyse in der Leber ⇒ Gluconeogenese ↑ ⇒ Blutglukose ↑
NW	Übelkeit, Erbrechen, Bauchschmerzen, Hypotonie, Tachykardie, sek. Hypoglykämie
Info	Rp HWZ 8–18min, PRC B, Lact ?
Inkom	Keine Inkompatibiliäten bekannt
Lager	Fest verschlossenes Behältnis vor Licht schützen und im Kühlschrank bei +2°C bis +8°C lagern; GlucaGen HypoKit kann innerhalb der Dauer der Haltbarkeit bei Raumtemperatur (+25°C) bis zu 18 Monate gelagert werden
s.a.	**Antihypoglykämika** (→ S. 159): Glukose 40 % → S. 50

Glukose 40%

Kohlenhydrat, Antihypoglykämikum	
Hn Appl	**Glucose 40% B. Braun Miniplasco** *4g/10ml (1ml=0.4g=400mg; 2.5ml=1g=1000mg)* **Glucosteril 40%** *Amp. 4g/10ml (1ml=0.4g=400mg; 2.5ml=1g=1000mg)*
Dos	**Hypoglykämie:** 20–100ml i.v. (möglichst als Infusionszusatz oder unter laufender Infusion um Venenwandreizungen zu vermeiden)
Ind	Hypoglykämie
KI	Keine
Wi	Sofortiger Anstieg der Blutglukose durch i.v.-Gabe der Reinsubstanz
NW	Venenreizung, Gewebsnekrosen bei Paravasat
Info	OTC
Inkom	Keine gleichzeitige Verabreichung mit Blutkonserven im selben Schlauchsystem ⇒ Pseudoagglutination möglich; beim Mischen mit anderen Arzneimitteln ggf. Inkompatibilitäten, da Glukose 40% einen sauren pH-Wert aufweist
Lager	Keine besonderen Lagerungsanforderungen
s.a.	**Antihypoglykämika** (→ S. 159): Glukagon → S. 49

HAES 6%

Hydroxyaethylstärke, kolloidales Volumenersatzmittel, Plasmaexpander

Hn Appl
Expafusin *Inf.Lsg. 250ml, 500ml (1000ml enth. 60g Haes)*
Haes steril 6% *Inf.Lsg. 250ml, 500ml (1000ml enth. 60g Haes)*
Venofundin *Inf.Lsg. 250ml, 500ml (1000ml enth. 60g Haes)*
Vitafusal *6% Inf.Lsg. 500ml (1000ml enth. 60g HAES in Ringer-Lösung)*
Voluven *Inf.Lsg. 250ml, 500ml, 1000ml (1000ml enth. 60g Haes)*
HyperHAES *Inf.Lsg. 250ml (1000ml enth. 60g Haes) hyperton: NaCl 7,2%*

Dos
Akute Hypovolämie, Schock: initial 10–20ml langsam i.v., bei guter Verträglichkeit Infusionsmenge nach Hämodynamik bis 2500ml, max. 50ml/kgKG/d:

50 kgKG	60 kgKG	70 kgKG	80 kgKG	90 kgKG	100 kgKG
max. 2500ml	max. 3000ml	max. 3500ml	max. 4000ml	max. 4500ml	max. 5000ml

Small-Volume-Resuscitation: 250ml HyperHAES oder 4ml/kgKG als Bolus i.v.:

50 kgKG	60 kgKG	70 kgKG	80 kgKG	90 kgKG	100 kgKG
200ml	240ml	280ml	320ml	360ml	400ml

im Anschluss bedarfsgerechte Volumentherapie

Ind Volumenmangel und Schock bei Operationen, Verletzungen, Sepsis

KI Schwere Herzinsuffizienz, Nierenversagen (Serumkrea. 2mg/dl bzw. 177mol/l), Dialysepatienten, schwere Blutgerinnungsstörungen (außer bei lebensbedrohlichen Notfällen), Hyperhydratation, Lungenödem, Hirnblutung, bek. HAES-Überempf., schwere Hypernatriämie, schwere Hyperchlorämie, Schwangerschaft im 1. Trimenon, im weiteren Verlauf der SS nur bei vitaler Indikation, bei Fibrinogenmangel nur in lebensbedrohlichen Notfällen

Wi Hydroxyethylgruppen binden Wasser ⇒ Plasmavolumenanstieg; bei zusätzlich hypertoner Lösung (HyperHAES) wird rasch Flüssigkeit aus dem Interstitium nach intravasal mobilisiert

NW Anaphylakt. Reaktionen, Juckreiz, Schmerzen im Lendenbereich, Gerinnungsstörungen, Serumamylase ↑

Info Rp HWZ 1.4–12.1h (biphasisch)

Inkom Wegen häufiger Inkompatibilitäten Zumischung von Medikamenten vermeiden (insbesondere phosphat- oder karbonathaltige Lösungen)

Lager Expafusin + Haes steril: keine besonderen Lagerungsanforderungen; HyperHAES, Venofundin, Vitafusal + Voluven: nicht einfrieren

s.a. **Infusionslösungen** (→ S. 146), **Kristalline Infusionslösungen** (→ S. 146): Natriumchlorid 0,9 % → S. 75, Ringer-Laktat → S. 96, Vollelektrolytlösung → S. 114

Haloperidol

Neuroleptikum, Dopamin-D_2-Rezeptorantagonist

Hn Appl	**Haldol Janssen** *Amp. 5mg/1ml (0.2ml=1mg)* **Haloperidol Neuraxph.** *Amp. 5mg/1ml (0.2ml=1mg)* **Haloperidol-ratioph.** *Amp. 5mg/1ml (0.2ml=1mg)*
Dos	**Akute Psychosen, Erregungszustände:** 5–10mg i.v., max 60mg/d i.v.; **Ki. > 3 J.:** 0.025–0.05mg/kgKG/d i.v. in 2 Einzeldosen:

10 kgKG	20 kgKG	30 kgKG	40 kgKG	50 kgKG
0.25-0.5mg =0.05-0.1ml; Einzeldosis: 0.025-0.05ml	0.5-1mg =0.1-0.2ml; Einzeldosis: 0.05-0.1ml	0.75-1.5mg =0.15-0.3ml; Einzeldosis: 0.075-0.15ml	1-2mg =0.2-0.4ml; Einzeldosis: 0.1-0.2ml	1.25-2.5mg =0.25-0.5ml; Einzeldosis: 0.125-0.25ml

Ind	Akute Verschlechterung einer chronischen Schizophrenie; Sedierung bei psychomotorischen Erregungszuständen
KI	Bek. Überempfindlichkeit, Koma, Kinder < 3 J.; besonders vorsichtige Anwendung bei: akuten Intoxikationen durch Alkohol, Opioide, Hypnotika oder zentral dämpfenden Psychopharmaka, Leber- und Niereninsuffizienz, kardialer Vorschädigung, prolaktinabhängigen Tumoren, z.B. Mamma-Tumoren, schwerer Hypotonie bzw. orthostatischer Dysregulation, Morbus Parkinson, endogener Depression, Erkrankungen des hämatopoetischen Systems, anamnestisch bek. malignem neuroleptischem Syndrom, hirnorganischen Erkrankungen, Epilepsie, Hyperthyreose
Wi	Blockade von Dopamin-D_2-Rezeptoren ⇒ Dopaminwirkung↓ ⇒ antipsychotisch, Dämpfung psychomotorischer und katatoner Erregung, affektiver Verspannung sowie manischer Verstimmung und Antriebssteigerung
NW	Frühdyskinesien, Parkinson-Syndrom, Akathisie, Ödeme, Hyponatriämie, Priapismus, erektile Dysfunktion, orthostat. Dysregulation, Tachykardie, QT-Zeit-Verlängerung, Torsade-de-pointes-Tachykardie, Übelkeit, Erbrechen, Spätdyskinesien, malignes neuroleptisches Syndrom
Info	Rp HWZ 24h; Q_0 1.0, PPB 92%, PRC C, Lact?
Inkom	Haldol Janssen + Haloperidol-ratiopharm: keine Inkompatibilitäten bekannt
Lager	Haldol Janssen: zwischen +15°C und +25°C lagern; Haloperidol-ratiopharm: keine besonderen Lagerungsanforderungen
s.a.	**Neuroleptika** (→ S. 163): Promethazin → S. 92

Heparin-Natrium

Antikoagulanz, unfraktioniertes Heparin

Hn Appl	**Heparin-Natrium B. Braun** *Amp. 100.000 IE/10ml (1ml=10.000IE)* **Heparin-Natrium-ratioph.** *Amp. 20.000 IE/1ml; 25.000 IE/5ml (1ml=5000IE)* **Liquemin N** *Amp. 10.000 IE/1ml; 20.000 IE/1ml; 25.000 IE/5ml (1ml=5000IE)*
Dos	**Akutes Koronarsyndrom, Thromboembolien:** 5000 IE i.v., dann 1000 IE/h bzw. nach aPTT-Wert (1.5–2.5 x Ausgangswert); **DANI** nicht erforderlich **Ki.:** initial 50 IE/kgKG i.v.:

5 kgKG	10 kgKG	15 kgKG	20 kgKG	30 kgKG	40 kgKG
250 IE	500 IE	750 IE	1000 IE	1500 IE	2000 IE

dann 20 IE/kgKG/h:

5 kgKG	10 kgKG	15 kgKG	20 kgKG	30 kgKG	40 kgKG
100 IE/h =0.2 ml/h	200 IE/h =0.4 ml/h	300 IE/h =0.6 ml/h	400 IE/h =0.8 ml/h	600 IE/h =1.2 ml/h	800 IE/h =1.6 ml/h

Perf	**1 Amp. Liquemin N 25.000 (=25000IE/5ml) + 45ml NaCl 0.9% oder Glukose 5%** (=50ml=25000IE; 1ml=500IE) ⇒ 0.2ml/h=100IE/h
Ind	Akutes Koronarsyndrom, akute Lungenembolie, Phlebothrombose, Begleittherapie bei Thrombolyse
KI	Bek. Überempfindlichkeit, Heparin-induzierte Thrombopenie Typ II (HIT-II), hämorrhagische Diathese, Mangel an Gerinnungsfaktoren, schwere Leber-, Nieren- u. Bauchspeicheldrüsenerkrankungen, schwere Thrombopenie, blutende Magen-Darm-Ulzera, Hirnblutung, Trauma oder OP am ZNS, Augen-OP, Retinopathien, Glaskörperblutungen, Hirnarterienaneurysma, subakute bakterielle Endokarditis, Abortus imminens, Spinalanästhesie, Perduralanästhesie, Lumbalpunktion
Wi	Komplexbildung mit Antithrombin-III ⇒ Hemmung v.a. der Gerinnungsfaktoren IIa, Xa, XIa, XIIa ⇒ Vermeidung der Größenzunahme und Neubildung von Thromben
NW	Blutungen, Heparin-induzierte Thrombopenie Typ I und II, Leberenzyme u. LDH u. Lipase i.S.↑; bei längerer Anwendung: Haarausfall, Osteoporose
Info	Rp HWZ 90–120min, Q_0 0.8, PPB 90%, PRC C, Lact +
Inkom	Nicht mit anderen Arzneimitteln in einer Spritze oder Infusion mischen
Lager	Keine besonderen Lagerungsanforderungen
s.a.	**Gerinnungstherapeutika** (→ S. 149), **Fibrinolytika** (→ S. 150): Alteplase → S. 16, Tenecteplase → S. 102 **Thrombozytenaggregationshemmer** (→ S. 150): Acetylsalicylsäure → S. 11, Clopidogrel → S. 28, Tirofiban → S. 107

Heparin – Zubereitung und Dosierung der Perfusorlösung

Berechnung der Heparindosierung bei pumpengesteuerter Applikation

ml/h	100000 IE ad 50 ml	25000 IE ad 50 ml	20000 IE ad 50 ml	10000 IE ad 50 ml	5000 IE ad 50 ml
0.1	200 IE/h	50 IE/h	40 IE/h	20 IE/h	10 IE/h
0.2	400 IE/h	100 IE/h	80 IE/h	40 IE/h	20 IE/h
0.3	600 IE/h	150 IE/h	120 IE/h	60 IE/h	30 IE/h
0.4	800 IE/h	200 IE/h	160 IE/h	80 IE/h	40 IE/h
0.5	1000 IE/h	250 IE/h	200 IE/h	100 IE/h	50 IE/h
0.6	1200 IE/h	300 IE/h	240 IE/h	120 IE/h	60 IE/h
0.7	1400 IE/h	350 IE/h	280 IE/h	140 IE/h	70 IE/h
0.8	1600 IE/h	400 IE/h	320 IE/h	160 IE/h	80 IE/h
0.9	1800 IE/h	450 IE/h	360 IE/h	180 IE/h	90 IE/h
1.0	2000 IE/h	500 IE/h	400 IE/h	200 IE/h	100 IE/h
2.0	4000 IE/h	1000 IE/h	800 IE/h	400 IE/h	200 IE/h
3.0	6000 IE/h	1500 IE/h	1200 IE/h	600 IE/h	300 IE/h
4.0	8000 IE/h	2000 IE/h	1600 IE/h	800 IE/h	400 IE/h
5.0	10000 IE/h	2500 IE/h	2000 IE/h	1000 IE/h	500 IE/h
6.0	12000 IE/h	3000 IE/h	2400 IE/h	1200 IE/h	600 IE/h
7.0	14000 IE/h	3500 IE/h	2800 IE/h	1400 IE/h	700 IE/h
8.0	16000 IE/h	4000 IE/h	3200 IE/h	1600 IE/h	800 IE/h
9.0	18000 IE/h	4500 IE/h	3600 IE/h	1800 IE/h	900 IE/h
10.0	20000 IE/h	5000 IE/h	4000 IE/h	2000 IE/h	1000 IE/h

Hydroxycobalamin	
Antidot	
Hn Appl	**Cyanokit** *Inj.Lsg. 2.5g (Trockensubstanz, Int. Apotheke)*
Dos	**Cyanidintoxikation:** initial 5g in 200ml NaCl 0.9% über 30min i.v., je nach Klinik weitere 5g über 0.5-2 h; **Ki.:** 70mg/kgKG über 20–30min i.v.:
Ind	Intoxikation mit Blausäuregas und Cyaniden, Inhalation blausäurehaltiger Rauchgase, die noch weitere asphyktische Gase enthalten, wodurch die Anwendung von 4-DMAP eingeschränkt ist
KI	Nach Anwendung von Natriumthiosulfat
Wi	Bindet Cyanid im Plasma, indem der Hydroxoligand durch einen Cyanoliganden ersetzt wird; das dabei entstandene Cyanocobalamin wird rasch mit dem Urin ausgeschieden
NW	Allergische Reaktionen, dunkelrote Verfärbung des Urins
Info	
Inkom	Hydroxocobalaminlösung nicht mit Thiosulfat-Lösung mischen
Lager	Vor Sonnenlicht geschützt und unter +25°C lagern
s.a.	**Antidota** (→ S. 166): Atropin → S. 20, Acetylcystein (ACC) → S. 9, Digitalis-Antitoxin → S. 31, Dimercaptopropansulfonat (DMPS) → S. 35, Dimethylaminophenol (4-DMAP) → S. 33, Ethanol → S. 43, Flumazenil → S. 47, Kalziumglukonat → S. 58, Naloxon → S. 73, Natriumthiosulfat → S. 76, Obidoximchlorid → S. 81, Physostigmin → S. 89, Toloniumchlorid → S. 109

Dosierung Ki. (Dos):

5 kgKG	10 kgKG	15 kgKG	20 kgKG	30 kgKG	40 kgKG
350mg	700mg	1050mg	1400mg	2100mg	2800mg

Insulin

Altinsulin, blutzuckersenkendes Hormon, Antidiabetikum	
Hn Appl	**Actrapid** *Amp. 400 IE/10ml (1ml=40IE; 0.025ml=1IE)* **Huminsulin Normal** *Amp. 400 IE/10ml (1ml=40IE; 0.025ml=1IE); 1000 IE/10ml (1ml=100IE; 0.01ml=1IE)* **Insuman Rapid** *Amp. 400 IE/10ml (1ml=40IE; 0.025ml=1IE)*
Dos	Erforderliche Dosis individuell unterschiedlich: 1 IE Insulin senkt BZ um 20-60mg/dl; **Coma diabeticum** (zus. Volumentherapie, Kaliumsubstitution, Azidosekorrektur): 6-10 IE i.v., dann je n. BZ 4-12 IE/h als Perfusor
Perf	**40 IE Actrapid (=1ml) + 39ml NaCl 0.9%** (=40ml=40IE; 1ml=1IE) ⇒ 1ml/h=1IE/h
Ind	Hyperglykämie
KI	Hypoglykämie, bek. Überempfindlichkeit
Wi	Erhöhung der Glukoseaufnahme in die Zelle; Steigerung der Glykogen-, Fettsäure-, Glycerol- und Proteinsynthese; Steigerung der Aminosäureaufnahme; Hemmung von Glykogenolyse, Glukoneogenese, Ketogenese, Lipolyse, Proteinkatabolismus und des Aminosäuretransportes aus der Zelle
NW	Hypoglykämie, Refraktionsanomalien, lokale Überempfindlichkeitsreaktionen a.d. Einstichstelle, Lipodystrophie a.d. Einstichstelle
Info	Rp HWZ 0.1–0.25h (i.v.); HWZ 2h (i.m.), geringe PPB, PRC B
Inkom	Bei Kombination mit anderen Arzneimitteln mögliche Degradation des Insulinmoleküls, wenn diese Arzneimittel z.B. Thiole oder Sulfite enthalten; wenn Actrapid mit Infusionsflüssigkeiten gemischt wird, wird eine nicht voraussagbare Menge von Insulin an das Infusionsmaterial adsorbiert; Cave: neutrale Normalinsuline fallen bei pH-Werten von etwa 4.5 bis 6.5 aus
Lager	Im Kühlschrank bei +2°C - +8°C lagern, nicht einfrieren; keiner starken Hitze oder Sonnenlicht aussetzen
s.a.	**Antidiabetika** (→ S. 159)

Umrechnung von Insulineinheiten in Milliliter

Berechnung der Insulindosierung bei einer Konzentration von 40 IE pro ml

IE	ml	IE	ml	IE	ml	IE	ml	IE	ml
1	0.025	**9**	0.225	**17**	0.425	**25**	0.625	**33**	0.825
2	0.05	**10**	0.25	**18**	0.45	**26**	0.65	**34**	0.85
3	0.075	**11**	0.275	**19**	0.475	**27**	0.675	**35**	0.875
4	0.1	**12**	0.3	**20**	0.5	**28**	0.7	**36**	0.9
5	0.125	**13**	0.325	**21**	0.525	**29**	0.725	**37**	0.925
6	0.15	**14**	0.35	**22**	0.55	**30**	0.75	**38**	0.95
7	0.175	**15**	0.375	**23**	0.575	**31**	0.775	**39**	0.975
8	0.2	**16**	0.4	**24**	0.6	**32**	0.8	**40**	1.0

Ipratropiumbromid

Anticholinergikum

Hn Appl	**Atrovent N** *Dosieraerosol 0.02mg/Hub*
Dos	**COPD, Asthma bronchiale:** 3–4 x 1–2 Hub; **Ki.:** s. Erw.; **Ki. < 6 J.:** Anwendung unter ärztlicher Kontrolle
Ind	Therapie und Prophylaxe von Atemnot bei chronisch obstruktiven Atemwegserkrankungen und Asthma bronchiale
KI	Überempfindlichkeit gegen Ipratropiumbromid oder andere Atropinderivate,
Wi	Hemmung der vagusinduzierten Reflexbronchokonstriktion, Hemmung der Freisetzung von bronchospastisch wirksamen Mediatoren durch Senkung des zyklischen GMP in der Mastzelle (Mastzellstabilisierung) und damit Verhinderung der Manifestation der allergischen Reaktion vom Soforttyp (Typ I)
NW	Urtikaria, Kopfschmerzen, Schlaflosigkeit, Akkomodationsstörungen, Engwinkelglaukom, Palpitationen, Tachykardie, Husten, lokale Irritationen, Mundtrockenheit, Bauchschmerzen, Obstipation, Diarrhoe, Erbrechen
Info	Rp HWZ 4h, PRC B, Lact ?
Inkom	Derzeit nicht bekannt
Lager	Nicht bei Temperaturen über +25°C lagern, vor direkter Sonneneinstrahlung, Erwärmung über +50°C und Frost schützen
s.a.	**Bronchodilatatoren** (→ S. 152): Fenoterol → S. 45, Terbutalin → S. 103, Reproterol → S. 95, Theophyllin → S. 104

Kalziumglukonat	
Elektrolyt, Antidot	
Hn Appl	**Calciumgluconat Braun 10%** *Amp. 940mg/10ml=2.3mmol Kalzium-Ion (1ml=0.94mg)*
Dos	**Flusssäureverätzungen der peripheren Extremitäten:** 10–20ml i.a. bis Schmerz nachlässt; an anderen Stellen Unterspritzung mit 10ml oder mehr bei großen Flächen
Ind	Lokale bzw. intraarterielle Anwendung bei Flusssäureverätzungen der Haut; i.v.-Anwendung bei Hypokalziämie infolge von Flusssäure bzw. Oxalsäurevergiftungen
KI	Hyperkalziämie, Nephrokalzinose, Kalziumnierensteine, schwere Hyperkalziurie, schwere Niereninsuffizienz, digitalisierte Patienten, Anaphylaxie
Wi	Neutralisation von Fluoridionen zu Kalziumfluorid
NW	Hitzegefühl, Schweißausbrüche, Übelkeit, Erbrechen, Herzrhythmusstörungen, Kollaps, Schock, Status asthmaticus
Info	Rp HWZ 2h, Q_0 0.3, PPB 20%, PRC B, Lact +
Inkom	Nicht mit anderen Arzneimitteln mischen
Lager	Nicht über +25°C lagern
s.a.	**Mineralstoffe** → S. 145: Magnesiumsulfat → S. 63 **Antidota** (→ S. 166): Atropin → S. 20, Acetylcystein (ACC) → S. 9, Digitalis-Antitoxin → S. 31, Dimercaptopropansulfonat (DMPS) → S. 35, Dimethylaminophenol (4-DMAP) → S. 33, Ethanol → S. 43, Flumazenil → S. 47, Hydroxycobalamin → S. 55, Naloxon → S. 73, Natriumthiosulfat → S. 76, Obidoximchlorid → S. 81, Physostigmin → S. 89, Toloniumchlorid → S. 109

Ketamin

Allgemeinanästhetikum, Analgetikum

Hn Appl

Ketamin Deltaselect *Amp. 50mg/5ml (1ml=10mg); 100mg/2ml (1ml=50mg); 500mg/10ml (1ml=50mg)*
Ketamin Inresa *Amp. 100mg/2ml (1ml=50mg); 500mg/10ml (1ml=50mg)*
Ketamin-ratioph. *Amp. 50mg/5ml (1ml=10mg); 500mg/10ml (1ml=50mg)*

Dos

Notfallmedizin: 0.5–1mg/kgKG i.m. oder 0.25–0.5mg/kgKG i.v.:

5 kgKG	10 kgKG	15 kgKG	20 kgKG	30 kgKG	40 kgKG
1.25-2.5 mg i.v.	2.5-5 mg i.v.	3.75-7.5 mg i.v.	5-10 mg i.v.	7.5-15 mg i.v.	10-20 mg i.v.
50 kgKG	**60 kgKG**	**70 kgKG**	**80 kgKG**	**90 kgKG**	**100 kgKG**
12.5-25 mg i.v.	15-30 mg i.v.	17.5-35 mg i.v.	20-40 mg i.v.	22.5-45 mg i.v.	25-50 mg i.v.

Status asthmaticus: 1–2mg/kgKG i.v., bei Bedarf bis 5mg/kgKG:

5 kgKG	10 kgKG	15 kgKG	20 kgKG	30 kgKG	40 kgKG
5-10mg, bis 25mg	10-20mg, bis 50mg	15-30mg, bis 75mg	20-40mg, bis 100mg	30-60mg, bis 150mg	40-80mg, bis 200mg
50 kgKG	**60 kgKG**	**70 kgKG**	**80 kgKG**	**90 kgKG**	**100 kgKG**
50-100mg, bis 250mg	60-120mg, bis 300mg	70-140mg, bis 350mg	80-160mg, bis 400mg	90-180mg, bis 450mg	100-200mg, bis 500mg

Narkose: initial 4–8mg/kgKG i.m. *oder* 1–2mg/kgKG i.v. (dann 50% der Initialdosis alle 10–15 min):

5 kgKG	10 kgKG	15 kgKG	20 kgKG	30 kgKG	40 kgKG
5-10 mg i.v.	10-20 mg i.v.	15-30 mg i.v.	20-40 mg i.v.	30-60 mg i.v.	40-80 mg i.v.
50 kgKG	**60 kgKG**	**70 kgKG**	**80 kgKG**	**90 kgKG**	**100 kgKG**
50-100 mg i.v.	60-120 mg i.v.	70-140 mg i.v.	80-160 mg i.v.	90-180 mg i.v.	100-200 mg i.v.

Ketamin (Fortsetzung)

Dos	**Analgesie bei Beatmung** (in Komb. mit Benzodiazepin) initial 0.5mg/kgKG i.v.:

5 kgKG	10 kgKG	15 kgKG	20 kgKG	30 kgKG	40 kgKG
2.5mg	5mg	7,5mg	10mg	15mg	20mg
50 kgKG	60 kgKG	70 kgKG	80 kgKG	90 kgKG	100 kgKG
25mg	30mg	35mg	40mg	45mg	50mg

dann 0.4–1mg/kgKG/h (max. 3mg/kgKG/h) über Perfusor:

5 kgKG	10 kgKG	15 kgKG	20 kgKG	30 kgKG	40 kgKG
2-5mg/h =0.2-0.5ml/h max15mg/h =1.5ml/h	4-10mg/h =0.4-1ml/h max30mg/h =3ml/h	6-15mg/h =0.6-1.5ml/h max45mg/h =4.5ml/h	8-20mg/h =0.8-2ml/h max60mg/h =6ml/h	12-30mg/h =1.2-3ml/h max90mg/h =9ml/h	16-40mg/h =1.6-4ml/h max120mg/h =12ml/h
50 kgKG	60 kgKG	70 kgKG	80 kgKG	90 kgKG	100 kgKG
20-50mg/h =2-5ml/h max150mg/h =15ml/h	24-60mg/h =2.4-6ml/h max180mg/h =18ml/h	28-70mg/h =2.8-7ml/h max210mg/h =21ml/h	32-80mg/h =3.2-8ml/h max240mg/h =24ml/h	36-90mg/h =3.6-9ml/h max270mg/h =27ml/h	40-100mg/h =4-10ml/h max300mg/h =30ml/h

Perf	**1 Amp. Ketamin-ratiopharm (=500mg/10ml) + 40ml NaCl 0.9% oder Glukose 5%** (=50ml=500mg; 1ml=10mg) ⇒ 1ml/h=10mg/h; 0.1ml/h=1mg/h
Ind	Anästhesie und Analgesie in der Notfallmedizin, Einleitung und Aufrechterhaltung einer Vollnarkose, zur Ergänzung bei Regionalanästhesien, therapieresistenter Status asthmaticus, Analgesie intubierter Patienten
KI	Arterielle Hypertonie (> 180/100mmHg), (Prä-)Eklampsie, Hyperthyreose, drohende Uterusruptur, Nabelschnurvorfall, Gravidität (1. Trimenon), Stillzeit
Wi	Blockade von NMDA-Rezeptoren ⇒ analgetische und hypnotische Wirkung
NW	Atemdepression, Laryngospasmus, Hirndrucksteigerung, intraokuläre Drucksteigerung, erhöhter Muskeltonus, Übelkeit, Erbrechen, Hypersalivation, Sehstörungen, Schwindel, motor. Unruhe, Anstieg von Herzfrequenz u. Blutdruck, Aufwachreaktionen, unangenehme Träume
Info	Rp HWZ 2-3h, Q_0 1.0, PPB 47%, PRC D, Lact -
Inkom	Ketamin-ratiopharm: zur Zubereitung der Infusionslösung nur Glukose 5% oder NaCl 0.9% verwenden; nicht mit Barbituraten oder Diazepam mischen, da es sonst zu Ausfällungen und Trübungen kommt
Lager	Keine besonderen Lagerungsanforderungen
s.a.	**Injektionsnarkotika** (→ S. 160): Esketamin → S. 40, Etomidat → S. 44, Propofol → S. 93, Thiopental → S. 105

Kohle, medizinische

Aktivkohle; Absorptionshemmer

Hn Appl	**Ultracarbon** *Granulat 50g (1 Flasche Ultracarbon mit 350ml Wasser füllen und aufschütteln)*
Dos	**Intoxikationen:** 50-100g p.o. oder über Magenschlauch applizieren; **Ki. bis 12J.:** 1g/kgKG p.o.:

5 kgKG	10 kgKG	15 kgKG	20 kgKG	30 kgKG	40 kgKG
5 g	10 g	15 g	20 g	30 g	40 g

Ind	Verhinderung der Resorption bei oralen Vergiftungen durch Nahrungsmittel, Schwermetalle, Arzneimittel; **Wirkt nicht bei:** Lithium, Thallium, Eisensalzen, Blausäure, Borsäure, DDT, Tolbutamid, Methanol, Ethanol, Ethylenglykol!
KI	Vergiftung mit ätzenden Stoffen, da diagnostisch-endoskopische Maßnahmen erschwert werden
Wi	Durch die große Absorptionsfläche der Kohle (1000–2000 m^2/g) können Giftstoffe gebunden werden; da Kohle vom Magen-Darm-Trakt nicht resorbiert werden kann, werden die gebundenen Giftstoffe mit dem Stuhl ausgeschieden.
NW	Obstipation, mechan. Ileus bei sehr hohen Dosen
Info	OTC
Inkom	Keine
Lager	Granulat zur Zubereitung der Suspension trocken und bei Zimmertemperatur (+15°C - bis +25°C) aufbewahren, zubereitete Suspension im Kühlschrank (+2°C bis +8°C) aufbewahren
s.a.	**Antidota** (→ S. 166): Atropin → S. 20, Acetylcystein (ACC) → S. 9, Digitalis-Antitoxin → S. 31, Dimercaptopropansulfonat (DMPS) → S. 35, Dimethylaminophenol (4-DMAP) → S. 33, Ethanol → S. 43, Flumazenil → S. 47, Hydroxycobalamin → S. 55, Kalziumglukonat → S. 58, Naloxon → S. 73, Natriumthiosulfat → S. 76, Obidoximchlorid → S. 81, Physostigmin → S. 89, Toloniumchlorid → S. 109

Lorazepam

Benzodiazepin, Sedativum, Antikonvulsivum

Hn Appl **Tavor** *Amp. 2mg/1ml (1ml=0.5mg)*
Tavor expidet *Lingualtbl. 1mg, 2.5mg*

Dos **Angst-, Spannungs- und Erregungszustände:** 0.5-2.5mg/d p.o. in 2-3 Einzeldosen oder 1 x als Abenddosis; 0.05mg/kgKG i.v. (Ampullenlösung vor Inj. mit 1ml Wasser für Inj.-zwecke oder NaCl 0,9% verdünnen ⇒ 1ml=1mg):

50 kgKG	60 kgKG	70 kgKG	80 kgKG	90 kgKG	100 kgKG
2.5mg i.v.	3mg i.v.	3.5mg i.v.	4mg i.v.	4.5mg i.v.	5mg i.v.

Ki.: Einzeldosen von 0.5-1mg p.o., bzw. 0.05mg/kgKG p.o.:

5 kgKG	10 kgKG	15 kgKG	20 kgKG	30 kgKG	40 kgKG
0.25mg p.o.	0.5mg p.o	0.75mg p.o	1mg p.o	1.5mg p.o	2mg p.o

Status epilepticus: 4mg langsam i.v., ggf. n. 10min wiederholen (Ampullenlösung vor Inj. mit 1ml Wasser für Inj.-zwecke oder NaCl 0.9% verdünnen ⇒ 1ml=1mg), max. 8mg i.v. innerhalb von 12h; **Ki.:** initial 0.05mg/kgKG, ggf. nach 10min wiederholen:

5 kgKG	10 kgKG	15 kgKG	20 kgKG	30 kgKG	40 kgKG
0.25mg i.v.	0.5mg i.v.	0.75mg i.v.	1mg i.v.	1.5mg i.v.	2mg i.v.

Ind Angst-, Spannungs- und Erregungszustände; Basissedierung vor und während operativer und diagnostischer Eingriffe; Behandlungseinleitung schwerer neurotischer Angstsymptomatik und ausgeprägter Phobien; adjuvante kurzfristige Behandlung schwerer Angst- und Erregungszustände bei Psychosen und Depressionen; Status epilepticus

KI Bekannte Überempfindlichkeit gegen Wirkstoff bzw. Benzodiazepine, Schock, Kollapszustände, Abhängigkeitsanamnese

Wi Stimulation von Benzodiazepinrezeptoren ⇒ Verstärkung der hemmenden Funktion GABAerger Neuronen im ZNS ⇒ sedierend, spannungs-, erregungs- u. angstdämpfend, antikonvulsiv, muskelrelaxierend

NW Müdigkeit, Schläfrigkeit, Mattigkeit, Schwindelgefühl, anterograde Amnesie, Ataxie, Dysarthrie, Unruhe, Verwirrung, allgemeine Dämpfung, Weinen, Halluzinationen, Benommenheit, Kopfschmerzen, Doppelbilder, Hyper- und hypotone Kreislaufstörungen, Atemdämpfung, Obstruktion der Atemwege, Hautausschlag, Übelkeit, Erbrechen, Blutbildveränderungen, Erhöhungen der Leberwerte, paradoxe Reaktionen wie erhöhte Aggressivität, akute Erregungszustände, Angst, Selbstmordgedanken, Muskelverspannungen, Ein- und Durchschlafstörungen

Lorazepam (Fortsetzung)	
Info	Rp HWZ 12-16h Q0 1.0 PPB 80-93% PRC D Lact ?
Inkom	*Tavor pro injectione:* Inkompatibilitäten nicht bekannt, jedoch möglichst in einer getrennten Spritze verabreichen; bei Mischung mit NaCl 0,9%, Wasser für Injektionszwecke oder Glukose 5% für mindestens 60 Minuten voll kompatibel
Lager	*Tavor pro injectione:* im Kühlschrank bei +4°C bis +8°C, vor Licht geschützt (z.B. in der Umverpackung) lagern; Tavor expidet, Lorazepam-ratiopharm: vor Feuchtigkeit schützen, nicht über +25°C lagern; Tavor: nicht über +25°C lagern
s.a.	**Antiepileptika, Antikonvulsiva, Sedativa, Benzodiazepine** → S. 163, **167**: Diazepam → S. 30, Midazolam → S. 70, Phenytoin → S. 87, Thiopental → S. 105

Magnesiumsulfat	
Elektrolyt	
Hn Appl	**Cormagnesin 200** *Amp. 1g/10ml (1ml=100mg)* **Cormagnesin 400** *Amp. 2g/10ml (1ml=200mg)* **Mg 5-Sulfat 10%** *1g/10ml (1ml=100mg)* **Mg 5-Sulfat 50%** *Amp. 5g/10ml (1ml=500mg)*
Dos	**Ventrikuläre und atriale Rhythmusstörungen:** 1-4g langsam i.v.
Ind	Torsade-de-pointes-Tachykardie, ventrikuläre Tachykardien bei Mg-Mangel, multifokale atriale Tachykardien bei Mg-Mangel, Eklampsie, Präeklampsie
KI	Myasthenia gravis, ausgeprägte Bradykardie, Magnesium-Kalzium-Ammoniumphosphat-Steindiathese, AV-Block, schwere Nierenfunktionsstörungen; Komb. mit Barbituraten, Narkotika, Hypnotika (Atemdepression!)
Wi	Ausgleich eines Magnesiummangels; Hemmung der Acetylcholinfreisetzung an cholinergischen Nervenendigungen; Hemmung des Kalziuminflux in die Herzmuskelzelle
NW	Bradykardie, Hypotonie, Überleitungsstörungen, periphere Gefäßerweiterungen; bei schneller Injektion Erbrechen, Übelkeit, Kopfschmerzen, Wärmegefühl, Schwindel, Unruhezustände
Info	OTC
Inkom	Cormagnesin 200 + 400: nicht zutreffend; Mg-5-Sulfat 10% + 50%: keine Mischung mit Kalzium-, phosphathaltigen oder alkoholischen Lösungen
Lager	Cormagnesin 200 + 400: nicht über + 25°C lagern; Mg-5-Sulfat 10% + 50%: keine besonderen Lagerungsanforderungen
s.a.	**Mineralstoffe** (→ S. 145): Kalziumglukonat → S. 58

Mannitol 20%

Osmotisch wirksames Diuretikum

Hn Appl
Mannit 20% *Inf.Lsg. 20g/100ml; 50g/250ml (1ml=0.2g=200mg)*
Mannitol Lösung 20% *Inf.Lsg. 50g/250ml (1ml=0.2g=200mg)*
Osmosteril 20% *Inf.Lsg. 50g/250ml (1ml=0.2g=200mg)*
Thomaemannit 20% *Inf.Lsg. 50g/250ml (1ml=0.2g=200mg)*

Dos
Hirnödem: 2.5–5 ml/kgKG der 20%igen-Lösung über 15 min i.v.:

5 kgKG	10 kgKG	15 kgKG	20 kgKG	30 kgKG	40 kgKG
12.5-25ml	25-50ml	37,5-75ml	50-100ml	75-150ml	100-200ml
50 kgKG	60 kgKG	70 kgKG	80 kgKG	90 kgKG	100 kgKG
125-250ml	150-300ml	175-350ml	200-400ml	225-450ml	250-500ml

Oligurie/Anurie: Probeinfusion mit 0.2g (=1ml) Mannitol/kgKG über 5min i.v. sollte zu einer Mindestharnmenge von 40-50ml/h für 2–3h führen:

5 kgKG	10 kgKG	15 kgKG	20 kgKG	30 kgKG	40 kgKG
1g=5ml	2g=10ml	3g=15ml	4g=20ml	6g=30ml	8g=40ml
50 kgKG	60 kgKG	70 kgKG	80 kgKG	90 kgKG	100 kgKG
10g=50ml	12g=60ml	14g=70ml	16g=80ml	18g=90ml	20g=100ml

dann 0.1–0.3g/kgKG/h (0.5-1.5ml/h), Ther.-fortsetz. nach Erfolg und Bedarf:

5 kgKG	10 kgKG	15 kgKG	20 kgKG	30 kgKG	40 kgKG
0.5-1.5g/h= 2.5-7.5ml/h	1-3g/h= 5-15ml/h	1.5-4.5g/h= 7.5-22.5ml/h	2-6g/h= 10-30ml/h	3-9g/h= 15-45ml/h	4-12g/h= 20-60ml/h
50 kgKG	60 kgKG	70 kgKG	80 kgKG	90 kgKG	100 kgKG
5-15g/h= 25-75ml/h	6-18g/h= 30-90ml/h	7-21g/h= 35-105ml/h	8-24g/h= 40-120ml/h	9-27g/h= 45-135ml/h	10-30g/h= 50-150ml/h

Ind
Therapie und Prophylaxe des Hirnödems; Glaukom; Therapie und Prophylaxe des akuten Nierenversagens infolge Trauma oder Schock

KI
Oligurie/Anurie nach Probeinfusion, kardiale Dekompensation, Dehydratationszustände, Hyperhydratation, Lungenödem, intrakranielle Blutungen, Abflusshindernis im Bereich der ableitenden Harnwege, erhöhte Serumosmolarität

Wi
Sechswertiger Alkohol, der zu 90% glomerulär filtriert und tubulär nicht reabsorbiert wird ⇒ vermehrte Wasserausscheidung, verstärkter Transfer von Wasser von intra- nach extrazellulär

NW	Übelkeit, Erbrechen, Oberbauchschmerzen, Kopfschmerzen, Verwirrtheitszustände, Krämpfe, Tachykardien, Thrombophlebitis an der Injektionsstelle, Elektrolytstörungen, Lungenödem, Nierenversagen, allergische Reaktionen
Info	OTC HWZ 71–100min, Q_0 0.05, PRC C, Lact ?
Inkom	Mannitol-Lösung 20% Baxter: nicht zur Mischung mit elektrolythaltigen Infusionslösungen oder Injektionslösungen anderer Arzneistoffe geeignet; Osmosteril 20%: nicht zum Mischen mit anderen Arzneimitteln geeignet; Mannitolhaltige Lösungen dürfen nicht im selben System wie Blut verabreicht werden
Lager	Mannitol-Lösung 20% Baxter: bei kühler Lagerung kann es zur Bildung von Kristallen kommen, die sich durch leichtes Erwärmen wieder lösen; Osmosteril 20%: keine besonderen Lagerungsanforderungen
s.a.	**Diuretika** (→ S. 139): Furosemid → S. 48 **Antihypertensiva** (→ S. 138): Clonidin → S. 27, Nifedipin → S. 77, Urapidil → S. 111

Metamizol

Nicht-Opioid-Analgetikum, Antipyretikum, Pyrazolon

Hn Appl
Analgin *Amp. 1g/2ml (1ml=0.5g=500mg; 100mg=0.2ml)*
Berlosin *Amp. 1g/2ml (1ml=0.5g=500mg; 100mg=0.2ml)*
Metamizol Hexal *Amp. 2.5g/5ml (1ml=0.5g=500mg; 100mg=0.2ml)*
Novalgin *Amp. 1g/2ml, 2.5g/5ml (1ml=0.5g=500mg; 100mg=0.2ml)*
Novaminsulfon-ratioph. *Amp. 1g/2ml, 2.5g/5ml (1ml=500mg; 100mg=0.2ml)*

Dos
Starke Schmerzen, Koliken, Fieber: 1–2.5g i.v., max. 5 g/d
Ki. 3 M. (bzw. > 5 kgKG) –14 J.: 8–16mg/kgKG i.m. bis 4 x tgl.:

10 kgKG	15 kgKG	20 kgKG	25 kgKG	30 kgKG	40 kgKG
80-160mg	120-240mg	160-320mg	200-400mg	240-480mg	320-640mg

Ki. ab 1 J.: i.v.- Gabe möglich; **DANI** hohe Dosen vermeiden

Ind
Akute oder chronische starke Schmerzen, Koliken, Fieber

KI
Bek. Allergie gegen Metamizol oder andere Pyrazolone bzw. Pyrazolidine, Agranulozytose auf Pyrazolone i.d. Vorgesch., bek. Analgetika-Asthma-Syndrom, bek. Analgetika-Intoleranz vom Urtikaria-Angioödemtyp, akute intermittierende hepatische Porphyrie, angeborener Glukose-6-Phosphat-Dehydrogenasemangel, Störungen der Knochenmarksfunktion, Erkrankungen des hämatopoetischen Systems, Säuglinge < 3 M. oder < 5 kgKG; letztes Schwangerschaftstrimenon, keine parenterale Gabe bei Hypotonie und instabiler Kreislaufsituation; keine i.v.-Gabe bei Säuglingen (3 bis 11 M.)

Wi
Wirkmechanismus nicht vollständig bekannt, u.a. Hemmung der Prostaglandinsynthese, periphere u. zentrale Wirkung ⇒ analgetisch, antipyretisch, spasmolytisch

NW
Allergische Reaktionen, Bronchospasmus, Blutdruckabfall, Stevens-Johnson- oder Lyell-Syndrom, Leukopenie, Aganulozytose, Verschlechterung der Nierenfunktion, akute interstitielle Nephritis

Info
Rp HWZ 2.5 (4) h, Q_0 >0.8 (0.6), PRC D

Inkom
Novaminsulfon-ratiopharm + Novalgin: möglichst nicht mit anderen Arzneimitteln gemischt injizieren oder infundieren; bei sofortiger Infusion (begrenzte Stabilität) Mischung/Verdünnung mit Glukose 5%-, NaCl 0.9%- oder Ringer-Laktat-Lösung möglich

Lager
Novaminsulfon-ratiopharm + Novalgin: Ampullen vor Licht geschützt lagern

s.a.
Nonsteroidale Antirheumatika (NSAR) (→ S. 157):
Acetylsalicylsäure → S. 11, Paracetamol → S. 84
Opioid-Analgetika (→ S. 156): Fentanyl → S. 46, Morphin → S. 72,
Pethidin → S. 86, Piritramid → S. 90, Tramadol → S. 110

Methylprednisolon

Glukokortikoid

Hn Appl
Medrate *Amp. 125mg/2ml, 500mg/8ml, 1000mg/16ml*
Metypred *Amp. 125mg/2ml, 250mg/4ml, 1000mg/16ml*
Urbason *Amp. 16mg/1ml, 32mg/1ml, 250mg/5ml, 1000mg/10ml*

Dos
Anaphylaktischer Schock, schwerer Asthma-Anfall: 250–500mg i.v.; **akutes Hirnödem:** initial 250–500mg i.v., dann 3 x 32–64mg i.v.; **toxisches Lungenödem:** 1000mg i.v., evtl. nach 6, 12 u. 24h wiederholen, dann für 2 Tage 3 x 32mg i.v., dann für 2 Tage 3 x 16mg i.v.; **Waterhouse-Friederichsen-Syndrom:** 30mg/kgKG i.v., Wiederholung alle 4–6h für 48–72h:

50 kgKG	60 kgKG	70 kgKG	80 kgKG	90 kgKG	100 kgKG
1500mg	1800mg	2100mg	2400mg	2700mg	3000mg

Ki.: 4–20mg/kgKG i.v.:

5 kgKG	10 kgKG	15 kgKG	20 kgKG	30 kgKG	40 kgKG
20-100mg	40-200mg	60-300mg	80-400mg	120-600mg	160-800mg

Ind
Anaphylaktischer Schock, schwerer Asthma-Anfall, akutes Hirnödem durch Hirntumor, neurochir. Eingriffe, Hirnabszeß, bakterielle Meningitis; toxisches Lungenödem nach Reizgasinhalation, Waterhouse-Friederichsen-Syndrom

KI
Bek. Überempfindlichkeit

Wi
Stark entzündungshemmend, antiödematös, antiallergisch, antiproliferativ

NW
Bei kurzfristiger Therapie: Infektionen, Magen-Darm-Ulzera, verminderte Glukosetoleranz

Info
Rp HWZ 2–3h, Q_0 0.9, PPB 77%, PRC C, Lact ?

Inkom
Medrate: möglichst nicht mit anderen Arzneimitteln mischen, Mischung mit NaCl 0.9% oder Glukose 5% zur Gabe als i.v. Infusion möglich; Urbason: Trübung bzw. Ausfällung bei einer Mischung mit Infusionslösungen deren pH-Wert bei < 5,6 liegt, Niederschlag von Kalziumphosphat bei Mischung mit kalziumhaltigen Lösungen im neutralen und alkalischen Bereich

Lager
Medrate: nicht über+25°C lagern; Urbason: vor Licht geschützt (z.B. in der Umverpackung) lagern

s.a.
Glukokortikoide (→ S. 158): Dexamethason → S. 29, Prednisolon → S. 91
Inhalative Kortikoide (→ S. 154): Beclometason → S. 22

Metoclopramid

Antiemetikum, Prokinetikum, Dopaminantagonist

Hn Appl	**Cerucal** *Amp. 10mg/2ml (1ml=5mg; 0.2ml=1mg)* **Gastrosil** *Amp. 10mg/2ml, 50mg/10ml (1ml=5mg; 0.2ml=1mg)* **MCP Hexal** *Amp. 10mg/2ml (1ml=5mg; 0.2ml=1mg)* **MCP-ratioph.** *Amp. 10mg/2ml, 50mg/10ml (1ml=5mg; 0.2ml=1mg)* **Paspertin** *Amp. 10mg/2ml, 50mg/10ml (1ml=5mg; 0.2ml=1mg)*
Dos	**Übelkeit, Brechreiz, Erbrechen:** 10mg i.v. bis 3 x/d; **Ki. 2–14 J.:** 0.1mg/kgKG i.v., max. 0.5mg/kgKG/d: (siehe Tabelle unten) **Ki. >14 J.:** s. Erw.
Ind	Übelkeit, Brechreiz, Erbrechen induziert durch Arzneimittel, Migräne, Schädel-Hirn-Verletzungen, Leber- u. Nierenerkrankungen
KI	Bek. Überempfindlichkeit, Phäochromozytom, prolaktinabhängige Tumore, mechanischer Darmverschluss, Darmdurchbruch, Epilepsie, extrapyramidalmotorische Störungen, Säuglinge und Kleinkinder bis zu 2 J.; Stillzeit; strenge Indikationsstellung in der Schwangerschaft
Wi	Hemmung zentraler Dopamin- und Serotonin-3-Rezeptoren ⇒ antiemetischer Effekt, Beschleunigung von Magenentleerung u. Dünndarmpassage
NW	Durchfall, Müdigkeit, akute Dyskinesien, Dystonien, Parkinsonismus, Kopfschmerzen, Schwindel, Angst, Ruhelosigkeit, Exanthem; Herzrhythmusstörungen
Info	Rp HWZ 2.5–5h, Q_0 0.7, PPB 40%, PRC B, Lact ?
Inkom	Gastrosil: nicht zutreffend; MCP-ratiopharm: Mischung mit NaCl 0.9%, ansonsten nur b. bekannter Kompatibilität möglich; Paspertin: nicht mit alkalischen Lösungen mischen
Lager	Gastrosil + Paspertin: vor Licht (z.B. in der Umverpackung) und Sonnenbestrahlung geschützt lagern; MCP-ratiopharm: keine Angabe
s.a.	**Antiemetika** (→ S. 160): Ondansetron → S. 82, Dimenhydrinat → S. 34

10 kgKG	15 kgKG	20 kgKG	25 kgKG	30 kgKG	40 kgKG
1mg max.5mg/d	1.5mg max.7.5mg/d	2mg max.10mg/d	2.5mg max.12.5mg/d	3mg max.15mg/d	4mg max.20mg/d

Metoprolol

Betablocker, Antiarrhythmikum, Antihypertensivum

Hn **Appl**	**Beloc** *i.v. Amp. 5mg/5ml (1ml=1mg)* **Lopresor IV** *Amp. 5mg/5ml (1ml=1mg)*
Dos	**Tachykardien, akuter Myokardinfarkt:** 5mg langsam i.v., ggf. wiederholen bis Gesamtdosis von 10–15mg
Ind	Tachykardien mit schmalem QRS-Komplex; akuter Myokardinfarkt
KI	Bek. Überempfindlichkeit, manifeste Herzinsuffizienz, Schock, AV-Block II° oder III°, Sinusknoten-Syndrom, sinuatrialer Block, Bradykardie < 50/min, RR < 90 mmHg; Azidose, bronchiale Hyperreagibilität, Asthma bronchiale, Spätstadien peripherer Durchblutungsstörungen, gleichzeitige Gabe von MAO-Hemmstoffen (Ausnahme MAO-B-Hemmstoffe)
Wi	Hemmung der katecholamininduzierten spontanen Depolarisation (Phase IV des Aktionspotentials) ⇒ Verlangsamung der Generationsfrequenz des Sinusknotens bzw. ektoper Schrittmacherherde, Steigerung der Refraktärzeit des AV-Knotens, Verringerung der Überleitung in anormalen Leitungsbahnen des Herzens ⇒ Herzfrequenz↓, Kontraktilität↓, RR↓
NW	Bradykardie, orthostatische Störungen, Palpitationen, AV-Überleitungsstörungen, Blutdruckabfall, Verstärkung einer Herzinsuffizienz, Müdigkeit, Schwindel, Depression, Verwirrtheit, Träume, Schlaflosigkeit, Dyspnoe, Bronchospasmus
Info	Rp HWZ 3-5(8)h, Q_0 >0.8, PPB 12%
Inkom	Beloc i.v.: nicht mit Dextran (Marcrodex) mischen, Verdünnung (bis zu 40mg Metoprolol in 1000ml Lösung) mit NaCl 0.9%, Glukose 5+10%, Mannitollösung 15%, Fructoselösung 20%, Invertzuckerlösung 10% und Ringerlösung möglich; Lopresor IV: nicht zutreffend
Lager	Beloc i.v.: nicht über 30°C lagern; Lopresor IV: vor Licht geschützt (z.B. in der Umverpackung) lagern
s.a.	**Betarezeptorenblocker** (→ S. 139): Esmolol → S. 41 **Antiarrhythmika** (→ S. 142): Adenosin → S. 12, Adrenalin → S. 13, Ajmalin → S. 15, Amiodaron → S. 18, Digoxin → S. 32, Esmolol → S. 41, Verapamil → S. 113

Midazolam

Benzodiazepin, Sedativum, Hypnotikum, Antikonvulsivum

Hn Appl **Dormicum** *Amp. 5mg/1ml; 5mg/5ml (1ml=1mg); 15mg/3ml (1ml=5mg; 0.2ml=1mg)*
Midazolam Hexal *Amp. 5mg/1ml, 15mg/3ml (1ml=5mg; 0.2ml=1mg)*
Midazolam Curamed *Amp. 5mg/1ml; 15mg/3ml (1ml=5mg; 0.2ml=1mg)*
Midazolam-ratioph. *Amp. 5mg/1ml, 5mg/5ml (1ml=1mg), 15mg/3ml (1ml=5mg; 0.2ml=1mg), 50mg/10ml (1ml=5mg; 0.2ml=1mg), 50mg/50ml (1ml=1mg); 90mg/18ml (1ml=5mg; 0.2ml=1mg)*

Dos **Sedierung:** initial 2–2.5mg i.v., je n. Wirkung in 1mg-Schritten bis max. 7.5mg; **Pat. > 60J.:** 50%; **Ki. 6 M.–5 J.:** 0.05–0.1mg/kgKG iv., max. 6mg Gesamtdosis:

5 kgKG	10 kgKG	15 kgKG	20 kgKG	25 kgKG	30 kgKG
0.25-0.5mg	0.5-1mg	0.75-1.5mg	1-2mg	1.25-2.5mg	1.5-3mg

Ki. 6–12 J.: 0.025–0.05mg/kgKG i.v., max. 10mg Gesamtdosis:

20 kgKG	25 kgKG	30 kgKG	35 kgKG	40 kgKG	45 kgKG
0.5-1 mg	0.625-1.25 mg	0.75-1.5 mg	0.875-1.75 mg	1-2 mg	1.125-2.25 mg

Narkoseeinleitung: 0.1-0.2mg/kgKG i.v.:

5 kgKG	10 kgKG	15 kgKG	20 kgKG	30 kgKG	40 kgKG
0.5-1mg	1-2mg	1.5-3mg	2-4mg	3-6mg	4-8mg
50 kgKG	60 kgKG	70 kgKG	80 kgKG	90 kgKG	100 kgKG
5-10mg	6-12mg	7-14mg	8-16mg	9-18mg	10-20mg

Sedierung Intensivstation:
initial 0.03-0.3mg/kgKG i.v., dann 0.03-0.2mg/kgKG/h über Perfusor:

5 kgKG	10 kgKG	15 kgKG	20 kgKG	30 kgKG	40 kgKG
0.15-1mg/h =0.15-1ml/h	0.3-2mg/h = 0.3-2ml/h	0.45-3mg/h =0.45-3ml/h	0.6-4mg/h = 0.6-4ml/h	0.9-6mg/h = 0.9-6ml/h	1.2-8mg/h = 1.2-8ml/h
50 kgKG	60 kgKG	70 kgKG	80 kgKG	90 kgKG	100 kgKG
1.5-10mg/h =1.5-10ml/h	1.8-12mg/h =1.8-12ml/h	2.1-14mg/h =2.1-14ml/h	2.4-16mg/h =2.4-16ml/h	2.7-18mg/h =2.7-18ml/h	3-20mg/h =3-20ml/h

Perf **1 Amp. Midazolam-ratioph. 50mg (=50mg/50ml) pur** (=50ml=50mg; 1ml=1mg) ⇒ 1ml/h=1mg/h

Ind Sedierung für diagnostische oder therapeutische Eingriffe, Narkoseeinleitung, als Kombinationspartner bei Narkose, Sedierung auf Intensivstation

KI	Bek. Überempfindlichkeit, akute Ateminsuffizienz, schwere Atemdepression
Wi	Öffnung von Chloridkanälen ⇒ Verstärkung der hemmenden Funktion GABAerger Neuronen, vor allem am limbischen System ⇒ sedierend, schlafinduzierend, anxiolytisch, antiaggressiv, antikonvulsiv, muskelrelaxierend
NW	Hypoventilation, Apnoe, Asystolie, Amnesie, paradoxe Reaktionen, verwaschene Sprache, Dysphorie, Hörminderung, Visusstörungen
Info	Rp HWZ 1.5-2.2h, Q_0 1.0, PPB 95%, PRC D, Lact ?
Inkom	Dormicum: darf nicht mit Macrodex 6% in Dextrose oder mit alkalischen Injektionslösungen verdünnt werden, durch Hydrogenkarbonathaltige Lösungen wird Midazolam ausgefällt, ausschließlich mit NaCl 0.9%, Glukose 5 + 10%, Laevulose 5%, Ringerlösung und Hartmannlösung mischen; Midazolam-ratiopharm: inkompatibel mit Hydrogenkarbonathaltigen und anderen alkalischen Lösungen, Acetazolamid-Natrium, Aciclovir, Albumin, Alteplase (Plasminogenhuman-Aktivator), Amoxicillin-Natrium, Aminophyllin, Ampicillin-Natrium/Sulbactam-Natrium, Bumetanid, Dexamethason-21-dihydrogenphosphat, Diazepam, Dimenhydrinat, Enoximon, Flecainidacetat, Fluorouracil, Folsäure, Foscarnet-Natrium, Furosemid-Natrium, Hydrocortison-21-hydrogensuccinat-Natrium, Imipenem, Kaliumcanrenoat, Methotrexat-Dinatrium, Mezlocillin-Natrium, Omeprazol-Natrium, Pentobarbital, Perphenazinenantat, Phenobarbital-Natrium, Phenytoin-Natrium, Phosphate, Phenothiazine, Ranitidin-Hydrochlorid, Theophyllin, Thiopental-Natrium, Trimethoprim/Sulfamethoxazol, Trometamol, Urokinase; nicht mit Macrodex 6% in Dextrose verdünnen; kompatibel in einem Mischungsverhältnis von 15mg Midazolam mit 100-1000ml NaCl 0.9%, Glukose 5%, Ringerlösung oder Ringer-Laktat-Lösung
Lager	Dormicum: vor Licht geschützt (z.B. in der Umverpackung) lagern; Midazolam-ratiopharm: vor Licht geschützt (z.B. in der Umverpackung) lagern, nicht einfrieren, Stechamp. vor Licht geschützt (z.B. in der Umverpackung) nicht über +25°C lagern
s.a.	**Antiepileptika, Antikonvulsiva, Sedativa, Benzodiazepine** → S. 163, → S. 164: Diazepam→ S. 30, Lorazepam → S. 62, Phenytoin → S. 87, Thiopental → S. 105 **Injektionsnarkotika** (→ S. 160): Esketamin → S. 40, Etomidat → S. 44, Ketamin → S. 59, Propofol → S. 93

Morphin

Opioidanalgetikum

Hn Appl	**Morphin Hexal** *Amp. 10mg/1ml (1mg=0.1ml); 20mg/1ml (1mg=0.05ml);* **Morphin Merck** *Amp. 10mg/1ml (1mg=0.1ml); 20mg/1ml (1mg=0.05ml)*
Dos	**Schmerzen:** 2.5–10mg i.v.; 5–30mg s.c./i.m.; **Ki.:** 0.05–0.1mg/kgKG i.v.:

5 kgKG	10 kgKG	15 kgKG	20 kgKG	30 kgKG	40 kgKG
0.25-0.5mg	0.5-1mg	0.75-1.5mg	1-2mg	1.5-3mg	2-4mg

Ki.: 0.05–0.2mg/kgKG s.c./i.m.:

5 kgKG	10 kgKG	15 kgKG	20 kgKG	30 kgKG	40 kgKG
0.25-1mg	0.5-2mg	0.75-3mg	1-4mg	1.5-6mg	2-8mg

Ind	Starke und stärkste Schmerzen z.B. bei Myokardinfarkt; Lungenödem
KI	Bek. Überempfindlichkeit, Ileus
Wi	Bindet an μ-Rezeptoren im ZNS ⇒ analgetisch, antitussiv, atemdepressiv, geringgradig blutdrucksenkend und herzfrequenzsenkend
NW	Übelkeit, Erbrechen, Sedierung, Atemdepression, Euphorie, Dysphorie, Miosis, Spasmen der glatten Muskulatur, Kopfschmerzen, Schwindel, Urtikaria, Pruritus, Obstipation
Info	Rp (BtM), HWZ 2.5h, Q_0 0.9 (0.3), PPB 20-35%, PRC C, Lact ?
Inkom	Morphin Merck: keine bekannt
Lager	Morphin Merck: nicht über +25°C, trocken, vor Licht geschützt (z.B. in der Umverpackung) und gemäß § 15 BtMG lagern
s.a.	**Opioid-Analgetika** (→ S. 156): Fentanyl → S. 46, Pethidin → S. 86, Piritramid → S. 90, Tramadol → S. 110 **Nonsteroidale Antirheumatika (NSAR)** (→ S. 157): Acetylsalicylsäure → S. 11, Metamizol → S. 66, Paracetamol → S. 84

Naloxon

Antidot, Opioidantagonist

Hn Appl
Naloxon Deltaselect *Amp. 0.4mg/1ml (0.25ml=0.1mg);*
Naloxon Inresa *Amp. 0.4mg/1ml (0.25ml=0.1mg);*
Naloxon-ratioph. *Amp. 0.4mg/1ml (0.25ml=0.1mg)*

Dos
Opioid-Intoxikation: initial 0.4–2mg i.v./i.m./s.c., dann je n. Wirkung alle 2 min 0.4–2mg; **Ki.:** 0.01mg/kgKG i.v., je n. Wirkung Wdh. nach 3–5min:

5 kgKG	10 kgKG	15 kgKG	20 kgKG	30 kgKG	40 kgKG
0.05mg	0.1mg	0.15mg	0.2mg	0.3mg	0.4mg

Post-OP Atemdämpfung: 0.1–0.2mg i.v., Wdh. alle 2–3min bis Spontanatmung einsetzt; **Ki.:** 0.005–0.01mg/kgKG:

5 kgKG	10 kgKG	15 kgKG	20 kgKG	30 kgKG	40 kgKG
0.025-0.05mg	0.05-0.1mg	0.075-0.15mg	0.1-0.2mg	0.15-0.3mg	0.2-0.4mg

Ind Aufhebung opioidinduzierter zentralnervöser Dämpfungszustände, insbesondere bei Atemdepression

KI Bek. Überempfindlichkeit

Wi Reiner Opioid-Antagonist ⇒ Aufhebung von Opioidwirkungen

NW Übelkeit, Erbrechen, Blutdruckanstieg, akutes Entzugssyndrom, Schwindel, Schwitzen, Tachykardie, epileptische Anfälle, allerg. Reaktionen

Info Rp HWZ 3-4h, Q_0 1.0, PPB 32-45%, PRC B, Lact ?

Inkom Naloxon-ratioph.: nicht mit Infusionslösungen die Hydrogensulfit, Disulfit, langkettige oder hochmolekulare Anionen enthalten, oder mit alkalischen Lösungen mischen

Lager Naloxon-ratioph.: nicht über +25°C lagern

s.a. **Antidota** (→ S. 166): Atropin → S. 20, Acetylcystein (ACC) → S. 9, Digitalis-Antitoxin → S. 31, Dimercaptopropansulfonat (DMPS) → S. 35, Dimethylaminophenol (4-DMAP) → S. 33, Ethanol → S. 43, Flumazenil → S. 47, Hydroxycobalamin → S. 55, Kalziumglukonat → S. 58, Natriumthiosulfat → S. 76, Obidoximchlorid → S. 81, Physostigmin → S. 89, Toloniumchlorid → S. 109

Natrium-Bikarbonat 4.2%, 8.4%

Pufferlösung

Hn Appl	**Natriumhydrogencarbonat 4.2% B. Braun** *Inf.Lsg. 4.2g/100ml; 10.5g/250ml (1ml=0.5 mmol HCO_3^-);* **Natriumhydrogencarbonat 8,4% B. Braun** *Inf.Lsg. 8,4g/100ml; 21g/250ml (1ml=1.0mmol HCO_3^-)*
Dos	**Metabolische Azidose:** Base excess (-) x 0.3 x kgKG=mmol; max. 1.5mmol/kgKG/h i.v.:

	BE: -5	BE: -10	BE: -15	BE: -20	maximal
5 kgKG	7.5 mmol	15 mmol	22.5 mmol	30 mmol	7.5 mmol/h
10 kgKG	15 mmol	30 mmol	45 mmol	60 mmol	15 mmol/h
15 kgKG	22.5 mmol	45 mmol	67.5 mmol	90 mmol	22.5 mmol/h
20 kgKG	30 mmol	60 mmol	90 mmol	120 mmol	30 mmol/h
30 kgKG	45 mmol	90 mmol	135 mmol	180 mmol	45 mmol/h
40 kgKG	60 mmol	120 mmol	180 mmol	240 mmol	60 mmol/h
50 kgKG	75 mmol	150 mmol	225 mmol	300 mmol	75 mmol/h
60 kgKG	90 mmol	180 mmol	270 mmol	360 mmol	90 mmol/h
70 kgKG	105 mmol	210 mmol	315 mmol	420 mmol	105 mmol/h
80 kgKG	120 mmol	240 mmol	360 mmol	480 mmol	120 mmol/h
90 kgKG	135 mmol	270 mmol	405 mmol	540 mmol	135 mmol/h
100 kgKG	150 mmol	300 mmol	450 mmol	600 mmol	150 mmol/h

	Harnalkalisierung: Dosierung nach angestrebtem Urin-pH
Ind	Korrektur metabolischer Azidosen, Harnalkalisierung bei Intoxikation mit schwachen organischen Säuren (Barbiturate, ASS)
KI	Alkalosen, Hypernatriämie, Hypokaliämie
Wi	Elimination von Wasserstoffionen aus dem Extrazellulärraum ($H^+ + HCO_3^- \Rightarrow H_2CO_3 \Rightarrow H_2O + CO_2$) ⇒ Anhebung des pH-Wertes
NW	Hypernatriämie, Hyperosmolarität, Nekrosen bei Paravasat, Venenreizung, hypokalzämische Tetanie, CO_2-Retention bei respiratorischer Insuffizienz
Info	OTC; Natriumhydrogenkarbonat 8.4% nur zentralvenös infundieren
Inkom	Natriumhydrogenkarbonat 4.2%+ 8.4% B. Braun: Wegen des alkalischen pH-Wertes mit den meisten Arzneimitteln inkompatibel, insbesondere Kombination mit kalzium-, magnesium- und phosphathaltigen Lösungen kann zu Ausfällungen führen

Natrium-Bikarbonat (Fortsetzung)

Lager	Natriumhydrogenkarbonat 4.2% B. Braun: keine besonderen Lagerungsanforderungen; Natriumhydrogenkarbonat 8.4% B. Braun: fast gesättigte Lösung, daher nicht unter Raumtemperatur lagern; eventuelle Kristallisate können durch Erwärmen aufgelöst werden
s.a.	**Azidosetherapeutika** (→ S. 148)

Natriumchlorid 0,9%

Infusionslösung isoton, kaliumfrei

Hn **Appl**	**NaCl 0,9% Inf.Lsg.** *90mg/10ml, 900mg/100ml, 4.5g/500ml, 9g/1000ml*
Dos	**Volumenmangel:** initial 500–1000ml i.v., je nach Klinik mehr; **Ki.:** 4–8ml/kgKG/h i.v.:

5 kgKG	10 kgKG	15 kgKG	20 kgKG	30 kgKG	40 kgKG
20-40ml/h	40-80ml/h	60-120ml/h	80-160ml/h	120-240ml/h	160-320ml/h

Ind	Volumenmangel, isotone und hypotone Dehydratation
KI	Hypernatriämie, Hyperhydratationszustände
Wi	Plasmaisotone Zufuhr von Flüssigkeit, Natrium u. Chlorid
NW	Hypernatriämie, Hyperchloridämie, Hyperhydratation
Info	OTC
Inkom	Natriumchlorid-Trägerlösung Baxter: Inkompatibilitäten beim Mischen mit anderen Arzneimitteln möglich
Lager	Natriumchlorid-Trägerlösung Baxter: keine besonderen Lagerungsanforderungen
s.a.	**Infusionslösungen** (→ S. 146), Kap. Kristalline Infusionslösungen → S. 146: Ringer-Laktat → S. 96, Vollelektrolytlösung → S. 114 Kap. Kolloidale Infusionslösungen → S. 147: HAES 6% → S. 51

Natriumthiosulfat

Antidot

Hn Appl	**Natriumthiosulfat 10%** *Amp. 1g/10ml, Inf.Lsg. 10g/100ml, 50g/500ml (1ml=0.1g=100mg)* **Natriumthiosulfat 25%** *Inf.Lsg. 25g/100ml (1ml=0.25g=250mg; 0.4ml=100mg)*
Dos	**Cyanidintoxikation:** 50–100mg/kgKG i.v.:

50 kgKG	60 kgKG	70 kgKG	80 kgKG	90 kgKG	100 kgKG
2.5-5g	3-6g	3.5-7g	4-8g	4.5-9g	5-10g

Säuglinge: bis zu 1g i.v.; **Kleinki.:** bis zu 2g; **Schulki.:** bis zu 5g:

5 kgKG	10 kgKG	15 kgKG	20 kgKG	30 kgKG	40 kgKG
0.25-0.5g	0.5-1g	0.75-1.5g	1-2g	1.5-3g	2-4g

Intoxikationen mit Alkylantien: bis zu 500mg/kgKG i.v.:

5 kgKG	10 kgKG	15 kgKG	20 kgKG	30 kgKG	40 kgKG
bis 2.5g	bis 5g	bis 7.5g	bis 10g	bis 15g	bis 20g
50 kgKG	60 kgKG	70 kgKG	80 kgKG	90 kgKG	100 kgKG
bis 25g	bis 30g	bis 35g	bis 40g	bis 45g	bis 50g

Intoxikationen mit Bromat und Jod: 100mg/kgKG i.v.:

5 kgKG	10 kgKG	15 kgKG	20 kgKG	30 kgKG	40 kgKG
0.5g	1g	1.5g	2g	3g	4g
50 kgKG	60 kgKG	70 kgKG	80 kgKG	90 kgKG	100 kgKG
5g	6g	7g	8g	9g	10g

Magenspülung bei Intoxikationen mit Bromat und Jod: mit 1%iger Lösung durchführen (jeweils 10g Natriumthiosulfat auf 1000ml Wasser)

Ind	Intoxikationen mit Cyaniden (Blausäure) im Anschluss an 4-DMAP bzw. Hydroxycobalamin; Intoxikationen mit Alkylantien (z.B. Lost, Mustagen, Melphalan, Cyclophosphamid); Intoxikationen mit Bromat und Jod
KI	Sulfitüberempfindlichkeit
Wi	Schwefeldonator ⇒ Sulfatierung der Cyanide, dadurch schnellere Bildung des weniger giftigen Rhodanids
NW	Überempfindlichkeitsreaktionen wie z.B. Brechreiz, Durchfall, Asthmaanfall, Bewusstseinsstörungen, Schock
Info	OTC HWZ 2h
Inkom	Nicht bekannt

Natriumthiosulfat (Fortsetzung)	
Lager	Bei Raumtemperatur zwischen +15°C und +25°C lagern
s.a.	**Antidota** (→ S. 166): Atropin → S. 20, Acetylcystein (ACC) → S. 9, Digitalis-Antitoxin → S. 31, Dimercaptopropansulfonat (DMPS) → S. 35, Dimethylaminophenol (4-DMAP) → S. 33, Ethanol → S. 43, Flumazenil → S. 47, Hydroxycobalamin → S. 55, Kalziumglukonat → S. 58, Naloxon → S. 73, Obidoximchlorid → S. 81, Physostigmin → S. 89, Toloniumchlorid → S. 109

Nifedipin	
Kalziumantagonist, Antihypertensivum	
Hn Appl	**Adalat** *Kps. 5, 10mg* **Aprical** *Kps. 10mg* **Duranifin** *Kps. 5, 10mg; Gtt. (15gtt.=10mg)* **Jutadilat** *Kps. 5, 10mg* **Nife CT** *Kps. 5, 10mg; Gtt. (20gtt.=20mg)* **Nifecor** *Kps. 5, 10mg* **Nifehexal Kps.** *5, 10mg; Gtt. (15gtt.=10mg)*
Dos	**Hypertensiver Notfall:** 10mg p.o. (Kps. zerbeißen und mit Inhalt sofort hinunterschlucken), evtl. Wdh. nach 30min; **DANI** nicht erforderlich
Ind	Hypertensiver Notfall, essentielle Hypertonie, vasospastische Angina pectoris, chronisch stabile Angina pectoris
KI	Bek. Überempfindlichkeit, höhergradige Aortenstenose, Herz-Kreislauf-Schock, akuter Myokardinfarkt (innerhalb der ersten 4 W.), instabile Angina pectoris, Gravidität, Stillzeit
Wi	Hemmung des Kalziumeinstroms in die Zelle ⇒ Relaxierung der glatten Gefäßmuskulatur ⇒ Senkung des periph. Gefäßwiderstandes
NW	Kopfschmerzen, periphere Ödeme, Hautrötung, Palpitationen, Tachykardie, Schwindel, Benommenheit, Schwächegefühl, Übelkeit, hypotone Kreislaufreaktion, Nervosität, Schlafstörungen, Tremor, Erregungszustände, Myalgien, Arthralgien, Muskelkrämpfe, Angioödem, Leberenzymerhöhung
Info	Rp HWZ 2.5-5h, Q_0 1.0, PPB 98%, PRC C, Lact +
Inkom	Entfällt
Lager	Adalat, Aprical: vor Licht geschützt (z.B. in der Umverpackung) lagern; Duranifin, Nife-CT: nicht über +25°C und vor Licht geschützt (z.B. in der Umverpackung) lagern
s.a.	**Antihypertensiva** (→ S. 138): Clonidin → S. 27, Furosemid → S. 48, Metoprolol → S. 69, Nitroglycerin → S. 79, Urapidil → S. 111

Nitrendipin

Kalziumantagonist, Antihypertensivum	
Hn Appl	**Bayotensin akut** *Phiole 5mg/1ml*
Dos	**Hypertensiver Notfall:** 5mg p.o. (Inhalt der Phiole in den Mund geben und sofort hinunterschlucken), ggf. n. 30-60min wiederholen
Ind	Hypertensiver Notfall
KI	Bek. Überempfindlichkeit, Herz-Kreislauf-Schock, instabile Angina pectoris, akuter Myokardinfarkt (innerhalb der ersten 4 Wochen), dekompensierte Herzinsuffizienz, höhergradige Aortenstenose, Gravidität, Stillzeit
Wi	Hemmung des transmembranären Kalziumeinstroms in die glatten Gefäßmuskelzellen ⇒ Hemmung der Gefäßmuskelkontraktion ⇒ Senkung des peripheren Gefäßwiderstandes
NW	Flush, Erythem, Kopfschmerzen, Übelkeit, Tachykardie, Angina pectoris Anfälle, Palpitationen, Extrasystolen, Schwindel, Benommenheit, Juckreiz, Parästhesien, Nervosität, Atembeschwerden, Erbrechen, hypotone Kreislaufreaktion
Info	Rp HWZ 10h, Q_0 1.0, PPB 99%
Inkom	Nicht bekannt
Lager	Phiolen vor Licht schützen, nach Entnahme der Phiole aus der Folie beträgt die Haltbarkeit der Lösung maximal 2 Stunden bei Tageslicht
s.a.	**Antihypertensiva** (→ S. 138): Clonidin → S. 27, Furosemid → S. 48, Metoprolol → S. 69, Nitroglycerin → S. 79, Urapidil → S. 111

Nitroglycerin (Glyceroltrinitrat)	
Koronardilatator, Antihypertensivum	
Hn Appl	**Corangin Nitrospray** *Spray 0.4mg/Hub* **Gepan Nitroglycerin** *Spray 0.4mg/Hub; Kps. 0.8mg* **Nitrangin** *Spray 0.4mg/Hub; Kps. 0.8mg* **Nitrolingual** *Spray 0.4mg/Hub; Kps. 0.2, 0.8, 1.2mg; Amp. 5mg/5ml (1ml=1mg), 25mg/25ml (1ml=1mg), 50mg/50ml (1ml=1mg)* **Trinitrosan** *Amp. 5mg/1ml (0.2ml=1mg), 50mg/10ml (1ml=5mg; 0.2ml=1mg)* **Perlinganit** *Amp. 10mg/10ml (1ml=1mg); 50mg/50ml (1ml=1mg)*
Dos	**Angina pectoris, Linksherzinsuff., hypertensiver Notfall, akuter Myokardinfarkt:** 0.4–1.2mg s.l., ggf. nach 10 min wiederholen; **initial:** 0.5–1mg/h i.v.=0.5–1ml/h, je nach Wirkung und RR: 2–8mg/h= 2-8ml/h; **DANI** nicht erforderlich
Perf	**1 Amp. Nitrolingual (=50mg/50ml) pur** (=50ml=50mg; 1ml=1mg) ⇒ 1ml/h=1mg/h
KI	Bek. Überempfindlichkeit gegenüber Nitratverbindungen, akutes Kreislaufversagen, kardiogener Schock, ausgeprägte Hypotonie (RR < 90 mmHg), Einnahme von Phosphodiesterasehemmern (Viagra, Levitra, Cialis) zur Behandlung der erektilen Dysfunktion
Wi	Metabolit NO relaxiert die glatte Gefäßmuskulatur ⇒ Vorlast ↓ durch venöses Pooling, Koronarspasmolyse; Nachlast ↓
NW	Kopfschmerzen, orrthostat. Hypotension, Tachykardie, Schwindel, Schwächegefühl, Übelkeit, Erbrechen, Hautrötung, Hypotonie, Kollaps, allergische Hautreaktionen
Info	Rp HWZ 2-4.4min, Q_0 1.0, PPB 60%, PRC C, Lact ?
Inkom	Nitrolingual infus. + Trinitrosan: keine bekannt
Lager	Corangin-Nitrospray, Nitrolingual infus. + Spray, nicht über +25°C lagern; Trinitrosan: entfällt
s.a.	**Antihypertensiva** (→ S. 138): Clonidin → S. 27, Furosemid → S. 48, Metoprolol → S. 69, Nitrendipin → S. 78, Nitroglycerin → S. 79, Urapidil → S. 111

Noradrenalin (Norepinephrin)

Sympathomimetikum, Vasopressor

Hn **Appl**	**Arterenol** *Amp. 1mg/1ml, 25mg/25ml (1ml=1mg=1000µg)*
Dos	**Kreislaufschock:** 0.014–0.28µg/kgKG/min. über Perfusor i.v.:

5 kgKG	10 kgKG	15 kgKG	20 kgKG	30 kgKG	40 kgKG
0.07-1.4 µg/min = 0.042-0.84 ml/h	0.14-2.8 µg/min = 0.084-1.68 ml/h	0.21-4.2 µg/min = 0.126-2.52 ml/h	0.28-5.6 µg/min = 0.168-3.36 ml/h	0.42-8.4 µg/min = 0.252-5.04 ml/h	0.56-11.2 µg/min = 0.336-6.72 ml/h
50 kgKG	**60 kgKG**	**70 kgKG**	**80 kgKG**	**90 kgKG**	**100 kgKG**
0.7-14 µg/min = 0.42-8.4 ml/h	0.84-16.8 µg/min = 0.504-10.08 ml/h	0.98-19.6 µg/min = 0.588-11.76 ml/h	1.12-22.4 µg/min = 0.672-13.44 ml/h	1.26-25.2 µg/min = 0.756-15.12 ml/h	1.4-28 µg/min = 0.84-16.8 ml/h

Perf	**5ml Arterenol (=5mg) + 45ml NaCl 0.9% oder Glukose 5%** (=50ml=5mg; 1ml=0.1mg=100µg) ⇒ 0.6ml/h=1µg/min (s. Tab. Umschlagseite)
Ind	Verschiedene Schockformen
KI	Hypertonie, Hyperthyreose, Phäochromozytom, Engwinkelglaukom, Prostata-adenom mit Restharnbildung, paroxysmale Tachykardie, hochfrequente absol. Arrhythmie, schwere Nierenfunktionsstörungen, Koronar- und Herzmuskel-erkrankungen, Arteriosklerose, Cor pulmonale, bek. Überempfindlichkeit
Wi	Stimulation von Alpha-1-Rez. ⇒ Vasokonstriktion, systol. und diastol. RR ↑
NW	Herzklopfen, pektanginöse Beschwerden, Myokardischämie, Myokard-schädigung, starker Blutdruckanstieg, reflektorische Bradykardie, Herzrhythmusstörungen, Vasokonstriktion, insbes. im Bereich von Haut, Schleimhäuten u. Nieren; Kältegefühl in den Extremitäten, Blutdruckanstieg, unter Umständen exzessiv mit Gefahr von zerebralen Blutungen, Kopfschmerzen, Unsicherheits- und Angstgefühl, Zittern, Ruhelosigkeit, Verwirrtheitszustände, Psychosen, Oligurie, Anurie, Nekrosen bei Paravasat
Info	Rp HWZ 1–3min, Q_0 > 0.8, PPB 50%, PRC C, Lact ?
Inkom	Bei pH-Werten über 5 sehr empfindlich auf Sauerstoff und Metallionen
Lager	Arterenol Amp.: vor Licht geschützt bei +2 bis +8°C lagern; Arterenol Durchstechflasche: bei +2°C - +8°C lagern; bei Raumtemperatur (25°C) verkürzt sich die Lagerungsdauer (Amp. + Durchstechfl.) auf 6 Monate
s.a.	**Sympathomimetika** (→ S. 134): Adrenalin → S. 13, Dobutamin → S. 37, Dopamin → S. 38, Orciprenalin → S. 83

Obidoximchlorid

Antidot

Hn Appl	**Toxogonin** *Amp. 250mg/1ml (0.2ml=50mg)*
Dos	**Intoxikationen mit Organophosphaten:** 250mg i.v. (nach Atropin-Gabe), dann Dauerinfusion mit 750mg/d; **Ki.:** 4–8mg/kgKG i.v.:

5 kgKG	10 kgKG	15 kgKG	20 kgKG	30 kgKG	40 kgKG
20-40mg	40-80mg	60-120mg	80-160mg	120-240mg	160-320mg

dann Dauerinfusion mit 10mg/kgKG/d:

5 kgKG	10 kgKG	15 kgKG	20 kgKG	30 kgKG	40 kgKG
50mg/d	100mg/d	150mg/d	200mg/d	300mg/d	400mg/d

Ind	Intoxikationen mit Organophosphaten (Alkylphosphate, Alkylthiophosphate, Phosphorsäureester, Thiophosphorsäureester), z.B. E 605=Parathion; Intoxikationen mit Nervenkampfstoffen wie Sarin, Tabun, VX
KI	Carbamat-Intoxikation (z.B. Aldicarb=Temik 5G)
Wi	Reaktivierung der blockierten Acetylcholinesterase, Verhinderung der Phosphorylierung und Inaktivierung des Enzyms
NW	Hitzegefühl, Kälteempfinden, Mentholgeschmack, Taubheitsgefühl, Muskelschwäche, Mundtrockenheit, Tachykardie, Hypertonie, EKG-Veränderungen, Herzrhythmusstörungen, Leberfunktionsstörungen; nach Gabe von 3–10g innerhalb von 1–3 Tagen cholestatischer Ikterus möglich
Info	OTC HWZ 2h Q_0 0.85
Inkom	Inkompatibilitäten bisher nicht bekannt; Toxogonin (250mg) ist mit 250ml Glucosteril 5% oder 250ml NaCl 0.9% für 24h kompatibel
Lager	Keine besonderen Lagerungshinweise
s.a.	**Antidota** (→ S. 166): Atropin → S. 20, Acetylcystein (ACC) → S. 9, Digitalis-Antitoxin → S. 31, Dimercaptopropansulfonat (DMPS) → S. 35, Dimethylaminophenol (4-DMAP) → S. 33, Ethanol → S. 43, Flumazenil → S. 47, Hydroxycobalamin → S. 55, Kalziumglukonat → S. 58, Naloxon → S. 73, Natriumthiosulfat → S. 76, Physostigmin → S. 89, Toloniumchlorid → S. 109

Ondansetron

Antiemetikum, 5-HT_3-Antagonist

Hn Appl	**Axisetron** *Tbl. 4, 8mg; Lingualtbl. 4, 8mg; Lösung (5ml=4mg; 1.25ml=1mg); Amp. 4mg/2ml (1ml=2mg; 0.5ml=1mg), 8mg/4ml (1ml=2mg; 0.5ml=1mg);* **Cellondan** *Tbl. 4, 8mg; Lingualtbl. 4, 8mg; Lösung (5ml=4mg; 1.25ml=1mg); Amp. 4mg/2ml (1ml=2mg; 0.5ml=1mg), 8mg/4ml (1ml=2mg; 0.5ml=1mg);* **Ondansetron-ratioph.** *Tbl. 4, 8mg; Lingualtbl. 4, 8mg; Lösung (5ml=4mg; 1.25ml=1mg); Amp. 4mg/2ml (1ml=2mg; 0.5ml=1mg), 8mg/4ml (1ml=2mg; 0.5ml=1mg);* **Zofran** *Tbl. 4, 8mg; Lingualtbl. 4, 8mg; Lösung (5ml=4mg; 1.25ml=1mg); Amp. 4mg/2ml (1ml=2mg; 0.5ml=1mg), 8mg/4ml (1ml=2mg; 0.5ml=1mg)*
Dos	**Übelkeit, Erbrechen bei Chemotherapie:** 1–2 h vor Chemotherapie 8mg p.o., dann 2 x 8mg; 8mg vor Chemotherapie i.v., ggf. zusätzlich 2 x 8mg i.v.; **Ki. > 5 J.:** 5mg/m^2 KOF vor Chemotherapie i.v., dann 2 x 4mg p.o.; **postop. Übelkeit, Erbrechen:** 16mg p.o. 1 h präop oder 4mg i.v. bei Narkosebeginn; **Ki.:** 0.1mg/kgKG i.v.:

10 kgKG	15 kgKG	20 kgKG	25 kgKG	30 kgKG	40 kgKG
1mg	1.5mg	2mg	2.5mg	3mg	4mg

	DANI nicht erforderlich
Ind	Übelkeit, Brechreiz und Erbrechen bei Chemotherapie, Strahlentherapie, postoperativ
KI	Bek. Überempfindlichkeit, Kinder < 2 J.
Wi	Selektive Blockade zentraler 5-HT_3-Rezeptoren ⇒ antiemetisch
NW	Kopfschmerzen, Obstipation, Wärmegefühl in Kopf und Oberbauch, Flush, Transaminasen- u. Bilirubinerhöhung, Schwindel, Diarrhoe, Mundtrockenheit
Info	Rp HWZ 3h, Q_0 > 0.8, PPB 70-76%, PRC B, Lact ?
Inkom	Kompatible Infusionslösungen: Kochsalzlösung 0.9%, Glukoselösung 5%, Mannitollösung 10%, Ringerlösung, Kaliumchlorid-/Natriumchloridlösung (0.3%/0.9%), Kaliumchlorid-/Glukoselösung (0.3%/5%); Injektionslösung nicht in der Spritze oder Infusionsflasche mit anderen arzneimittelhaltigen Lösungen oder nicht überprüften Infusionslösungen mischen; Injektionslösg. nicht im Autoklaven sterilisieren; bei Verabreichung fluorouracilhaltiger Lösungen in einer Konzentr. von > 0.8mg Fluorouracil/ml ⇒ Ausfällung
Lager	Ampullen: vor Licht geschützt (z.B. in der Umverpackung), nicht über +30°C lagern; Tabletten: nicht über +30°C lagern; Lösung: aufrecht und nicht im Kühlschrank lagern
s.a.	**Antiemetika** (→ S. 160): Metoclopramid → S. 68, Dimenhydrinat → S. 34

Orciprenalin	
Betasympathomimetikum	
Hn Appl	**Alupent** *Amp. 0.5mg/1ml (1mg=100µg=2ml); 5mg/10ml (1mg=100µg=2ml)*
Dos	**Bradykarde Rhythmusstörungen:** 0.25–0.5mg i.v.; 0.5–1mg s.c., i.m; 10–30µg/min. i.v. über Perfusor=6–18ml/h
Perf	**1 Amp. Alupent (=5mg/10ml) + 40ml NaCl 0.9%** (=50ml=5mg; 1ml=0.1mg=100µg) ⇒ 0.6ml/h=1µg/min (siehe auch Umrechnungstabelle Umschlagseite)
Ind	Bradykarde Erregungsbildungs- und -leitungsstörungen wie Sinusbradykardie, digitalisbedingte Bradykardie, bradykarde absolute Arrhythmie bei Vorhofflimmern, AV-Block II° mit Wenckebach-Periodik, sofern keine Schrittmachertherapie erfolgt oder zur Überbrückung bis zur Schrittmachertherapie; Antidot bei relativer und absoluter Überdosierung von Betarezeptorenblockern
KI	Bek. Überempfindlichkeit, hypertrophe obstruktive Kardiomyopathie, Tachyarrhythmien, Hyperthyreose, Phäochromozytom
Wi	Stimulation von Beta-1- u. Beta-2-Rezeptoren ⇒ positiv inotrop, positiv chronotrop, Bronchospasmolyse, Mastzellstabilisierung
NW	Tachykardie, Arrhythmie, Palpitationen, Angina pectoris, Hypertonie, Hypotonie, Übelkeit, Erbrechen, allergische Reaktionen, Nervosität, Tremor, Kopfschmerzen, Schwindel, Benommenheit, Muskelkrämpfe
Info	Rp HWZ 6h, PPB 10%
Inkom	Kompatible Infusionslösungen (ohne weitere Zusätze): NaCl 0.9%, Glukose 5%, Xylitlösung 10%, Lösungen zur Elektrolytzufuhr (z.B. Jonosteril, Sterofundin, Tutofusin und Ringerlösung); nachgewiesene Inkompatibilität mit Plasmasteril
Lager	Vor Licht geschützt (z.B. in der Umverpackung) lagern
s.a.	**Sympathomimetika** (→ S. 134): Adrenalin → S. 13, Dobutamin → S. 37, Dopamin → S. 38, Noradrenalin → S. 80

Oxytocin

Hypophysenhinterlappenhormon	
Hn Appl	**Oxytocin Hexal** *Amp. E/1ml (1 IE=0.2ml), 10 IE/1ml (1 IE=0.1ml)* **Oxytocin Carino** *Amp. IE/1ml (1 IE=0.33ml), 10 IE/1ml (1 IE=0.1ml)* **Syntocinon** *Amp. IE/1ml (1 IE=0.33ml), 10 IE/1ml (1 IE=0.1ml)*
Dos	**Postpartale Blutung:** 5–10 IE i.m.; 5–6 IE langsam i.v.
Ind	Atonische postpartale Blutung
KI	Bek. Überempfindlichkeit, EPH-Gestose, Neigung zu Tetanus uteri, drohende Uterusruptur, vorzeitige Plazentalösung, Placenta praevia, unreife Cervix, drohende Asphyxia fetalis, Lageanomalien des Kinds, z.B. Beckenendlage, mechanisches Geburtshindernis
Wi	Stimulation von Kontraktionsfrequenz und kontraktiler Kraft der Uterusmuskulatur
NW	Zu starke Wehentätigkeit, Tetanus uteri, Übelkeit, Erbrechen, Herzrhythmusstörungen, allergische Reaktionen, Hypertonie, ausgeprägte Hypotonie mit Reflextachykardie, Wasserretention, Hyponatriämie
Info	Rp HWZ 3–5min, PRC X, Lact -
Inkom	Oxytocin Carino: in Ringerlösung und NaCl 0.9% über einen Zeitraum von 9h stabil, in Glukose 5% wird eine Haltbarkeit von 1h erreicht; Syntocinon: kompatibel mit NaCl 0.9% und Glukose 5%
Lager	Oxytocin Carino: bei +2°C - +8°C, vor Licht geschützt (z.B. in der Umverpackung) lagern; Syntocinon: im Kühlschrank lagern
s.a.	**Mittel zur Wehenindunktion/Geburtseinleitung** (→ S. 165)

Paracetamol

Analgetikum, Antipyretikum	
Hn Appl	**Ben-u-ron** *Tbl. 500mg; Kps. 500mg; Supp. 75, 125, 250, 500, 1000mg; Saft (5ml=200mg)* **Paedialgon** *Tbl. 500mg; Saft (5ml=200mg); Supp. 125, 250, 500mg* **Paracetamol Hexal** *Tbl. 500mg; Supp. 125, 250, 500, 1000mg; Saft (5ml=200mg)* **Perfalgan** *Inf.Lsg. 500mg/50ml, 1000mg/100ml*

Dos	**Schmerzen, Fieber:** 1g i.v., ggf. Wiederholung nach 4h, max. 4g/d i.v.; 3-4 x 10-15mg/kgKG, max. 50mg/kgKG/d p.o/rect.:

5 kgKG	10 kgKG	15 kgKG	20 kgKG	30 kgKG	40 kgKG
50-75 mg, max. 250mg/d	100-150 mg, max. 500mg/d	150-225 mg, max. 750mg/d	200-300 mg, max. 1000mg/d	300-450 mg, max. 1500mg/d	400-600 mg, max. 2000mg/d
50 kgKG	**60 kgKG**	**70 kgKG**	**80 kgKG**	**90 kgKG**	**100 kgKG**
500-750 mg, max. 2500mg/d	600-900 mg, max. 3000mg/d	700-1050 mg, max. 3500mg/d	800-1200 mg, max. 4000mg/d	900-1350 mg, max. 4500mg/d	1000-1500 mg, max. 5000mg/d

Ki.: p.o./rect. s. Erw.; **i.v.: Ki. > 33kgKG:** 15mg/kgKG i.v., ggf. Wiederholung. nach 4h, max. 60mg/kgKG/d bzw. max. 4g/d i.v.:

35 kgKG	40 kgKG	45 kgKG	50 kgKG	55 kgKG	60 kgKG
525mg,max. 2100mg/d	600mg,max. 2400mg/d	675mg,max. 2700mg/d	750mg,max. 3000mg/d	825mg,max. 3300mg/d	900mg,max. 3600mg/d

DANI GFR < 30: (i.v.), Dosisintervall: 6h

Ind	Leichte bis mäßig starke Schmerzen, Fieber
KI	Bek. Überempfindlichkeit
Wi	Hemmung der zerebralen Prostaglandinsynthese, Hemmung des Effektes endogener Pyrogene auf die hypothalamische Temperaturregulation ⇒ antipyretisch, analgetisch, nur sehr gering antiphlogistisch
NW	Hautrötung, Exanthem, allergische Reaktionen, Quincke-Ödem; Leukopenie, Thrombopenie, Agranulozytose
Info	OTC/Rp HWZ 1-4h ,Q_0 >0.9, PPB 10%, PRC B, Lact+
Inkom	Perfalgan: nicht mit anderen Arzneimitteln mischen; bis zu 10-fache Verdünnung mit NaCl 0.9% oder Glukose 5% möglich (bis zu 1h stabil)
Lager	Ben-u-ron Kps.+ Tabl.: keine besonderen Lagerungsanforderungen; Ben-u-ron Saft + Supp.: nicht über +25°C lagern; Perfalgan: nicht über +30°C lagern, nicht im Kühlschrank lagern oder einfrieren
s.a.	**Nonsteroidale Antirheumatika (NSAR)** (→ S. 157): Acetylsalicylsäure → S. 11, Metamizol → S. 66, Paracetamol → S. 84, **Opioid-Analgetika** (→ S. 156): Fentanyl → S. 46, Morphin → S. 72, Pethidin → S. 86, Piritramid → S. 90, Tramadol → S. 110

Pethidin

Opioidanalgetikum

Hn Appl	**Dolantin** *Supp. 100mg; Gtt. (21gtt.=50mg; 1gtt.=2.38mg); Amp. 50mg/1ml (0.2ml=10mg), 100mg/2ml (1ml=50mg; 0.2ml=10mg)* **Dolcontral** *Supp. 100mg* **Pethidin Hameln** *Amp. 50mg/1ml (0.2ml=10mg)*
Dos	**Starke Schmerzen:** 50mg i.v., Wiederholung n. Bedarf; 1–5 x 100mg rect.; 25–150mg p.o/s.c./i.m.; max. 500mg/d p.o./rect./i.v.; **Ki.** 0.6–1.2mg/kgKG/Einzeldosis p.o.:

10 kgKG	15 kgKG	20 kgKG	25 kgKG	30 kgKG	40 kgKG
6-12mg	9-18mg	12-24mg	15-30mg	18-36mg	24-48mg

	DANI Dosisintervall verlängern
Ind	Starke Schmerzen
KI	Bek. Überempfindlichkeit, gleichzeitige Th. mit MAO-Hemmern, Kinder <1J.; Gtt.: Überempfindlichkeit gegen Methyl-4-Hydroxybenzoat Supp.: Überempfindlichkeit gegen Soja und Erdnuss
Wi	Stimulation von μ-Rezeptoren ⇒ analgetisch, antitussiv, sedierend, atemdepressiv, RR↓, Herzfrequenz↑
NW	Hypotonie, Tachykardie, Bradykardie, Atemdepression, Sedierung, Schwindel, Verwirrtheit, Bronchospasmus, Miosis, Singultus, Übelkeit, Erbrechen, Obstipation, Miktionsbeschwerden, Stimmungsveränderungen, Halluzinationen, Wahnvorstellungen, Krampfanfälle, Überempfindlichkeitsreaktionen
Info	Rp (BtM), HWZ 3.5–4h, Q_0 0.9, PPB 60%
Inkom	Dolantin-Injektionslösung + Pethidin Hameln: ausschließlich mit NaCl 0.9% mischen
Lager	Arzneimittel gemäß § 15 BtMG lagern; zusätzlich: Dolantin-Inj.-lösung: keine besonderen Lagerungsanforderungen; Dolantin-Tropfen,-Supp u. Pethidin Hameln: nicht über +25°C lagern
s.a.	**Opioid-Analgetika** (→ S. 156): Fentanyl → S. 46, Morphin → S. 72, Piritramid → S. 90, Tramadol → S. 110 **Nonsteroidale Antirheumatika (NSAR)** (→ S. 157): Acetylsalicylsäure → S. 11, Metamizol → S. 66, Paracetamol → S. 84

Phenytoin

Antikonvulsivum

Hn Appl	**Phenhydan** *Amp. 250mg/5ml (1ml=50mg; 0.2ml=10mg); Inf.Lsg. 750mg/50ml (1ml=15mg; 10mg=0.66ml)*
Dos	**Status epilepticus, Anfallserien:** 750mg über 20–30min i.v., ggf. Wiederholung (max. Infusionsgeschwindigkeit 50mg/min=3000mg/h); max. 17mg/kgKG/d, bzw. 1500mg/d:

50 kgKG	60 kgKG	70 kgKG	80 kgKG	90 kgKG	100 kgKG
max. 850mg/d	max. 1020mg/d	max. 1090mg/d	max. 1360mg/d	max. 1500mg/d	max. 1500mg/d

Ki. bis 12 J.: max. Infusionsgeschwindigkeit* 1mg/kgKG/min:

5 kgKG	10 kgKG	15 kgKG	20 kgKG	30 kgKG	40 kgKG
*=300mg/h	*=600mg/h	*=900mg/h	*=1200mg/h	*=1800mg/h	*=2400mg/h

Tag 1: max. 30mg/kgKG/d i.v.:

5 kgKG	10 kgKG	15 kgKG	20 kgKG	30 kgKG	40 kgKG
max. 150mg/d	max. 300mg/d	max. 450mg/d	max. 600mg/d	max. 900mg/d	max. 1200mg/d

Tag 2: max. 20mg/kgKG/d i.v.:

5 kgKG	10 kgKG	15 kgKG	20 kgKG	30 kgKG	40 kgKG
max. 100mg/d	max. 200mg/d	max. 300mg/d	max. 400mg/d	max. 600mg/d	max. 800mg/d

Tag 3: max. 10mg/kgKG/d i.v.:

5 kgKG	10 kgKG	15 kgKG	20 kgKG	30 kgKG	40 kgKG
max. 50mg/d	max. 100mg/d	max. 150mg/d	max. 200mg/d	max. 300mg/d	max. 400mg/d

Ind	Status epilepticus, Anfallserien
KI	Bek. Überempfindlichkeit, schwere Knochenmarksschädigung, AV-Block II-III°, Sick-Sinus-Syndrom, innerhalb der ersten 3 Monate n. Myokardinfarkt, eingeschränkte Pumpfunktion (EF < 35%)
Wi	Hyperpolarisierende Wirkung auf erregbare Zellmembranen ⇒ antikonvulsiv durch Verstärkung der inhibitorischen Impulsaktivität

Phenytoin (Fortsetzung)	
NW	Kopfschmerzen, verwaschene Sprache, Abgeschlagenheit, starrer Blick, Appetitlosigkeit, Apathie, Müdigkeit, Bewegungsstörungen, Gewichtsverlust, Schwindel, Erbrechen,Mundtrockenheit, Nystagmus, Tremor, Doppelbilder, Ataxie, Vigilanzstörungen, Bewusstseinsstörungen, myasthenisches Syndrom, Asystolie, Kammerflimmern, proarrhythmische Wirkungen, Blutdruckabfall
Info	Rp HWZ 22h, Q_0 1.0, PPB 83–94%, th. Serumspiegel 10-20mg/l
Inkom	Injektionslösung: Mischung oder Verdünnung mit anderen Arzneimittel oder Infusionslösungen nicht möglich; Infusionskonzentrat: Verdünnung mit 250 oder 500 ml NaCl 0.9% möglich; keine Mischung mit anderen Arzneimitteln im gesamten Infusionssystem, da Phenytoin sonst auskristallisiert
Lager	Keine besonderen Lagerungsanforderungen
s.a.	**Antiepileptika, Antikonvulsiva, Sedativa, Benzodiazepine** → S. 163, → S. 164: Diazepam→ S. 30, Lorazepam → S. 62, Midazolam → S. 70, Thiopental → S. 105

Physostigmin	
Antidot, Parasympathomimetikum	
Hn Appl	**Anticholium** *Amp. 2mg/5ml (2.5ml=1mg; 1ml=0.4mg)*
Dos	**Anticholinerges Syndrom bei Vergiftungen (s.u.):** initial 2mg langsam i.v. oder i.m., 1–4mg alle 20min i.v. bzw. Wiederholung der Vollwirkdosis, wenn die Vergiftungssymptome wieder auftreten; **Ki.:** 0.5mg i.v. oder i.m., Wiederholung alle 5min bis Gesamtdosis von 2mg, solange die anticholinergischen Symptome weiterbestehen und keine cholinergischen Symptome auftreten
Ind	Vergiftung bzw. Überdosierung von Atropin, Amphetamine, trizyklische Antidepressiva, Phenotiazine, Benzodiazepine, Antihistaminika; zur Unterbindung von zentral anticholinergischen Symptomen
KI	Asthma bronchiale, KHK, Gangrän, mechanische Obstipation, mechanische Harnsperre
Wi	Reversible Hemmung der Cholinesterase ⇒ Anstieg von Acetylcholin im synaptischen Spalt ⇒ indirekte parasympathomimetische Wirkung
NW	Erbrechen, Übelkeit, Speichelfluss, Harn- u. Stuhlinkontinenz, Krampfanfälle, Bradykardie, Durchfall, Asthma-Anfall, Bewusstseinsstörungen
Info	Rp
Inkom	Nicht bekannt
Lager	Vor Licht geschützt (z.B. in der Umverpackung) und nicht über +25°C lagern
s.a.	**Antidota** (→ S. 166): Atropin → S. 20, Acetylcystein (ACC) → S. 9, Digitalis-Antitoxin → S. 31, Dimercaptopropansulfonat (DMPS) → S. 35, Dimethylaminophenol (4-DMAP) → S. 33, Ethanol → S. 43, Flumazenil → S. 47, Hydroxycobalamin → S. 55, Kalziumglukonat → S. 58, Naloxon → S. 73, Natriumthiosulfat → S. 76, Obidoximchlorid → S. 81, Toloniumchlorid → S. 109

Piritramid

Opioidanalgetikum

Hn Appl	**Dipidolor** *Amp. 15mg/2ml (1ml=7.5mg)*
Dos	**Starke Schmerzen:** 7.5–22.5mg langsam (10mg/min) i.v.; 15–30mg i.m./s.c.; **Ki.:** 0.05–0.1mg/kgKG i.v.:

5 kgKG	10 kgKG	15 kgKG	20 kgKG	30 kgKG	40 kgKG
0.25-0.5mg	0.5-1mg	0.75-1.5mg	1-2mg	1.5-3mg	2-4mg

0.05–0.2mg/kgKG i.m./s.c.:

5 kgKG	10 kgKG	15 kgKG	20 kgKG	30 kgKG	40 kgKG
0.25-1mg	0.5-2mg	0.75-3mg	1-4mg	1.5-6mg	2-8mg

Ind	(Sehr) starke Schmerzen
KI	Bek. Überempfindlichkeit, Gravidität, Stillzeit
Wi	Stimulation von μ-Rezeptoren ⇒ analgetisch
NW	Atemdepression, Hypotonie, Sedierung, Übelkeit, Erbrechen, Singultus, Miosis, Bradykardie, Bronchospasmen, Miktionsbeschwerden, Obstipation, Juckreiz, Exanthem, Tonuserhöhung der Sphinkteren der Gallen- und Pankreasgänge oder der Harnblase
Info	Rp (BtM), HWZ 4–10h, Q_0 1.0, PRC C
Inkom	Verdünnung mit NaCl 0.9% oder Glukose 5% möglich (z.B. 1 Amp. Dipidolor (=15mg=2ml) + 13ml NaCl 0.9% o. Glukose 5% ⇒ 1ml=1mg); nicht mit anderen Arzneimitteln oder Elektrolytlösungen mischen, um Ausfällungen vorzubeugen (mögl. ab einem pH-Wert >4,8)
Lager	Arzneimittel gemäß § 15 BtMG lagern
s.a.	**Opioid-Analgetika** (→ S. 156): Fentanyl → S. 46, Morphin → S. 72, Pethidin → S. 86, Tramadol → S. 110 **Nonsteroidale Antirheumatika (NSAR)** (→ S. 157): Acetylsalicylsäure → S. 11, Metamizol → S. 66, Paracetamol → S. 84

Prednisolon	
Glukokortikoid	
Hn Appl	**Hefasolon** *Amp. 40mg/5ml (1ml=8ml; 1mg=0.125ml)* **Infectocortikrupp** *Supp.100mg* **Klismacort** *Rektalkps. 100mg* **Prednabene** *Amp. 25mg/1ml* **Prednisolut** *Amp. 10mg/2ml (1ml=5mg; 0.2ml=1mg), 25mg/2ml (1ml=12.5mg), 50mg/2ml (1ml=25mg), 100mg/2ml (1ml=50mg), 250mg/5ml (1ml=50mg), 500mg/5ml (1ml=100mg), 1000mg/10ml (1ml=100mg)* **Solu-Decortin H** *Amp. 10mg/1ml, 25mg/1ml, 50mg/1ml, 100mg/1ml, 250mg/5ml (1ml=50mg), 500mg/5ml (1ml=100mg), 1g/10ml (1ml=100mg)*
Dos	**Anaphylaktischer Schock:** 1g i.v; **toxisches Lungenödem:** 1g i.v., evtl. nach 6, 12 u. 24h wiederholen; **Status asthmaticus:** 100–500mg i.v., Weiterbehandlung alle 6h mit gleicher oder niedrigerer Dosis, dann Dosisreduktion; **Pseudokrupp:** 100mg rect., bei Bedarf nach 1h erneut 100mg; 25–50mg i.v., evtl. nach 2–3h wiederholen; **Addison-Krise:** 25–50mg i.v., dann orale Weiterbehandlung + Mineralokortikoid
Ind	Anaphylaktischer Schock, toxisches Lungenödem, Status asthmaticus, Pseudokrupp, Addison-Krise
KI	Bek. Überempfindlichkeit
Wi	Hemmung mesenchymaler Reaktionen (Entzündung, Exsudation, Proliferation) sowie akuter Immunreaktionen
NW	Bei Kurzzeitanwendung: Infektionen, Knochenmasseverlust, allerg. Reaktionen; Supp: Schleimhautirritationen
Info	Rp HWZ 2.6-3h, Q_0 0.75, PPB 95%, PRC C, Lact -
Inkom	Solu-Decortin-H: nicht mit anderen Arzneimittel mischen; bei einem Mischungsverhältnis von 1g in 500ml für mindestens 6 Stunden in: NaCl 0.9%, Ringer-Lösung, Ringer-Lactat-Lösung, Glukose 5 u. 10%, sowie bei einem Mischungsverhältnis von 1g in 250ml für mindestens 2 Stunden in NaCl 0.9% und Glukose 5% kompatibel (sofern nicht anders in den Herstellerinformationen der Infusionslösungen angegeben)
Lager	Klismacort + Solu-Decortin-H: keine besonderen Lagerungsanforderungen
s.a.	**Glukokortikoide** (→ S. 158): Dexamethason → S. 29, Methylprednisolon → S. 67 **s. Inhalative Kortikoide** → S. 154: Beclometason → S. 22

Promethazin

Neuroleptikum, Antihistaminikum

Hn Appl	**Atosil N** *Amp. 50mg/2ml (1ml=25mg)* **Promethazin Neuraxph.** *Amp. 50mg/2ml (1ml=25mg)* **Prothazin** *Amp. 50ml/2ml (1ml=50mg)*
Dos	**Unruhe- u. Erregungszustände:** 25mg i.v., ggf. nach 2h wiederholen; max. 100mg/d, in schweren Fällen 200mg/d; **Ki.:** 12.5–25mg i.v., max. 0.5mg/kgKG/d:

5 kgKG	10 kgKG	15 kgKG	20 kgKG	30 kgKG	40 kgKG
max.2.5mg/d	max.5mg/d	max.7.5mg/d	max.10mg/d	max.15mg/d	max.20mg/d

Ind	Akute Unruhe- und Erregungszustände im Rahmen psychiatrischer Grunderkrankungen
KI	Überempfindlichkeit gegenüber Neuroleptika, insbes. Phenothiazinen, akute Alkohol-, Schlafmittel-, Analgetika- und Psychopharmaka-Intoxikation, schwere Blutzell- und Knochenmarkschädigung, Kreislaufschock, Koma
Wi	H_1-Antihistaminikum mit stark sedierender Wirkung und fehlenden antipsychotischen Eigenschaften, zusätzlich anticholinerg, antiserotonerg, membranstabilisierend
NW	Sedierung, Mundtrockenheit, Störungen der Speichelsekretion, Hypotonie, orthostat. Dysregulation, Tachykardie, EKG-Veränderungen, Parkinson Syndrom, Akkomodationsstörungen, verstopfte Nase, Schwitzen, vermehrtes Durstgefühl, Leukopenie, Frühdyskinesien: krampfartiges Herausstrecken der Zunge, Schlundkrämpfe, Blickkrämpfe, Schiefhals, Versteifung der Rückenmuskulatur
Info	Rp HWZ 7–15h, Q_0 1.0, PPB > 90%, PRC C, Lact ?
Inkom	Atosil: nicht mit anderen Injektions- und Infusionslösungen mischen
Lager	Atosil: vor Licht geschützt (z.B. in der Umverpackung) lagern
s.a.	**Neuroleptika** (→ S. 163): Haloperidol → S. 52. **Antihistaminika** (→ S. 154): Cimetidin → S. 25, Clemastin → S. 26, Dimenhydrinat → S. 34, Dimetinden → S. 36

Propofol 1%

Hypnotikum

Hn Appl	**Disoprivan** *1% Amp. 200mg/20ml, 500mg/50ml; Fertigspritze 500mg/50ml (1ml=10mg)* **Propofol Lipuro** *Amp. 200mg/20ml, 500mg/50ml, 1g/100ml (1ml=10mg)* **Propofol-ratioph.** *Amp. 200mg/20ml, 500mg/50ml, 1g/100ml (1ml=10mg)*
Dos	**Narkoseeinleitung Ki. 1M-8J:** 3mg/kgKG i.v. (ggf. Ergänzungsdosen von 1mg/kgKG):

5 kgKG	10 kgKG	15 kgKG	20 kgKG	30 kgKG	40 kgKG
15mg	30mg	45mg	60mg	90mg	120mg

Narkoseeinleitung Ki >8J.: 2.5mg/kgKG i.v.:

25 kgKG	30 kgKG	35 kgKG	40 kgKG	45 kgKG	50 kgKG
62.5mg	75mg	87.5mg	100mg	112.5mg	125mg

Narkoseaufrechterhaltung Kinder: über Perfusor 9-15mg/kgKG/h i.v.:

5 kgKG	10 kgKG	20 kgKG	30 kgKG	40 kgKG	50 kgKG
45-75mg/h	90-150mg/h	180-300mg/h	270-450mg/h	360-600mg/h	450-750mg/h

Narkoseeinleitung Erwachsene: Pat. > 55 J. oder Risikopatienten: 1mg/kgKG i.v., sonst 1.5–2.5mg/kgKG langsam i.v.:

50 kgKG	60 kgKG	70 kgKG	80 kgKG	90 kgKG	100 kgKG
75-125mg	90-150mg	105-175mg	120-200mg	135-225mg	150-250mg

Narkoseaufrechterhaltung Erwachsene: über Perfusor 4–12mg/kgKG/h i.v.:

50 kgKG	60 kgKG	70 kgKG	80 kgKG	90 kgKG	100 kgKG
200-600 mg/h	240-720 mg/h	280-840 mg/h	320-960 mg/h	360-1080 mg/h	400-1200 mg/h

Sedierung bei chirurgischen oder diagnostischen Eingriffen: initial 0.5–1mg/kgKG über 1–5min i.v.:

50 kgKG	60 kgKG	70 kgKG	80 kgKG	90 kgKG	100 kgKG
25-50mg	30-60mg	35-70mg	40-80mg	45-90mg	50-100mg

dann Perfusor mit 1.5–4.5mg/kgKG/h:

50 kgKG	60 kgKG	70 kgKG	80 kgKG	90 kgKG	100 kgKG
75-225 mg/h	90-270 mg/h	105-315 mg/h	120-360 mg/h	135-405 mg/h	150-450 mg/h

Propofol 1% (Fortsetzung)

	Sedierung bei Intensivbehandlung: Perfusor mit 0.3–4mg/kgKG/h i.v.:

50 kgKG	60 kgKG	70 kgKG	80 kgKG	90 kgKG	100 kgKG
15-200mg/h	18-240mg/h	21-280mg/h	24-320mg/h	27-360mg/h	30-400mg/h

Perf	**1 Amp. Disoprivan 1% (=500mg/50ml) pur** (=50ml=500mg; 1ml=10mg) ⇒ 1ml/h=10mg/h
Ind	Einleitung und Aufrechterhaltung einer Narkose, Sedierung bei chirurgischen und diagnostischen Eingriffen sowie bei Beatmung im Rahmen einer Intensivbehandlung
KI	Überempfindlichkeit gegen Propofol, Soja, Erdnuss; Kinder < 1 M. zur Narkose, Kinder < 16 J. zur Sedierung; Propofol 2%: Kinder < 3 J.
Wi	Hypnotikum mit raschem Wirkungseintritt und kurzer Wirkdauer, keine analgetische Wirkung
NW	Blutdruckabfall, Apnoe, Exzitationssymptome, Husten, Übelkeit, Erbrechen, Kopfschmerzen, Euphorie, Hypertonie, Flush, Singultus, Bradykardie, Tachykardie, Arrhythmien, Kältegefühl, Hyperventilation, Überempfindlichkeitsreaktionen, Fieber, Herabsetzung der sexuellen Hemmschwelle
Info	Rp HWZ 40–200min, Q_0 1.0, PPB 98%, PRC B, Lact ?
Inkom	Disoprivan 1%: ausschließlich Glukose 5% mischen; Propofol-Lipuro 1%: ausschließlich mit Glukose 5%, NaCl 0.9%, kombinierter 0,18%iger Natriumchloridlösung / 4%iger Glukoselösung und konservierungsmittelfreiem Lidocain 1% mischen; Propofol-ratiopharm 1%: ausschließlich Glukose 5% oder NaCl 0.9% mischen; Alle Präparate: die Muskelrelaxanzien Atracurium und Mivacurium nicht ohne vorheriges Durchspülen über denselben intravenösen Zugang wie Propofol 1% verabreichen
Lager	Disoprivan 1%: nicht über +25°C lagern, nicht einfrieren; Propofol-Lipuro 1% + Propofol-ratiopharm 1%: vor Licht geschützt (z.B. in der Umverpackung), nicht über +25°C lagern, nicht einfrieren
s.a.	**Injektionsnarkotika** (→ S. 160): Esketamin → S. 40, Etomidat → S. 44, Ketamin → S. 59, Thiopental → S. 105

Reproterol

Beta-2-Sympathomimetikum, Bronchospasmolytikum

Hn Appl	**Bronchospasmin** *Amp. 0.09mg/1ml (1ml=90µg)*
Dos	**Status asthmaticus:** 0.09mg langsam i.v., ggf. Wdh nach 10–15min; ggf. Perfusor mit 18–90µg/h i.v.=2-10ml/h; **Ki. >3 M.:** 1 Amp. Bronchospasmin mit 14ml NaCl 0.9% verdünnen ⇒ 1ml=6µg, davon 1.2µg/kgKG langsam i.v.:

5 kgKG	10 kgKG	15 kgKG	20 kgKG	30 kgKG	40 kgKG
6µg=1ml	12µg=2ml	18µg=3ml	24µg=4ml	36µg=6 ml	48µg=8ml

ggf. Perfusor mit 0.2µg/kgKG/min i.v.:

5 kgKG	10 kgKG	15 kgKG	20 kgKG	30 kgKG	40 kgKG
1µg/min = 60µg/h = 6.6ml/h	2µg/min = 120µg/h = 13.3ml/h	3µg/min = 180µg/h = 20ml/h	4µg/min = 240µg/h = 26.7ml/h	6µg/min = 360µg/h = 40ml/h	8µg/min = 480µg/h = 53.3ml/h

Perf	**5 Amp. Bronchospasmin (=5x0.09mg/1ml) + 45ml NaCl 0.9%** (=50ml=0.45mg=450µg; 1ml=0.009mg=9µg) ⇒ 1ml/h=9µg/h
Ind	Status asthmaticus, schwere Bronchospastik
KI	Bek. Überempfindlichkeit, schwere Hyperthyreose, hypertrophe obstruktive Kardiomyopathie, Phäochromozytom
Wi	Stimulation vorwiegend der Beta-2-Rezeptoren ⇒ Erschlaffung der glatten Muskulatur in den Bronchien, Hemmung der Freisetzung von Mediatoren aus den Mastzellen
NW	Kopfschmerzen, Unruhegefühl, Herzklopfen, Tachykardien, ventrikuläre Extrasystolie, Muskelkrämpfe, feinschlägiger Tremor, Hypertonie, Hypotonie, Miktionsstörungen, Blutzuckeranstieg, Hypokaliämie
Info	Rp, HWZ 1–1.5h, PPB 70%
Inkom	Nicht zutreffend
Lager	Keine besonderen Lagerungsanforderungen
s.a.	**Bronchodilatatoren** (→ S. 152): Fenoterol → S. 45, Terbutalin → S. 103, Ipratropiumbromid → S. 57, Reproterol → S. 95, Theophyllin → S. 104

Ringer-Laktat

Vollelektrolytlösung

Hn Appl	**Ringer-Laktat** *Inf.Lsg. 500ml, 1000ml (1l enthält 6g NaCl, 0.4g KCl, 0.27g CaCl-2-H2O, 6.1g Na-Lactat)*
Dos	**Parenteraler Flüssigkeitsersatz:** nach Bedarf 500–1000ml i.v.; **Ki.:** 5–10ml/kgKG/h i.v.:

5 kgKG	10 kgKG	15 kgKG	20 kgKG	30 kgKG	40 kgKG
25-50ml/h	50-100ml/h	75-150ml/h	100-200ml/h	150-300ml/h	200-400ml/h

Ind	Kurzfristiger intravasaler Volumenersatz, isotone Dehydratation, hypotone Dehydratation, Flüssigkeits- und Elektrolytersatz bei ausgeglichenem Säure-Basen-Haushalt sowie bei leichter Azidose
KI	Hyperhydratationszustände, dekompensierte Herzinsuffizienz, Lungenödem, schwere Niereninsuffizienz, Hypernatriämie, Hyperkaliämie, Hyperchlorämie,
Wi	Plasmaisotone Zufuhr von Flüssigkeit und Elektrolyten
NW	Keine bei korrekter Anwendung
Info	OTC
Inkom	Ringer-Lactat Baxter: Infusionszusatz nur nach Kompatibilitätsprüfung; inkompatibel: Aminocapronsäure (Amicar), Amphotericin B, Metaraminoltartrat (Aramine), Cefamandol, Cortisonacetat (Cortone acetate), Diethylstilbestrol, Etamivan (Emivan), Ethylalkohol, Phosphat- und Carbonatlösungen, Oxytetracyclin, (Terramycyn), Thiopental-Natrium, Versenat-Dinatrium
Lager	Ringer-Lactat Baxter: keine besonderen Lagerungsanforderungen
s.a.	**Infusionslösungen** (→ S. 146), **Kristalline Infusionslösungen** (→ S. 146): Natriumchlorid 0,9% → S. 75, Vollelektrolytlösung → S. 114 **Kolloidale Infusionslösungen** (→ S. 147): HAES 6% → S. 51

Rocuronium

Nichtdepolarisierendes Muskelrelaxans

Hn Appl	**Esmeron** *Amp. 50mg/5ml, 100mg/10ml (1ml=10mg)*
Dos	**Muskelrelaxierung im Rahmen einer Narkose:** 0.6mg/kgKG i.v.:

5 kgKG	10 kgKG	15 kgKG	20 kgKG	30 kgKG	40 kgKG
3mg	6mg	9mg	12mg	18mg	24mg
50 kgKG	60 kgKG	70 kgKG	80 kgKG	90 kgKG	100 kgKG
30mg	36mg	42mg	48mg	54mg	60mg

Erhaltungsdosis 0.15mg/kgKG:

5 kgKG	10 kgKG	15 kgKG	20 kgKG	30 kgKG	40 kgKG
0.75mg	1.5mg	2.25mg	3mg	4.5mg	6mg
50 kgKG	60 kgKG	70 kgKG	80 kgKG	90 kgKG	100 kgKG
7.5mg	9mg	10.5mg	12mg	13.5mg	15mg

Ind	Muskelrelaxierung im Rahmen einer Narkose
KI	Überempfindlichkeit gegen Rocuronium oder Bromid; Unmöglichkeit der Intubation und Beatmung
Wi	Kompetitive Verdrängung von Acetylcholin an der motorischen Endplatte ⇒ nicht-depolarisierende Muskelrelaxation
NW	Anaphylaktische Reaktionen, Tachykardie, Hypotonie
Info	Rp HWZ 84–131min, Wi 35min, Q_0 0.8, PRC B, Lact ?
Inkom	In einer Konzentration bis zu 2mg/ml physikal. kompatibel mit NaCl 0.9%, Glukose 5%, 5% Glukose in NaCl 0.9%, Ringer-Laktat-Lösung und Haemaccel 35; inkompatibel in Lösungen von Amoxicillin, Amphotericin, Azathioprin, Cefazolin, Cloxacillin, Dexamethason, Diazepam, Enoximon, Erythromycin, Famotidin, Furosemid, Hydrocortison-Natriumsuccinat, Insulin, Intralipid, Methohexiton, Methylprednisolon, Prednisolon-Natriumsuccinat, Thiopental, Trimethoprim und Vancomycin
Lager	Vor Licht geschützt (z.B. in der Umverpackung) bei +2°C und +8°C lagern; im Zeitraum vor Ablauf des Verfallsdatums kann Esmeron maximal 12 Wochen lang zwischen +8°C und +30°C aufbewahrt werden
s.a.	**Muskelrelaxanzien** (→ S. 161), depolarisierend: Suxamethoniumchlorid → S. 101 **Muskelrelaxanzien** (→ S. 161), nichtdepolarisierend: Atracurium → S. 19, Vecuronium → S. 112

Sauerstoff	
Inhalationsgas, O_2	
Hn Appl	**Sauerstoff** *Druckgasflaschen (diverse Größen)*
Dos	**Hypoxämie verschiedener Genese:** über Maske, Nasenkatheter, Nasopharyngealkatheter: 0.5–8 l/min; Beatmung: 30–100%
Ind	Störungen der Lungenbelüftung durch Einengung der Atemwege (Bronchospasmus, Laryngospasmus) oder aufgrund zentralnervöser bzw. neuromuskulärer Störungen der Atmungsregulation; Störungen der Belüftung oder Durchblutung der Lungen durch pathologische Veränderungen des Lungengewebes (Fibrose, Atelektase, Lungenödem, Lungenembolie, Emphysem, Pleuraerguss, Pneumonie, Pneumothorax); Herzerkrankungen, Anämie, Vergiftungen (Cyanid-, Kohlenmonoxid), Schockzustände, Dekompressionskrankheit, Hypoventilation bei Schonatmung infolge Rippenfraktur
KI	Anwendungsbeschränkung bei schweren chronisch obstruktiven Lungenerkrankungen wegen Gefahr der Hyperkapnie
Wi	Erhöhung der Sauerstoffkonzentration in der Einatemluft
NW	Hyperkapnie bei schwerer COPD/Asthma; bei Neugeborenen und lang anhaltender O_2-Therapie (> 40%): Augenlinsenschädigung, pulmonale Blutungen, Atelektasen, hyaline Membranschäden, Lungenfibrose
Info	Ventil langsam öffnen (Linksdrehung), von Öl und Fett freihalten; Behälter nicht restlos entleeren; Berechnung des Sauerstoffvorrates in Druckgasflaschen: Druckgasanzeige (bar) x Flaschengröße (Liter)=Sauerstoffvorrat in Litern
Inkom	Keine bekannt
Lager	Behälter unter +50°C an einem gut gelüfteten Ort aufrecht lagern und gegen Umfallen sichern; nicht zusammen mit brennbaren und leicht entzündlichen Stoffen lagern; Behälter von elektrischen Geräten, Funken, Wärmequellen und offenen Flammen fernhalten
s.a.	**Sauerstoff** (→ S. 151)

Sauerstoff / 1 Liter Druckgasflasche
(verbleibende Einsatzzeit in Minuten bei 15° C und einem Restdruck von 10 bar)

Anzeige (bar)	10	20	40	60	80	100	120	140	160	180	200
2 Liter/min	0	5	15	25	35	45	55	65	75	85	95
4 Liter/min	0	2	7	12	17	22	27	32	37	42	47
6 Liter/min	0	1	5	8	11	15	18	21	25	28	31
8 Liter/min	0	1	3	6	8	11	13	16	18	21	23
10 Liter/min	0	1	3	5	7	9	11	13	15	17	19
15 Liter/min	0	0	2	3	4	6	7	8	10	11	12

Sauerstoff / 2 Liter Druckgasflasche
(verbleibende Einsatzzeit in Minuten bei 15° C und einem Restdruck von 10 bar)

Anzeige (bar)	10	20	40	60	80	100	120	140	160	180	200
2 Liter/min	0	10	30	50	70	90	110	130	150	170	190
4 Liter/min	0	5	15	25	35	45	55	65	75	85	95
6 Liter/min	0	3	10	16	23	30	36	43	50	56	63
8 Liter/min	0	2	7	12	17	22	27	32	37	42	47
10 Liter/min	0	2	6	10	14	18	22	26	30	34	38
15 Liter/min	0	1	4	6	9	12	14	17	20	22	25

Sauerstoff / 5 Liter Druckgasflasche
(verbleibende Einsatzzeit in Minuten bei 15° C und einem Restdruck von 10 bar)

Anzeige (bar)	10	20	40	60	80	100	120	140	160	180	200
2 Liter/min	0	25	75	125	175	225	275	325	375	425	475
4 Liter/min	0	12	37	62	87	112	137	162	187	212	137
6 Liter/min	0	8	25	41	58	75	91	108	125	141	158
8 Liter/min	0	6	18	31	43	56	68	81	93	106	118
10 Liter/min	0	5	15	25	35	45	55	65	75	85	95
15 Liter/min	0	3	10	16	23	30	36	43	50	56	63

Sauerstoff / 10 Liter Druckgasflasche
(verbleibende Einsatzzeit in Minuten bei 15° C und einem Restdruck von 10 bar)

Anzeige (bar)	10	20	40	60	80	100	120	140	160	180	200
2 Liter/min	0	50	150	250	350	450	550	650	750	850	950
4 Liter/min	0	25	75	125	175	225	275	325	375	425	475
6 Liter/min	0	16	50	83	116	150	183	216	250	283	316
8 Liter/min	0	12	37	62	87	112	137	162	187	212	237
10 Liter/min	0	10	30	50	70	90	110	130	150	170	190
15 Liter/min	0	6	20	33	46	60	73	86	100	113	126

Simeticon

Entschäumer, Karminativum

Hn **Appl**	**Espumisan** *Emulsion (1ml=40mg)* **Sab simplex** *Emulsion (1ml=69mg)*
Dos	**Spülmittelintoxikation:** 10ml p.o.; **Ki.:** 5ml p.o.
Ind	Orale Intoxikation mit tensidhaltigen Spül- und Waschmitteln
KI	Bek. Überempfindlichkeit
Wi	Silicon, das die Oberflächenspannung wässriger Sekrete heraufsetzt und somit eine Schaumbildung verhindert; keine Resorption aus dem Gastrointestinaltrakt
NW	Keine
Info	OTC
Inkom	Sab simplex: bisher keine bekannt
Lager	Sab simplex: keine besonderen Lagerungsanforderungen
s.a.	**Antidota** (→ S. 166): Acetylcystein (ACC) → S. 9, Atropin → S. 20, Digitalis-Antitoxin → S. 31, Dimercaptopropansulfonat (DMPS) → S. 35, Dimethylaminophenol (4-DMAP) → S. 33, Ethanol → S. 43, Flumazenil → S. 47, Hydroxycobalamin → S. 55, Kalziumglukonat → S. 58, Naloxon → S. 73, Natriumthiosulfat → S. 76, Obidoximchlorid → S. 81, Physostigmin → S. 89, Toloniumchlorid → S. 109

Suxamethoniumchlorid (Succinylcholin)

Depolarisierendes Muskelrelaxans

Hn Appl	**Lysthenon** *1%, 2%, 5% Amp. 50mg/5ml (1ml=10mg), 100mg/2ml (1ml=50mg), 100mg/5ml (1ml=20mg)* **Lysthenon siccum** *Inj.Lsg. 500mg/25ml (1ml=20mg)* **Pantolax Deltaselect** *Amp. 100mg/5ml (1ml=20mg)*
Dos	**Muskelrelaxierung:** 1–1.5mg/kgKG i.v.:

5 kgKG	10 kgKG	15 kgKG	20 kgKG	30 kgKG	40 kgKG
5-7.5mg	10-15mg	15-22.5mg	20-30mg	30-45mg	40-60mg
50 kgKG	60 kgKG	70 kgKG	80 kgKG	90 kgKG	100 kgKG
50-75mg	60-90mg	70-105mg	80-120mg	90-135mg	100-150mg

Ki.: auch 2–3mg/kgKG i.m. möglich:

5 kgKG	10 kgKG	15 kgKG	20 kgKG	30 kgKG	40 kgKG
10-15mg	20-30mg	30-45mg	40-60mg	60-90mg	80-120mg

Ind	Muskelrelaxierung im Rahmen einer Narkose
KI	Unmöglichkeit der künstlichen Beatmung, maligne Hyperthermie in der Anamnese
Wi	Dauerdepolarisation der motorischen Endplatte, Verhinderung der sofortigen Repolarisation
NW	Allergische Hautreaktionen, Faszikulationen, Muskelschmerzen, Herzrhythmusstörungen, maligne Hyperthermie
Info	Rp HWZ 2-10min, Q_0 1.0, PPB 30%
Inkom	Lysthenon + Lysthenon siccum: nicht mit anderen Arzneimitteln mischen
Lager	Lysthenon: vor Licht geschützt (z.B. in der Umverpackung), bei Temperaturen zwischen +2°C und +8°C lagern; Lysthenon siccum: vor Licht geschützt (z.B. in der Umverpackung) lagern
s.a.	**Muskelrelaxanzien** (→ S. 161), nichtdepolarisierend: Atracurium → S. 19, Rocuronium → S. 97, Vecuronium → S. 112

Tenecteplase

Fibrinolytikum	
Hn Appl	**Metalyse** *Amp. 40mg/8ml (1ml=5mg); 50mg/10ml (1ml=5mg)*
Dos	**Akuter Myokardinfarkt:** Dosierung nach Körpergewicht: < **60kgKG:** 30mg; **60–69kgKG:** 35mg; **70–79kgKG:** 40mg; **80–89kgKG:** 45mg; >**90kgKG:** 50mg als Bolus i.v.; Kombination mit ASS + Heparin
Ind	Thrombolyse bei akutem ST-Hebungs-Myokardinfarkt innerhalb von 6h nach Symptombeginn
KI	Schwerwiegende Blutung (akut od. innerhalb der vergangenen 6 Mon.); Patient unter oraler Antikoagulanzientherapie (INR 1,3); jede Erkrankung des ZNS (z.B. Neoplasma, Aneurysma, intrakranielle oder intraspinale OP) in der Anamnese; bekannte hämorrhagische Diathese; schwere, nicht kontrollierbare Hypertonie; große OP, Biopsie eines parenchymatösen Organs oder schweres Trauma in den letzten 2 Mon. (einschließ. jeglicher mit dem akuten Herzinfarkt zusammenhängender Traumen); kürzlich erlittene Kopf-/Schädelverletzung; länger andauernde Wiederbelebungsmaßnahmen (2 min) in den letzten 2 Wochen; akute Perikarditis und/oder subakute bakterielle Endokarditis; akute Pankreatitis; schwere Leberfunktionsstörung einschließlich Leberversagen, Zirrhose, Pfortaderhochdruck, Ösophagusvarizen und aktiver Hepatitis; aktive peptische Ulzera; arterielles Aneurysma und bekannte arteriovenöse Missbildungen; Neoplasma mit erhöhtem Blutungsrisiko; Schlaganfall, transiente ischämische Attacke oder Demenz in der Anamnese; bek. Überempfindlichkeit
Wi	Rekombinanter fibrinspezifischer Plasminogen-Aktivator bindet an das Fibrin eines Thrombus und überführt selektiv an den Thrombus gebundenes Plasminogen in Plasmin, welches das Fibringerüst des Thrombus abbaut
NW	Blutungskomplikationen jedweder Art, Thromboembolien, Fieber, anaphylaktoide Reaktion, Hypotonie, Reperfusionsarrhythmien, Reinfarkt
Info	Rp HWZ 17–20min, PRC C, Lact ?
Inkom	Inkompatibel mit Glukoselösungen
Lager	Vor Licht geschützt (z.B. in der Umverpackung), nicht über +30°C lagern
s.a.	**Gerinnungstherapeutika** (→ S. 149): unfraktioniertes Heparin → S. 149 **Fibrinolytika** (→ S. 150): Alteplase → S. 16 **Thrombozytenaggregationshemmer** (→ S. 150): Acetylsalicylsäure → S. 11, Clopidrogel → S. 28, Tirofiban → S. 107

Terbutalin	
Beta-2-Sympathomimetikum, Bronchospasmolytikum	
Hn Appl	**Bricanyl** *Amp. 0.5mg/1ml*
Dos	**Status asthmaticus:** 0.25-0.5mg s.c., ggf. Wiederholung nach 15-20min, max. 4 x/d
Ind	Akutbehandlung von Atemnotzuständen bei obstruktiven Atemwegserkrankungen
KI	Bek. Überempfindlichkeit, Hyperthyreose/Thyreotoxikose, Tachykardie, Tachyarrhythmie, idiopathische hypertrophe subvalvuläre Aortenstenose, Phäochromozytom
Wi	Stimulation vorwiegend der Beta-2-Rezeptoren ⇒ Erschlaffung der glatten Muskulatur in den Bronchien, Hemmung der Freisetzung von Mediatoren aus den Mastzellen
NW	Tachykarde Herzrhythmusstörungen, Palpitationen, Angina pectoris, tonische Muskelkrämpfe, Tremor, Kopfschmerzen, Urtikaria, Exantheme, Unruhe, Schlafstörungen, Überempfindlichkeitsreaktionen
Info	Rp HWZ 16h, Q_0 0.45, PPB 25% PRC B, Lact +
Inkom	Nicht mit alkalischen Lösungen mischen
Lager	Vor Licht geschützt (z.B. in der Umverpackung), nicht über +25°C lagern
s.a.	**Bronchodilatatoren** (→ S. 152): Fenoterol → S. 45, Ipratropiumbromid → S. 57, Reproterol → S. 95, Theophyllin → S. 104

Theophyllin

Methylxanthin, Bronchodilatator

Hn Appl

Afpred forte Theo *Amp. 200mg/10ml (1ml=20mg)*
Bronchoparat *Amp. 200mg/10ml (1ml=20mg)*
Euphylong *i.v. Amp. 200mg/10ml (1ml=20mg)*
Solosin *Amp. 624mg/15ml (1ml=41.6mg)*

Dos

Atemnot bei Asthma u. COPD: bei Vorbehandlung oder nicht sicher auszuschließender Vorbehandlg. mit Theophyllin: 2–2.5mg/kgKG über 20min i.v.:

50 kgKG	60 kgKG	70 kgKG	80 kgKG	90 kgKG	100 kgKG
100-125mg	120-150mg	140-175mg	160-200mg	180-225mg	200-250mg

ohne Theophyllin-Vorbehandlung: 4–5mg/kgKG über 20 min i.v.:

50 kgKG	60 kgKG	70 kgKG	80 kgKG	90 kgKG	100 kgKG
200-250mg	240-300mg	280-350mg	320-400mg	360-450mg	400-500mg

Erhaltungsdosis: 9.5mg/kgKG/d i.v.:

50 kgKG	60 kgKG	70 kgKG	80 kgKG	90 kgKG	100 kgKG
475mg/d	570mg/d	665mg/d	760mg/d	855mg/d	950mg/d

Raucher: 15mg/kgKG/d i.v.:

50 kgKG	60 kgKG	70 kgKG	80 kgKG	90 kgKG	100 kgKG
750mg/d	900mg/d	1050mg/d	1200mg/d	1350mg/d	1500mg/d

Ki. 6 M.–9J.: 19mg/kgKG/d i.v.:

5 kgKG	10 kgKG	15 kgKG	20 kgKG	30 kgKG	40 kgKG
95mg/d	190mg/d	285mg/d	380mg/d	570mg/d	760mg/d

Ki. 9–16J.: 15mg/kgKG/d i.v.:

30 kgKG	35kgKG	40 kgKG	45kgKG	50 kgKG	55kgKG
450mg/d	525mg/d	600mg/d	675mg/d	750mg/d	825mg/d

Dosisanpassung an Theophyllinserumspiegel; **DANI** nicht erforderlich

Ind

Akutbehandlung von Atemnotzuständen aufgrund von Bronchokonstriktion bei Asthma bronchiale und chronisch obstruktiven Atemwegserkrankungen

KI

Bek. Überempfindlichkeit, frischer Myokardinfarkt, akute tachyk. Arrhythmien

Wi

U.a. Hemmung der Phosphodiesterase mit intrazellulärem cAMP-Anstieg ⇒ Relaxation der glatten Bronchialmuskulatur und der Pulmonalgefäße, Besserung der mukoziliären Clearance, Hemmung der Freisetzung von Mediatoren aus Mastzellen und anderen Entzündungszellen, Abschwächung der provozierten Bronchokonstriktion, Abschwächung der asthmatischen Sofort- und Spätreaktion, Verstärkung der Zwerchfellkontraktion

Theophyllin (Fortsetzung)

NW	Kopfschmerzen, Erregungszustände, Gliederzittern, Unruhe, Schlaflosigkeit, Tachykardie, ventrikuläre Arrhythmien, Palpitationen, Blutdruckabfall, Magen-Darm-Beschwerden, Übelkeit, Erbrechen, Durchfall, Krampfanfälle, verstärkte Diurese, Hypokaliämie, Anstieg von Serum-Kalzium und -Kreatinin, Hyperglykämie, Hyperurikämie, Überempfindlichkeitsreaktionen, Verstärkung einer gastroösophagealen Refluxerkrankung
Info	Rp HWZ (5–10)h, Q_0 0.8, therapeutischer Serumspiegel: 8–20mg/l
Inkom	Bronchoparat, Euphylong: möglichst nur mit NaCl 0.9% ohne Zusatz weiterer Substanzen mischen
Lager	Bronchoparat: vor Licht geschützt (z.B. in der Umverpackung) lagern; Euphylong: keine besonderen Lagerungsanforderungen
s.a.	**Bronchodilatatoren** (→ S. 152): Fenoterol → S. 45, Terbutalin → S. 103, Ipratropiumbromid → S. 57, Reproterol → S. 95

Thiopental

Injektionsnarkotikum, Hypnotikum, Barbiturat

Hn Appl	**Thiopental Rotexmedica** *Amp. 500mg/20ml (1ml=25mg), 1g/20ml (1ml=50mg)* **Thiopental Nycomed** *Amp. 500mg/20ml (1ml=25mg), 1g/20ml (1ml=50mg)* **Trapanal** *Amp. 500mg/20ml (1ml=25mg), 2.5g/100ml (1ml=25mg); (Trockensubstanz + Wasser für Injektionszwecke als Lösungsmittel)*
Dos	**Narkoseeinleitung:** 5mg/kgKG i.v.:

5 kgKG	10 kgKG	15 kgKG	20 kgKG	30 kgKG	40 kgKG
25mg	50mg	75mg	100mg	150mg	200mg
50 kgKG	60 kgKG	70 kgKG	80 kgKG	90 kgKG	100 kgKG
250mg	300mg	350mg	400mg	450mg	500mg

Status epilepticus: 4–7mg/kgKG als Bolus i.v.:

5 kgKG	10 kgKG	15 kgKG	20 kgKG	30 kgKG	40 kgKG
20-35mg	40-70mg	60-105mg	80-140mg	120-210mg	160-280mg
50 kgKG	60 kgKG	70 kgKG	80 kgKG	90 kgKG	100 kgKG
200-350mg	240-420mg	280-490mg	320-560mg	360-630mg	400-700mg

dann 500mg/h EEG-gesteuert bis zum Burst-Suppression-Muster für 24h

Thiopental (Fortsetzung)	
Perf	**1 Amp. Trapanal (= 2.5g/Trockensubstanz) in 50ml Wasser für Inj.-zwecke lösen** (= 50ml=2.5g=2500mg; 1ml=50mg) ⇒ 1ml/h=50mg/h; 0.2ml/h=10mg/h
Ind	Narkoseeinleitung, Kurznarkose; Status epilepticus (Mittel der letzten Wahl)
KI	Bekannte Überempfindlichkeit gegen Barbiturate, akute Vergiftungen mit Alkohol, Schlafmitteln, Schmerzmitteln und Psychopharmaka, akute hepatische Porphyrie, maligne Hypertonie, Schock, Status asthmaticus, Stillzeit
Wi	Hyperpolarisation durch verstärkten Einstrom von Chloridionen in Nervenzellen; Unterdrückung zentralnervöser Prozesse; rasch einsetzende Narkose ohne Exzitation, dosisabhängige Atemdepression, Senkung des intrakraniellen Drucks, antikonvulsiv, keine analgetische Wi
NW	Hypoventilation mit kurzdauernder Apnoe, euphorische Stimmungslagen, Traumerlebnisse z. T. unangenehmer Art, Übelkeit, Erbrechen, Singultus, Husten, Niesen, allergische und pseudoallergische Reaktionen, Broncho- und Laryngospasmus, Hautrötung
Info	Rp HWZ 3–18h, Q_0 1.0, PPB 50–80%
Inkom	Trapanal: Lösung der Trockensubstanz in Wasser für Injektionszwecke, ansonsten ausschließlich mit NaCl 0.9% mischen; inkompatibel mit Volumensubstitutions- und sauren Lösungen von Narkosehilfsmitteln
Lager	Trapanal: vor Licht geschützt (z.B. in der Umverpackung), nicht über +25°C lagern
s.a.	**Injektionsnarkotika** (→ S. 160): Esketamin → S. 40, Etomidat → S. 44, Ketamin → S. 59, Propofol → S. 93 **Antiepileptika, Antikonvulsiva, Sedativa, Benzodiazepine** → S. 163, → S. 164: Diazepam→ S. 30, Lorazepam→ S. 62, Midazolam → S. 70, Phenytoin → S. 87

Tirofiban	
Thrombozytenaggregationshemmer	
Hn Appl	**Aggrastat** *Inf.Lsg. 12.5mg/250ml (1ml=50µg); Inf.-Konzentrat 12.5mg/50ml (1ml=250µg), Infusionskonzentrat vor Anwendung mit NaCl 0.9% oder Glukose 5% auf 250ml Gesamtmenge verdünnen (1ml=50µg)*
Dos	**Akutes Koronarsyndrom, NSTEMI:** initial 0.4µg/kgKG/min über 30min i.v.:

30-37 kgKG	38-45 kgKG	46-54 kgKG	55-62 kgKG	63-70 kgKG	71-79 kgKG
16ml/h	20ml/h	24ml/h	28ml/h	32ml/h	36ml/h
80-87 kgKG	88-95 kgKG	96-104 kgKG	105-112 kgKG	113-120 kgKG	121-128 kgKG
40ml/h	44ml/h	48ml/h	52ml/h	56ml/h	60ml/h

dann 0.1µg/kgKG/min:

30-37 kgKG	38-45 kgKG	46-54 kgKG	55-62 kgKG	63-70 kgKG	71-79 kgKG
4ml/h	5ml/h	6ml/h	7ml/h	8ml/h	9ml/h
80-87 kgKG	88-95 kgKG	96-104 kgKG	105-112 kgKG	113-120 kgKG	121-128 kgKG
10ml/h	11ml/h	12ml/h	13ml/h	14ml/h	15ml/h

Th-Dauer mind. 48h, max. 108h bzw. mindestens 12h und max. 24h nach PTCA, Komb. mit unfraktioniertem Heparin: i.d.R. 5000IE-Bolus bei Therapiebeginn, dann ca. 1000IE/h (titriert anhand der aPTT, hierbei ca. das 2fache des Normwerts anstreben) und ASS;
DANI GFR < 30: 50%; **DALI** KI b. schwerer Leberinsuffizienz

Ind	Prävention eines drohenden Myokardinfarkts bei instabiler Angina pectoris oder einem Nicht-Q-Wellen-Myokardinfarkt, wenn die letzte Episode von Brustschmerzen während der letzten 12h auftrat und EKG-Veränderungen und/oder erhöhte Myokardenzyme vorliegen

Tirofiban (Fortsetzung)	
KI	Bek. Überempfindlichkeit; anamnestisch bek. Thrombopenie auf GP IIb/IIIa-Anwendung; anamnestisch bek. Schlaganfall innerhalb d. letzten 30d oder anamnestisch bek. hämorrhagischer Schlaganfall, anamnestisch bekannte intrakranielle Erkrankung (z.B. Neoplasma, AV-Malformation, Aneurysma); aktive oder kürzlich (innerhalb d. letzten 30d vor der Behandlung) zurückliegende klinisch relevante Blutung (z.B. gastrointestinale Blutung); maligne Hypertonie; relevantes Trauma oder größerer operativer Eingriff innerhalb der letzten 6 Wochen; Thrombopenie (< 100.000/mm^3), Störungen der Plättchenfunktion; Gerinnungsstörungen (z.B. Prothrombinzeit >1.3fache der Norm oder INR >1.5); schwere Leberinsuffizienz
Wi	GPIIb/IIIa-Rezeptor-Antagonist ⇒ hindert Fibrinogen an der Bindung an den GPIIb/IIIa-Rezeptor und blockiert so die Thrombozytenaggregation
NW	Blutungen, Hb-Abfall, Thrombopenie, Kopfschmerzen, Übelkeit, Fieber, schwere allergische Reaktionen
Info	Rp HWZ 1.5h, Q0 0.6, PPB 65%, PRC B, Lact ?
Inkom	Inkompatibel mit Diazepam, daher nicht durch den gleichen Infusionsschlauch verabreichen; mit den folgenden i.v.-Zubereitungen wurden keine Inkompatibilitäten festgestellt: Atropinsulfat, Dobutamin, Dopamin, Epinephrin-HCl (Adrenalin), Furosemid, Heparin, Lidocain, Midazolam-HCl, Morphinsulfat, Glyceroltrinitrat (Nitroglyzerin), Kaliumchlorid, Propranolol-HCl und Famotidin-Injektionslösung
Lager	Vor Licht geschützt lagern (in Umverpackung), nicht einfrieren
s.a.	**Thrombozytenaggregationshemmer** (→ S. 150): Acetylsalicylsäure → S. 11, Clopidogrel→ S. 28 **Gerinnungstherapeutika** (→ S. 149): unfraktioniertes Heparin → S. 149 **Fibrinolytika** (→ S. 150): Alteplase → S. 16, Tenecteplase → S. 102

Toloniumchlorid	
Antidot	
Hn **Appl**	**Toluidinblau** *Amp. 300mg/10ml (1ml=30mg)*
Dos	**Intoxikationen mit Methämoglobinbildnern:** 2-4mg/kgKG langsam i.v.:
Ind	Intoxikationen mit Methämoglobinbildnern (z.B. Anilin, Nitrobenzol, Nitrit, aromatische Amine, oxidierende organische Lösungsmittel, Dapsone, manche Lokalanästhetika) DMAP-Überdosierung
KI	Keine bei korrekter Indikation
Wi	Reduktion von Methämoglobin zu Hämoglobin
NW	Blaufärbung von Haut und Urin
Info	Rp
Inkom	Keine bekannt
Lager	Vor Licht geschützt (z.B. in der Umverpackung) und nicht über +25°C lagern
s.a.	**Antidota** (→ S. 166): Atropin → S. 20, Acetylcystein (ACC) → S. 9, Digitalis-Antitoxin → S. 31, Dimercaptopropansulfonat (DMPS) → S. 35, Dimethylaminophenol (4-DMAP) → S. 33, Ethanol → S. 43, Flumazenil → S. 47, Hydroxycobalamin → S. 55, Kalziumglukonat → S. 58, Naloxon → S. 73, Natriumthiosulfat → S. 76, Obidoximchlorid → S. 81, Physostigmin → S. 89

Tramadol

Opioidanalgetikum

Hn Appl	**Tramadol CT** *Amp. 50mg/1ml, 100mg/2ml (1ml=50mg; 0.2ml=10mg)* **Tramadolor** *Amp. 50mg/1ml, 100mg/2ml (1ml=50mg; 0.2ml=10mg)* **Tramadol-ratioph.** *Amp. 50mg/1ml, 100mg/2ml (1ml=50mg; 0.2ml=10mg)* **Tramal** *Amp. 50mg/1ml, 100mg/2ml (1ml=50mg; 0.2ml=10mg)*
Dos	**Schmerzen:** 50–100mg langsam i.v., ggf. nach 4-8h wiederholen, max. 400mg/d; **Ki. 1–11 J.:** 1-2mg/kgKG i.v.:

5 kgKG	10 kgKG	15 kgKG	20 kgKG	30 kgKG	40 kgKG
5-10mg	10-20mg	15-30mg	20-40mg	30-60mg	40-80mg

	DANI, DALI: bei kurzfristiger Anwendung nicht erforderlich
Ind	Mäßig starke bis starke Schmerzen
KI	Bek. Überempfindlichkeit, akute Alkohol-, Schlafmittel-, Analgetika-, Opioid- und Psychopharmakavergiftungen; bei Patienten, die MAO-Hemmer erhalten oder innerhalb der letzten 14 Tage angewendet haben; Epilepsie, Anwendung z. Drogensubstitution
Wi	Nichtselektiver, reiner Agonist an Opioidrezeptoren mit größerer Affinität an μ-Rezeptoren; Hemmung der neuronalen Wiederaufnahme von Noradrenalin, Verstärkung der Serotonin-Freisetzung ⇒ analgetisch, antitussiv, nicht atemdepressiv
NW	Übelkeit, Erbrechen, Schwindel, Benommenheit, Palpitationen, Tachykardie, Hypotonie, Kollaps, Juckreiz, Hautausschlag, Urtikaria, Kopfschmerzen, Mundtrockenheit, Schwitzen, Müdigkeit, Krampfanfälle
Info	HWZ 6 (5–10)h, Q_0 0.6, PPB 20%, PRC C, Lact -
Inkom	Tramadol-CT: inkompatibel mit Diclofenac, Indometacin, Phenylbutazon, Diazepam, Flunitrazepam, Midazolam, Glyceroltrinitrat; Tramal: inkompatibel mit Diazepam, Diclofenac, Flunitrazepam, Glyceroltrinitrat, Indometacin, Midazolam, Phenylbutazon; Tramadol-ratiopharm: inkompatibel mit Diclofenac, Indometacin, Phenylbutazon, Diazepam, Flunitrazepam, Midazolam, Glyceroltrinitrat
Lager	Tramadol-CT, Tramal + Tramadol-ratioph.: keine bes. Lagerungsanforderungen
s.a.	**Opioid-Analgetika** (→ S. 156): Fentanyl → S. 46, Morphin → S. 72, Pethidin → S. 86, Piritramid → S. 90 **Nonsteroidale Antirheumatika (NSAR)** (→ S. 157): Acetylsalicylsäure → S. 11, Metamizol → S. 66, Paracetamol → S. 84

Urapidil	
Alpha-1-Rezeptorantagonist, Antihypertensivum	
Hn Appl	**Ebrantil** *Amp. 25mg/5ml, 50mg/10ml (1ml=5mg; 0.2ml=1mg)* **Urapidil Pharmore** *Amp. 25mg/5ml, 50mg/10ml, 100mg/20ml (1ml=5mg; 0.2ml=1mg)*
Dos	**Hypertensiver Notfall:** 10–50mg langsam i.v., ggf. nach 5min wiederholen; Dauerinfusion über Perfusor: initial 2mg/min, mittlere Erh.-Dosis 9mg/h (4.5-60ml/h)
Perf	**2 Amp. Ebrantil (=2x50mg/10ml) + 30ml NaCl 0.9%** (=50ml=100mg; 1ml=2mg) ⇒1ml/h=2mg/h; 0.5ml/h=1mg/h
Ind	Hypertensiver Notfall, schwere bzw. schwerste Formen der Hochdruckkrankheit, therapieresistenter Hochdruck
KI	Bek. Überempfindlichkeit, Aortenisthmusstenose, AV-Shunt (Dialyse-Shunt ausgenommen), Stillzeit
Wi	Blockade peripherer Alpha-1-Rezeptoren ⇒ Vasodilatation ⇒ Blutdrucksenkung; zusätzlich zentrale Modulation des Sympathikotonus
NW	Übelkeit, Erbrechen, Schwindel, Kopfschmerzen, Palpitationen, Tachykardie, Bradykardie, Angina pectoris, Dyspnoe, Müdigkeit, Schweißausbruch, Priapismus, verstopfte Nase, allergische Reaktionen
Info	Rp HWZ 2.7h, Q_0 1.0, PPB 80%
Inkom	Ebrantil, Urapidil-Pharmore: nicht mit alkalischen Injektions- und Infusionslösungen mischen; kompatibel mit NaCl 0.9%, Glukose 5 u. 10% (maximal 4mg Urapidil pro ml Infusionslösung)
Lager	Ebrantil: nicht über +30°C lagern
s.a.	**Antihypertensiva** (→ S. 138): Clonidin → S. 27, Furosemid → S. 48, Metoprolol → S. 69, Nifedipin → S. 77, Nitrendipin → S. 78, Nitroglycerin → S. 79, Urapidil → S. 111

Vecuronium

Muskelrelaxans, nichtdepolarisierend

Hn Appl **Norcuron** *Inj.Lsg. 10mg; (Trockensubstanz mit 5ml Wasser f. Inj.-zwecke lösen ⇒ 1ml=2mg)*
Vecuronium Inresa *Inj.Lsg. 10mg*

Dos **Muskelrelaxierung im Rahmen einer Narkose:** initial 0.08–0.1mg/kgKG i.v.:

5 kgKG	10 kgKG	15 kgKG	20 kgKG	30 kgKG	40 kgKG
0.4-0.5mg	0.8-1mg	1.2-1.5mg	1.6-2mg	2.4-3mg	3.2-4mg
50 kgKG	60 kgKG	70 kgKG	80 kgKG	90 kgKG	100 kgKG
4-5mg	4.8-6mg	5.6-7mg	6.4-8mg	7.2.-9mg	8-10mg

dann 0.02–0.03mg/kgKG:

5 kgKG	10 kgKG	15 kgKG	20 kgKG	30 kgKG	40 kgKG
0.1-0.15mg	0.2-0.3mg	0.3-0.45mg	0.4-0.6mg	0.6-0.9mg	0.8-1.2mg
50 kgKG	60 kgKG	70 kgKG	80 kgKG	90 kgKG	100 kgKG
1-1.5mg	1.2-1.8mg	1.4-2.1mg	1.6-2.4mg	1.8-2.7mg	2-3mg

oder 0.8–1.4μg/kgKG/min über Perfusor:

5 kgKG	10 kgKG	15 kgKG	20 kgKG	30 kgKG	40 kgKG
4-7μg/min =0.24-0.42 mg/h (=ml/h)	8-14μg/min =0.48-0.84 mg/h (=ml/h)	12-21μg/min =0.72-1.26 mg/h (=ml/h)	16-28μg/min =0.96-1.68 mg/h (=ml/h)	24-42μg/min =1.44-2.52 mg/h (=ml/h)	32-56μg/min =1.92-3.36 mg/h (=ml/h)
50 kgKG	60 kgKG	70 kgKG	80 kgKG	90 kgKG	100 kgKG
40-70μg/min =2.4-4.2 mg/h (=ml/h)	48-84μg/min =2.88-5.04 mg/h (=ml/h)	56-98μg/min =3.36-5.88 mg/h (=ml/h)	64-112μg/min =3.84-6.72 mg/h (=ml/h)	72-126μg/min =4.32-7.56 mg/h (=ml/h)	80-140μg/min =4.8-8.4 mg/h (=ml/h)

Perf **5 Amp. Norcuron (=5x10mg/Trockensubst.) in 25ml Wasser für Inj.-zwecke lösen und mit weiteren 25ml NaCl 0.9% verdünnen**
(=50ml=50mg; 1ml=1mg=1000μg); ⇒ 1ml/h=1mg/h=1000μg/h=16.67μg/min

Ind Muskelrelaxierung i.R. einer Narkose

KI Überempfindlichkeit gegen Vecuronium oder Bromid; Unmöglichkeit der Intubation und Beatmung

Wi Kompetitive Verdrängung von Acetylcholin an der motorischen Endplatte ⇒ nichtdepolarisierende Muskelrelaxation

NW Anaphylaktische Reaktionen

Info Rp HWZ 65–80min, Wi 25min, Q_0 0.8, PPB 30%, PRCC, Lact ?

Vecuronium (Fortsetzung)

Inkom	Norcuron: inkompatibel mit Thiopental oder thiopentalhaltigen Lösungen; Norcuron kann dem Schlauch einer laufenden Infusion mit folgenden Medikamenten zugeführt werden: Fentanyl, Droperidol, Nicomorphinhydrochlorid und Pancuroniumbromid; nach Auflösung der Trockensubstanz in Wasser f. Inj.-zwecke kann die Lösung bis zu einer Verdünnung von 40mg/l mit NaCl 0.9%, Glukose 5%, Ringer-Lösung oder Ringer-Glukose-Lösung gemischt werden
Lager	Norcuron: vor Licht schützen und nicht über +25°C lagern
s.a.	**Muskelrelaxanzien** (→ S. 161), depolarisierend: Suxamethoniumchlorid → S. 101 **Muskelrelaxanzien** (→ S. 161), nichtdepolarisierend: Atracurium → S. 19, Rocuronium → S. 97

Verapamil

Kalziumantagonist, Antiarrhythmikum

Hn **Appl**	**Falicard** *Amp. 5mg/2ml (1ml=2.5mg; 1mg=0.4ml)* **Isoptin** *Amp. 5mg/2ml, 50mg/20ml (1ml=2.5mg; 1mg=0.4ml)* **Verahexal** *Amp. 5mg/2ml (1ml=2.5mg; 1mg=0.4ml)* **Verapamil-ratioph.** *Amp. 5mg/2ml (1ml=2.5mg; 1mg=0.4ml)*
Dos	**SV-Tachykardien, tachkardes Vorhofflimmern: Jugendl. + Erw. > 50kg:** 5mg langsam i.v., ggf. nach 5-10min wiederholen, ggf. Dauerinfusion mit 5-10mg/h; **Ki. 0-1J.:** nur unter zwingender Indikation, wenn keine Alternative verfügbar; **Neugeb.:** 0.75-1mg i.v.; **Säugl.:** 0.75-2mg i.v.; **1-5J.:** 2-3mg i.v.; **6-14J.:** 2.5-5mg i.v.; **Ki. Dauerinfusion:** 0.05-0.1mg/kgKG/h i.v. (ggf. steigern, durchschnittl. 1.5mg/kgKG/d):

5 kgKG	10 kgKG	15 kgKG	20 kgKG	30 kgKG	40 kgKG
0.25-0.5mg/h durchschnittl. 7.5mg/d	0.5-1mg/h durchschnittl. 15mg/d	0.75-1.5mg/h durchschnittl. 22.5mg/d	1-2mg/h durchschnittl. 30mg/d	1.5-3mg/h durchschnittl. 45mg/d	2-4mg/h durchschnittl. 60mg/d

DANI nicht erforderlich

Perf	**1 Amp. Isoptin (=50mg/20ml) + 30ml NaCl 0.9%** (=50ml=50mg; 1ml=1mg) ⇒ 1ml/h=1mg/h
Ind	Paroxysmale supraventrikuläre Tachykardie, Vorhofflimmern/flattern mit schneller AV-Überleitung (außer beim WPW-Syndrom)

Verapamil (Fortsetzung)

KI	Bek. Überempfindlichkeit, Herz-Kreislauf-Schock, akuter Myokardinfarkt mit Komplikationen (Bradykardie, Hypotonie, Linksherzinsuffizienz), ausgeprägten Reizleitungsstörungen (z.B. SA- bzw. AV-Block II° und III°), Sick-Sinus, manifeste Herzinsuffizienz, Vorhofflimmern/-flattern und gleichzeitiges Vorliegen eines WPW-Syndroms, Patienten mit gleichzeitiger Betablockertherapie (Ausnahme Intensivmedizin), Schwangerschaft, Stillzeit
Wi	Blockierung von Ca^{2+}-Kanälen, verlängerte Überleitungszeit am AV-Knoten
NW	Übelkeit, Völlegefühl, Obstipation, Herzinsuffizienz, übermäßiger RR-Abfall, orthostatische Störungen, Kopfschmerzen, Schwindel, Müdigkeit, Parästhesien, Tremor, Flush, Neuropathien, allergische Reaktionen, periphere Ödeme, Sinusbradykardie, Sinusarrest, Asystolie, AV-Block II°-III°
Info	Rp HWZ 3-7h, Q_0 >0.8, PPB 90%, PRC C, Lact +
Inkom	Falicard, Isoptin + Verapamil-ratioph.: inkompatibel mit alkal. Lösungen, kompatibel mit NaCl 0.9%, Glukose 5% u. a. geeigneten Lösungen (pH < 6.5)
Lager	Falicard: vor Licht geschützt (z.B. in der Umverpackung) lagern; Isoptin und Verapamil-ratioph.: keine besonderen Lagerungsanforderungen
s.a.	**Antiarrhythmika** (→ S. 142): Adenosin → S. 12, Adrenalin → S. 13, Ajmalin → S. 15, Amiodaron → S. 18, Digoxin → S. 32, Esmolol → S. 41, Metoprolol → S. 69, Verapamil → S. 113

Vollelektrolytlösung

Hn **Appl**	**Deltajonin Inf.Lsg.** *500ml, 100ml* **Jonosteril Inf.Lsg.** *500ml, 1000ml* **Sterofundin Inf.Lsg.** *250ml, 500ml, 1000ml* **Tutofusin Inf.Lsg.** *250ml, 500ml, 1000ml*
Dos	**Parenteraler Flüssigkeitsersatz:** nach Bedarf 500–1000ml i.v.; **Ki.:** 5–10ml/kgKG/h i.v.:

5 kgKG	10 kgKG	15 kgKG	20 kgKG	30 kgKG	40 kgKG
25-50ml/h	50-100ml/h	75-150ml/h	100-200ml/h	150-300ml/h	200-400ml/h

Ind	Kurzfristiger intravasaler Volumenersatz, isotone Dehydratation, hypotone Dehydratation, Flüssigkeits- und Elektrolytersatz bei ausgeglichenem Säure-Basen-Haushalt sowie bei leichter Azidose
KI	Hyperhydratationszustände, dekompensierte Herzinsuffizienz, Lungenödem, schwere Niereninsuffizienz, Hypernatriämie, Hyperkaliämie, Hyperchlorämie,
Wi	Plasmaisotone Zufuhr von Flüssigkeit und Elektrolyten

NW	Keine bei korrekter Anwendung
Info	OTC
Inkom	bei Zugabe von Arzneimitteln auf Kompatibilität achten; Jonosteril: mögliche Inkompatibilitäten mit phosphathaltigen und karbonathaltigen Lösungen; Sterofundin: mögliche Inkompatibilitäten mit oxalat-, phosphat- und karbonat-und hydrogenkarbonathaltigen Arzneimitteln; Tutofusin: mögliche Inkompatibilitäten bei Zumischung von anorganischem Phosphat, Hydrogenkarbonat/Carbonat oder Oxalat
Lager	Jonosteril, Sterofundin: nicht über +25°C lagern; Tutofusin: keine besonderen Lagerungsanforderungen
s.a.	**Infusionslösungen** (→ S. 146), **Kristalline Infusionslösungen** (→ S. 146): Natriumchlorid 0,9 % → S. 75, Ringer-Laktat → S. 96 **Kolloidale Infusionslösungen** (→ S. 147): HAES 6% → S. 51

Vollelektrolytlösungen (Na^+ 121-160 mmol/l)

	Na^+ mmol/l	Ca^{2+} mmol/l	Cl^- mmol/l	K^+ mmol/l	Mg^{2+} mmol/l	Acet. mmol/l	Lact. mmol/l	Gluc. g/l
Ringer-Lösung	147	2,3	155	4,0	-	-	-	
Ringer-Lactat	130	2,0	112	5,0	-	-	27	
Deltajonin	140	2,5	106	4,0	-	45		
Jonosteril	137	1,65	110	4,0	1,25	36,8	-	
Sterofundin	140	2,5	106	4,0	1,0	-	45	
Tutofusin	140	2,5	153	5,0	1,5	-	-	

2 Notfallindikationen

Bitte beachten: Die Wirkstoffe zu den verschiedenen Indikationsgebieten sind alphabetisch angeordnet, die Auflistung erhebt keinen Anspruch auf Vollständigkeit.

Indikation	Arzneimittel	
Addison-Krise	**Prednisolon**	→ S. 91
Alkoholentzugssyndrom, akutes, bei sympathoadrenerger Hyperaktivität	**Clonidin**	→ S. 27
Allergische Reaktionen	**Dimetinden**	→ S. 36
	Adrenalin	→ S. 13
	Cimetidin	→ S. 25
	Clemastin	→ S. 26
Analgesie s. Schmerzen		
Anämie	**Sauerstoff**	→ S. 98
Anaphylaxie	**Adrenalin**	→ S. 13
	Cimetidin	→ S. 25
	Clemastin	→ S. 26
	Dimetinden	→ S. 36
	Methylprednisolon	→ S. 67
	Dexamethason	→ S. 29
	Prednisolon	→ S. 91
Anästhesie	**Fentanyl**	→ S. 46
	Esketamin	→ S. 40
	Ketamin	→ S. 59
Anfallsserien	**Phenytoin**	→ S. 87
Angina pectoris		
• Akute	**Nitroglycerin**	→ S. 79
• Instabile (akutes Koronarsyndrom)	**Acetylsalicylsäure**	→ S. 11
Angstzustände, akute	**Diazepam**	→ S. 30
	Lorazepam	→ S. 62

Anticholinergische Symptome, zentrale	Physostigmin	→ S. 89
Antidote, s. Intoxikation (→ S. 120)		
Asthma bronchiale	Ipratropiumbromid	→ S. 57
	Theophyllin	→ S. 104
	Fenoterol	→ S. 45
	Methylprednisolon	→ S. 67
Asystolie	Adrenalin	→ S. 13
	Atropin	→ S. 20
Atelektase	Sauerstoff	→ S. 98
Atemdepression, bei Opioidintoxikation	Naloxon	→ S. 73
Atemnot bei obstruktiven Atemwegserkrankungen	Theophyllin	→ S. 104
	Terbutalin	→ S. 103
	Ipratropiumbromid	→ S. 57
Atemregulationsstörung	Sauerstoff	→ S. 98
Atonische postpartale Blutung	Oxytocin	→ S. 84
AV-Block II° mit Wenckebach-Periodik	Orciprenalin	→ S. 83
AV-junktionale Tachykardien	Ajmalin	→ S. 15
	Amiodaron	→ S. 18
Azidose, metabolische	Natrium-Bikarbonat	→ S. 74
Beckenendlage (Uterusrelaxation)	Fenoterol	→ S. 45
Benzodiazepin-Intoxikation	Flumazenil	→ S. 47
Blutdruckabfall, starker	Dopamin	→ S. 38
	Noradrenalin	→ S. 80
Blutung, atonische postpartale	Oxytocin	→ S. 84
Bradykarde Rhythmusstörungen	Orciprenalin	→ S. 83
	Atropin	→ S. 20
Brechreiz	Metoclopramid	→ S. 68
	Ondansetron	→ S. 82

Bronchospasmus	**Sauerstoff**	→ S. 98
	Fenoterol	→ S. 45
	Theophyllin	→ S. 104
	Reproterol	→ S. 95
COPD	**Ipratropiumbromid**	→ S. 57
Dehydratation, hypotone und isotone	**Ringer-Laktat**	→ S. 96
	Natriumchlorid	→ S. 75
	Vollelektrolytlösung	→ S. 114
Dekompressionskrankheit	**Sauerstoff**	→ S. 98
Dyskinesien, Neuroleptika-induzierte	**Biperiden**	→ S. 23
Eklampsie	**Magnesiumsulfat**	→ S. 63
Erbrechen		
	Metoclopramid	→ S. 68
• Bei Chemotherapie, Strahlentherapie, postoperativ	**Ondansetron**	→ S. 82
• Unterschiedlicher Genese	**Dimenhydrinat**	→ S. 34
Erregungszustände		
• Akute	**Diazepam**	→ S. 30
	Lorazepam	→ S. 62
	Promethazin	→ S. 92
• Psychomotorische	**Haloperidol**	→ S. 52
Fieber	**Acetylsalicylsäure**	→ S. 11
	Metamizol	→ S. 66
	Paracetamol	→ S. 84
Fieberkrämpfe	**Diazepam**	→ S. 30
Flüssigkeits- und Elektrolytersatz	**Ringer-Laktat**	→ S. 96
	Vollelektrolytlösung	→ S. 114
Gallenwege: Spasmen	**Butylscopolamin**	→ S. 24

Harnalkalisierung bei Intoxikation mit schwachen organischen Säuren (Barbiturate, ASS)	**Natrium-Bikarbonat**	→ S. 74
Harnwege, ableitende: Spasmen	**Butylscopolamin**	→ S. 24
Herzinfarkt, s. Myokardinfarkt (→ S. 123)		
Herzinsuffizienz		
• Akute	**Dobutamin**	→ S. 37
• Akute Linksherzinsuffizienz	**Nitroglycerin**	→ S. 79
Hirnödem		
	Mannitol 20%	→ S. 64
• Akutes (durch Hirntumor, neurochir. Eingriffe, Hirnabszess, bakterielle Meningitis)	**Methylprednisolon**	→ S. 67
	Dexamethason	→ S. 29
Hirntumor, mit Hirnödem	**Dexamethason**	→ S. 29
Hochdruck, s. hypertensiver Notfall		
Hyperglykämie	**Insulin**	→ S. 56
Hyperkaliämie	**Furosemid**	→ S. 48
Hypertensiver Notfall	**Furosemid**	→ S. 48
	Clonidin	→ S. 27
	Nifedipin	→ S. 77
	Nitroglycerin	→ S. 79
	Urapidil	→ S. 111
Hypertonie, s. hypertensiver Notfall		
Hypoglykämie	**Glukose 40%**	→ S. 50
	Glucagon	→ S. 49
Hypotone Dehydratation	**Ringer-Laktat**	→ S. 96
	Vollelektrolytlösung	→ S. 114
Hypoventilation	**Sauerstoff**	→ S. 98

Intoxikation mit		
• Acrylnitril	**Acetylcystein (ACC)**	→ S. 9
• Alkylantien (z.B. Lost, Mustagen, Melphalan, Cyclophosphamid)	**Natriumthiosulfat**	→ S. 76
• Alkylphosphate (=Organophosphat, z.B. E 605)	**Atropin**	→ S. 20
• Amphetaminen	**Physostigmin**	→ S. 89
• Antidepressiva, trizykl.	**Physostigmin**	→ S. 89
• Antihistaminika	**Physostigmin**	→ S. 89
• Antimon	**Dimercaptopropansulfonat (DMPS)**	→ S. 35
• Atropin	**Physostigmin**	→ S. 89
• Benzodiazepine	**Physostigmin**	→ S. 89
• Beta-Rezeptorenblocker	**Orciprenalin**	→ S. 83
• Blausäure (Cyanid)	**Dimethylaminophenol (4-DMAP)**	→ S. 35
	Hydroxycobalamin	→ S. 55
im Anschluss an 4-DMAP bzw. Hydroxycobalamin	**Natriumthiosulfat**	→ S. 76
• Bromat und Jod	**Natriumthiosulfat**	→ S. 76
• Chrom	**Dimercaptopropansulfonat (DMPS)**	→ S. 35
• Cyanid (s. Blausäure)		
• Digitalispräparate	**Digitalisantitoxin**	→ S. 31
• Flußsäureverätzungen /-vergiftungen	**Kalziumglukonat**	→ S. 58
• Intoxikationen: diverse (Verhinderung der enteralen Resorption)	**Kohle, medizinische**	→ S. 61
• Methacrylnitril	**Acetylcystein (ACC)**	→ S. 9

• Methämoglobinbildnern (z.B. Anilin, Nitrobenzol, Nitrit, aromatische Amine, oxidierende organische Lösungsmittel, Dapsone, manche Lokalanästhetika) DMAP-Überdos.	**Toloniumchlorid**	→ S. 109
• Methanol	**Ethanol**	→ S. 43
• Methylbromid	**Acetylcystein (ACC)**	→ S. 9
• Neostigmin bei Myasthenia gravis	**Atropin**	→ S. 20
• Nervenkampfstoffe (Sarin, Tabun, VX)	**Obidoximchlorid**	→ S. 81
• Neuroleptika (extrapyramidale Symptome wie Frühdyskinesien, Akathisie, Parkinsonoid)	**Biperiden**	→ S. 23
• Nikotin	**Biperiden**	→ S. 23
• Nitrite	**Dimethylaminophenol (4-DMAP)**	→ S. 35
• Opioide	**Naloxon**	→ S. 73
• Organophosphate (Alkylphosphate, Alkylthiophosphate, Phosphorsäureester, Thiophosphorsäurester), z.B. E 605 = Parathion	**Obidoximchlorid**	→ S. 81
• Oxalsäure	**Kalziumglukonat**	→ S. 58
• Paracetamol	**Acetylcystein (ACC)**	→ S. 9
• Phenothiazine	**Physostigmin**	→ S. 89
• Pyridostigmin bei Myasthenia gravis	**Atropin**	→ S. 20
• Quecksilber	**Dimercaptopropansulfonat (DMPS)**	→ S. 35
• Rauchgasexposition, nach (Akuttherapie eines Lungenödems)	**Beclometason**	→ S. 22
• Schwache organische Säuren (Barbiturate, ASS → Harnalkalisierung)	**Natrium-Bikarbonat 8.4%**	→ S. 74
• Schwefelwasserstoff	**Dimethylaminophenol (4-DMAP)**	→ S. 35
• Tenside, Spülmittel	**Simeticon**	→ S. 100

Intubation im Status asthmaticus	**Esketamin**	→ S. 40
	Ketamin	→ S. 59
Ischämie akute zerebrale (innerhalb 3h)	**Alteplase**	→ S. 16
Isotone Dehydratation	**Ringer-Laktat**	→ S. 96
	Vollelektrolytlösung	→ S. 114
Kammerflimmern	**Adrenalin**	→ S. 13
	Amiodaron	→ S. 18
Kardiopulmonale Reanimation	**Adrenalin**	→ S. 13
	Atropin	→ S. 20
Koliken	**Butylscopolamin**	→ S. 24
	Metamizol	→ S. 66
Kontrastmittelallergie, Prophylaxe	**Clemastin**	→ S. 26
Koronarsyndrom, akutes	**Acetylsalicylsäure**	→ S. 11
	Heparin-Natrium	→ S. 53
	Clopidogrel	→ S. 28
	Nitroglycerin	→ S. 79
Kurznarkose	**Thiopental**	→ S. 105
	Etomidat	→ S. 44
Laryngospasmus	**Sauerstoff**	→ S. 98
Linksherzinsuffizienz, akute	**Nitroglycerin**	→ S. 79
	Furosemid	→ S. 48
	Morphin	→ S. 72
Lungenbelüftungsstörung	**Sauerstoff**	→ S. 98
Lungenembolie	**Sauerstoff**	→ S. 98
	Alteplase	→ S. 16
	Heparin-Natrium	→ S. 53

Lungenödem		
	Furosemid	→ S. 103
	Sauerstoff	→ S. 98
	Morphin	→ S. 72
• Nach Rauchgasexposition	**Beclometason**	→ S. 22
• Toxisches	**Prednisolon**	→ S. 91
• Toxisches nach Reizgasinhalation	**Methylprednisolon**	→ S. 67
Magen-Darm-Spasmen	**Butylscopolamin**	→ S. 24
Metabolische Azidose	**Natrium-Bikarbonat**	→ S. 74
Mg-Mangel (Tachykardie)	**Magnesiumsulfat**	→ S. 63
Migräneanfall	**Acetylsalicylsäure**	→ S. 11
Muskelrelaxierung	**Rocuronium**	→ S. 97
	Suxamethoniumchlorid	→ S. 101
	Vecuronium	→ S. 112
	Atracurium	→ S. 19
Myokardinfarkt	**Acetylsalicylsäure**	→ S. 11
	Alteplase	→ S. 16
	Tenecteplase	→ S. 102
	Metoprolol	→ S. 69
	Nitroglycerin	→ S. 79
	Morphin	→ S. 72
Narkose		
• Einleitung, Aufrechterhaltung	**Esketamin**	→ S. 40
	Etomidat	→ S. 44
	Ketamin	→ S. 59
	Midazolam	→ S. 70
	Propofol 1%	→ S. 93
	Thiopental	→ S. 105
• Prämedikation	**Atropin**	→ S. 20
Neuroleptanalgesie	**Fentanyl**	→ S. 46

Neuroleptika-induzierte extrapyramidale Symptome (Frühdyskinesien, Akathisie, Parkinsonoid)	**Biperiden**	→ S. 23
Nierenversagen, akutes		
	Furosemid	→ S. 48
• Bei Trauma, Schock	**Mannitol 20%**	→ S. 64
Ödeme	**Furosemid**	→ S. 48
Parkinson-Syndrome	**Biperiden**	→ S. 23
Paroxysmale supraventrikuläre Tachykardie		
	Verapamil	→ S. 113
• Mit Beteiligung des AV-Knotens	**Adenosin**	→ S. 12
Paroxysmales Vorhofflimmern	**Ajmalin**	→ S. 15
	Amiodaron	→ S. 18
	Digoxin	→ S. 32
Phlebothrombose	**Heparin-Natrium**	→ S. 53
Pleuraerguss	**Sauerstoff**	→ S. 98
Pneumonie	**Sauerstoff**	→ S. 98
Pneumothorax	**Sauerstoff**	→ S. 98
Postpartale Blutung, atonische	**Oxytocin**	→ S. 84
Präeklampsie	**Magnesiumsulfat**	→ S. 63
Pseudokrupp	**Adrenalin**	→ S. 13
	Prednisolon	→ S. 91
Psychomotorische Erregungszustände	**Haloperidol**	→ S. 52
Quincke-Ödem	**Clemastin**	→ S. 26
	Dimetinden	→ S. 36
Rauchgasexposition (Lungenödem)	**Beclometason**	→ S. 22
Reanimation bei Kammerflimmern, pulsloser ventrikulärer Tachykardie oder Asystolie	**Adrenalin**	→ S. 13
Rippenfraktur, Hypoventilation	**Sauerstoff**	→ S. 98
Schizophrenie, akute	**Haloperidol**	→ S. 52

Schmerzen		
• Leichte - mäßig starke	**Acetylsalicylsäure**	→ S. 11
	Paracetamol	→ S. 84
• Starke	**Metamizol**	→ S. 66
	Tramadol	→ S. 110
• Starke - sehr starke	**Piritramid**	→ S. 90
	Morphin	→ S. 72
	Pethidin	→ S. 86
	Fentanyl	→ S. 46
Schock		
• Bei Operationen, Verletzungen, Sepsis	**HAES 6%**	→ S. 51
• Anaphylaktischer	**Dexamethason**	→ S. 29
	Dimetinden	→ S. 36
	Methylprednisolon	→ S. 67
	Prednisolon	→ S. 91
	Cimetidin	→ S. 25
	Clemastin	→ S. 26
	Adrenalin	→ S. 13
• Bei Herzversagen	**Dopamin**	→ S. 38
	Dobutamin	→ S. 37
• Verschiedene Formen	**Noradrenalin**	→ S. 80
Sedierung		
• Bei Beatmung in der Intensivmedizin	**Propofol 1%**	→ S. 93
• In Chirurgie und Diagnostik	**Propofol 1%**	→ S. 93
• Bei diagnostischen oder therapeutischen Eingriffen	**Midazolam**	→ S. 70
• Bei psychomotorischen Erregungszuständen	**Haloperidol**	→ S. 52
• Intensivmedizin	**Midazolam**	→ S. 70
Sinusbradykardie	**Atropin**	→ S. 20

Spannungszustände, akute	**Diazepam**	→ S. 30
Spasmen von Magen, Darm, Gallenwegen , ableitenden Harnwegen, weiblichen Genitalien	**Butylscopolamin**	→ S. 24
Status asthmaticus		
	Fenoterol	→ S. 45
	Prednisolon	→ S. 91
	Methylprednisolon	→ S. 67
	Reproterol	→ S. 95
	Theophyllin	→ S. 104
• Therapieresistenter	**Ketamin**	→ S. 59
• Zur Intubation	**Esketamin**	→ S. 40
Status epilepticus		
	Diazepam	→ S. 30
	Lorazepam	→ S. 62
	Phenytoin	→ S. 87
• Mittel der letzten Wahl	**Thiopental**	→ S. 105
Supraventrikuläre Tachykardie		
	Amiodaron	→ S. 18
• Nicht bei Reentry-Mechanismen	**Esmolol**	→ S. 41
• Paroxysmale	**Verapamil**	→ S. 113
• Bei WPW-Syndrom	**Ajmalin**	→ S. 15
Symptome, zentral anticholinergische	**Physostigmin**	→ S. 89
Tachyarrhythmia absoluta bei Vorhofflimmern/Vorhofflattern	**Digoxin**	→ S. 32

Tachykardie		
• AV-junktionale	**Ajmalin**	→ S. 15
	Amiodaron	→ S. 18
• Bei Mg-Mangel	**Magnesiumsulfat**	→ S. 63
• Mit schmalem QRS-Komplex	**Metoprolol**	→ S. 69
• Paroxysmale supraventrikuläre	**Verapamil**	→ S. 113
• Paroxysmale supraventrikuläre, mit Beteiligung des AV-Knotens	**Adenosin**	→ S. 12
• Pulslose ventrikuläre (Reanimation)	**Adrenalin**	→ S. 13
	Amiodaron	→ S. 18
• Schwerwiegende symptomatische ventrikuläre	**Ajmalin**	→ S. 15
	Amiodaron	→ S. 18
• Supraventrikuläre (bei WPW-Syndrom)	**Ajmalin**	→ S. 15
	Amiodaron	→ S. 18
• Supraventrikuläre (nicht bei Reentry-Mechanismen)	**Esmolol**	→ S. 41
• Torsade-de-pointes	**Magnesiumsulfat**	→ S. 63
• Ventrikuläre	**Amiodaron**	→ S. 18
Thrombolyse, Begleittherapie	**Heparin-Natrium**	→ S. 53
Torsade-de-pointes-Tachykardie	**Magnesiumsulfat**	→ S. 63
Toxisches Lungenödem	**Prednisolon**	→ S. 91
Übelkeit		
	Metoclopramid	→ S. 68
• Bei Chemotherapie, Strahlentherapie, postoperativ	**Ondansetron**	→ S. 82
• Unterschiedlicher Genese	**Dimenhydrinat**	→ S. 34
Überdosierung	**s. Intoxikation**	
Unruhezustände, akute	**Diazepam**	→ S. 30
	Lorazepam	→ S. 62
	Promethazin	→ S. 92

Uterusrelaxation zur äußeren Wendung	**Fenoterol**	→ S. 45
Vasospastische Angina pectoris	**Nifedipin**	→ S. 77
Ventrikuläre Tachykardien		
	Amiodaron	→ S. 18
• Schwerwiegende symptomatische	**Ajmalin**	→ S. 15
Vergiftung, s. Intoxikation (→ S. 120)		
Volumenersatz, kurzfristiger intravasaler	**Ringer-Laktat**	→ S. 96
	Vollelektrolytlösung	→ S. 114
Volumenmangel		
	Natriumchlorid 0,9%	→ S. 75
• Bei Operationen, Verletzungen, Sepsis	**HAES 6%**	→ S. 51
Vorhofflimmern		
• Mit Tachyarrhythmie	**Digoxin**	→ S. 32
• Mit bradykarder absoluter Arrhythmie	**Orciprenalin**	→ S. 83
• Paroxysmales	**Amiodaron**	→ S. 18
Vorhofflimmern/flattern mit schneller AV-Überleitung (außer bei WPW-Syndrom)	**Verapamil**	→ S. 113
Waterhouse-Friederichsen-Syndrom	**Methylprednisolon**	→ S. 67
Wehen, vorzeitige	**Fenoterol**	→ S. 45
Wendung, äußere (Uterusrelaxation)	**Fenoterol**	→ S. 45
WPW-Syndrom		
• DD, Ajmalin-Test	**Ajmalin**	→ S. 15
• Supraventrikuläre Tachykardien	**Ajmalin**	→ S. 15
	Amiodaron	→ S. 18
Zentral anticholinergische Symptome	**Physostigmin**	→ S. 89
Zerebrale Ischämie, akute (innerhalb 3h)	**Alteplase**	→ S. 16

3 Pharmakologie

3.1 Pharmakologische Grundbegriffe

Applikation

Nach oraler Zufuhr (p.o. = per os) wird ein Arzneimittel im Wesentlichen durch das Epithel des Dünndarms in die Blutbahn aufgenommen. Diese Form der Verabreichung ist aufgrund der langen Resorptionszeit (= Zeit, bis das Arzneimittel nach Aufnahme in den Organismus gelangt) für die Notfallmedizin eher unüblich.
Notfallmedikamente werden daher meist parenteral, d.h. unter Umgehung des Magen-Darm-Trakts, appliziert (s.a. Applikationstechniken → S. 247).

Applikationsformen im Rettungsdienst	
Intravenös (i.v.) (→ S. 247)	Durch Injektion in eine Vene
Subkutan (s.c.) (→ S. 252)	Durch Injektion in das Unterhautfettgewebe
Endobronchial (e.b.) (→ S. 254)	Durch Injektion in den Endotrachealtubus (Diffusion über die Alveolen oder Resorption über die Bronchialschleimhaut)
Intraossär (i.o.) (→ S. 256)	Durch Injektion in das Knochenmark
Per inhalationem (p.i.) (→ S. 258)	Durch Einbringen in die Atemwege (Diffusion über die Alveolen oder Resorption über die Bronchialschleimhaut)
Oral (p.o.) (→ S. 260)	Orale Zufuhr in Tabletten- oder Kapselform, als Flüssigkeit, in Granulatform
Rektal (→ S. 260)	Über die Rektumschleimhaut

Die Bioverfügbarkeit bezeichnet den Anteil einer verabreichten Dosis, der im Organismus zur Wirkung kommen kann.

Verteilung

Nachdem ein Arzneimittel in die Blutbahn gelangt ist, wird es infolge eines Konzentrationsgefälles in verschiedene Kompartimente des Organismus verteilt. Man unterscheidet hier:

- Intrazellulärraum (intrazelluläre Flüssigkeit und feste Zellbestandteile)
- Extrazellulärraum (Plasmawasser, interstitieller Raum, transzelluläre Flüssigkeit)

In welche Verteilungsräume eine Substanz eintritt, ist abhängig von physikalisch-chemischen Eigenschaften wie Lipophilie und Molekülgröße und von bestimmten Eigenschaften der begrenzenden biologischen Membranen.
Zahlreiche Arzneimittel sind im Blut reversibel an Plasmaproteine gebunden, neben der Plasmaproteinbindung (PPB) existiert ein nicht gebundener freier Anteil. Für die pharmakologische Wirkung ist fast ausschließlich der freie Anteil verantwortlich. Da der eiweißgebundene Anteil keiner Metabolisierung unterliegt, hat er eine Art Reservoirfunktion. Pharmaka können sich gegenseitig aus ihrer Proteinbindung verdrängen, darüber hinaus gibt es zahlreiche andere Faktoren, die das Ausmaß der PPB verändern können.
Erhöht sich durch eine Änderung der PPB die freie Konzentration eines Pharmakons, so ist dies meist klinisch wenig relevant, da sich die Eliminationsgeschwindigkeit proportional zur der freien Konzentration verhält.

Wirkung

Die meisten Wirkungen von Arzneimitteln lassen sich auf folgende Wirkmechanismen zurückführen:

- Interaktionen mit spezifischen Rezeptoren
- Öffnen oder Blockieren von spannungsabhängigen Ionenkanälen
- Beeinflussung von Transportsystemen
- Hemmung oder Aktivierung von Enzymen
- Störung von Biosynthesen in Mikroorganismen

Dosis-Wirkungs-Beziehung

Zur Durchführung einer sinnvollen Pharmakotherapie ist es erforderlich, durch eine bestimmte Dosierung einen gewünschten Effekt ohne vermeidbare Nebenwirkungen zu erzielen. Da der ausgelöste Effekt von der Konzentration am Wirkort abhängig ist, sollte eine Dosisangabe möglichst genau erfolgen, d.h. in Abhängigkeit vom Körpergewicht (z.B. mg/kg) oder von der Körperoberfläche (mg/m^2).
Bei Erwachsenen wird jedoch häufig ein Durchschnittsgewicht von 70 kg für absolute Dosierungsangaben zugrunde gelegt.
Die therapeutische Breite gilt als Maß für die Sicherheit zwischen therapeutischer und toxischer Wirkung, das heißt, ein Medikament ist umso ungefährlicher, je größer seine therapeutische Breite ist.
Für Medikamente mit geringer therapeutischer Breite eignet sich das sog. Drug Monitoring, das heißt, die Dosis eines Pharmakons wird durch Messungen seiner Konzentration im Blut (therapeut. Serumspiegel) modifiziert.

Elimination

Im Organismus existieren verschiedene Mechanismen, durch die ein Arzneistoff wieder aus dem Körper verschwindet.
Bei der **Biotransformation** handelt es sich um biochemische Abbaureaktionen wie Hydrolyse, Reduktion, Oxidation und Konjugation, die zum größten Teil im endoplasmatischen Reticulum der Leber über das Cytochrom P450 erfolgen.
Nach Resorption oral verabreichter Pharmaka sind diese bereits in der Darmwand bzw. bei der ersten Leberpassage über den Pfortaderkreislauf einer Metabolisierung ausgesetzt. Dieses Phänomen ist je nach Wirkstoff unterschiedlich stark ausgeprägt und wird als **First-Pass-Metabolismus** bezeichnet.
Ein weiterer Eliminationsweg ist die **Exkretion**. Bei der **biliären Exkretion** werden Arzneistoffe oder deren Metabolite über die Gallenflüssigkeit via Darm ausgeschieden.
Die Ausscheidung über die Niere wird als **renale Exkretion** bezeichnet, sie ist abhängig vom Ausmaß der glomerulären Filtration, der tubulären Sekretion und der tubulären Reabsorption.
Die **Clearance** ist ein Maß für die Eliminationsleistung und erlaubt die Eliminationsgeschwindigkeit eines Pharmakons zu messen.
Bei der **Elimination nullter Ordnung** ist die pro Zeiteinheit ausgeschiedene Menge immer konstant und damit unabhängig von der jeweiligen Plasmakonzentration.

Die **Elimination erster Ordnung** bedeutet, dass die pro Zeiteinheit ausgeschiedene Menge proportional zur jeweiligen Plasmakonzentration ist; der zeitliche Verlauf der Plasmakonzentration lässt sich als Exponentialfunktion beschreiben.
Als **Halbwertszeit** (HWZ) bezeichnet man die Zeitspanne, in der die Wirkstoffkonzentration im Plasma um die Hälfte abgenommen hat. Eine konstante Halbwertszeit gibt es nur für Substanzen, die durch eine Kinetik erster Ordnung eliminiert werden. Häufig entstehen von verabreichten Wirkstoffen durch die o.g. Mechanismen pharmakologisch wirksame Metaboliten, deren Halbwertszeit sich oft von der Ausgangssubstanz unterscheidet. Der **Qo-Wert** gibt den Anteil eines Pharmakons an, der bei normaler Nierenfunktion extrarenal eliminiert wird (**extrarenale Eliminationsfraktion**). Als Maß für die exkretorische Nierenfunktion gilt die glomeruläre Filtrationsrate (GFR), die eng mit der Kreatininclearance korreliert.
Die Kreatininclearance kann für jeden Menschen auf verschiedene Art ermittelt werden. Mittlerweile hat sich zur Abschätzung der **individuellen exkretorischen Nierenfunktion** (eGFR) die **Formel nach Levey** durchgesetzt, in die Alter, Serumkreatinin, Geschlecht und Rasse eingehen:

eGFR = 186 x Krea x Alter x (0,742, falls weiblich) x (1,210, falls Schwarzamerikaner)

Dies hat Bedeutung für die Stadieneinteilung der chronischen Niereninsuffizienz, des Weiteren kann mit der eGFR und dem Qo-Wert die individuelle Eliminationskapaziät (Q) eines Patienten bezüglich eines bestimmten Arzneimittels errechnet werden (Formel n. Dettli):

Q = Qo + (1 – Qo) x eGFR/100ml/min

Mithilfe des Q-Wertes kann schließlich eine **Dosisanpassung bei Niereninsuffizienz** (**DANI**) errechnet werden. Entsprechend der folgenden Formel kann eine Dosisanpassung entweder durch eine **Erniedrigung der Erhaltungsdosis** oder durch eine **Verlängerung des Dosierungsintervalls** erfolgen:

$\text{Erhaltungsdosis}_{NI}$ / $\text{Dosierungsintervall}_{NI}$
= Q x ($\text{Erhaltungsdosis}_{N}$ / $\text{Dosierungsintervall}_{N}$)

NI: für Patient mit Niereninsuffizienz; N für Nierengesunden.
Die Formel darf für einige Antibiotika mit kleinem Qo-Wert nicht angewendet werden (Amikacin, Amoxycillin, Ampicillin, Bacampicillin, Benzylpenicillin, Cefadroxil, Cefamandol, Ceftazidim, Ceftizoxim, Cefuroxim, Cephalexin, Cephazolin, Fosfomycin, Gentamicin, Latamoxef, Netilmicin, Spectinomycin, Streptomycin, Tobramycin).

Wechselwirkungen

Wechselwirkungen, auch Interaktionen genannt, bezeichnen die gegenseitige Beeinflussung von Wirkstoffen. Durch vielfältige Mechanismen kann die Wirkung eines Pharmakons durch ein zweites verstärkt, abgeschwächt, verlängert oder verkürzt werden. Interaktionen enstehen z.B. durch Hemmung oder Induktion des Metabolismus, wobei häufig das Monooxygenasesystem Cytochrom P450 (CYP) mit seinen Isoenzymen betroffen ist. Hierbei ist relevant, ob ein Pharmakon Substrat, Induktor oder Hemmer eines bestimmten CYP-Isoenzyms ist.

Unerwünschte Wirkungen

Unerwünschte Wirkungen (UW), auch Nebenwirkungen genannt, sind Wirkungen, die neben der Hauptwirkung eines Arzneimittels beobachtet werden. Sie können bedeutungslos oder gravierend sein, sie können dosisabhängig oder nicht dosisabhängig sein. Bei der Pharmakotherapie ist die Kenntnis von Art und Häufigkeit unerwünschter Wirkungen essentiell zur Beurteilung einer Nutzen-Risiko-Relation. Die Arzneimittelhersteller sind verpflichtet, unerwünschte Wirkungen vorzugsweise mit Häufigkeitsangabe zu nennen.

Indikation

Indikation im pharmakologischen Sinn bedeutet, dass für eine bestimmte Erkrankung eine medikamentöse Therapie angezeigt ist. Darf ein Medikament hingegen bei bestimmten Erkrankungen nicht eingesetzt werden, spricht man von Kontraindikationen.

Schwangerschaft, Stillzeit

Schwangerschaft und Stillzeit gelten als besondere Therapiesituationen der Pharmakotherapie. Da eine Vielzahl von Arzneistoffen die Plazenta passiert bzw. in die Muttermilch übergeht, sollte eine Pharmakotherapie nur bei strenger Indikationsstellung unter Abwägung des Risikos für Mutter und Kind erfolgen. Entsprechende Angaben zum Risiko sind in den Fachinformationen bzw. in den Beipackzetteln der Handelspräparate enthalten. Außerdem sind der Roten Liste Angaben zum embryotoxischen und teratogenen Risiko zu entnehmen.
In den USA hat sich eine durchaus praxistaugliche Einteilung durchgesetzt, bei der sechs sog. **Pregnancy Risk Categories** (PRC) bzw. drei Kategorien zum Risiko in der Stillzeit (Lact) unterschieden werden.

3.2 Herz-Kreislauf

3.2.1 Sympathomimetika

→ **Arzneimittelmonographie**	Adrenalin (→ S. 13) Dobutamin (→ S. 37) Dopamin (→ S. 38) Noradrenalin (→ S. 80) Orciprenalin (→ S. 83)

Sympathomimetika sind hochpotente Arzneimittel, die im Organismus die gleiche Wirkung wie eine Sympathikuserregung hervorrufen. In der Notfallmedizin werden sie allein oder in Kombination mit einer Volumensubstitution zur Schockbehandlung eingesetzt. Die Wirkung der einzelnen Sympathomimetika erklärt sich hierbei durch eine dosisabhängige Wirkung auf unterschiedliche adrenerge Rezeptoren:

Adrenerge Rezeptoren und deren Sympathikuswirkung (nach Hoffmann)

Organ	Rezeptor	Wirkung
DA = Dopaminrezeptor		
Herz	$\beta_1 >> \beta_2$, DA_2	Positiv chronotrop, dromotrop, inotrop
Niere	$\beta_1 >> \beta_2$, DA_2	Steigerung der Reninausschüttung
Glatte Muskulatur	α_1	Kontraktion (je nach Rezeptorverteilung)
(Gefäße, Uterus, Bronchiolen, Blase, M. dilatator pupillae, M. erector pili)	$\beta_2 > \beta_1$	Erschlaffung (je nach Rezeptorverteilung)
GI-Trakt	α_2, $\beta_2 > \beta_1$	Erschlaffung der Längsmuskulatur
	α_1	Sphinkterkontraktion
Skelettmuskulatur	$\beta_2 > \beta_1$, DA_1	Glykogenolyse ↑; K^+-Aufnahme ↑; Tremor
Leber	α_1, $\beta_2 > \beta_1$	Glykogenolyse ↑; Glukoneogenese ↑; K^+-Aufnahme ↑
Fettgewebe	$\alpha_2/\beta_2 > \beta_1$	Lipolyse gehemmt/Lipolyse gesteigert
Speicheldrüsen	α_1/β_1	Amylasegehalt ↑, K^+-Sekretion ↑
Pankreas	$\beta_2 > \beta_1/\alpha_1$	Insulinsekretion ↑, Insulinsekretion ↓
Thrombozyten	α_2	Aggregation gesteigert
Mastzellen	α_2/β_2	Degranulation ↑, Degranulation ↓

Präsynaptisch (noradrenerge/cholinerge Rezeptoren)	α_2/β_2	Noradrenalinfreisetzung ↑ / ↓
	α_2	Hemmung der Freisetzung von Azetylcholin

Sympathomimetika: Rezeptoraffinität (nach Hoffmann)

	β_1	β_2	α_1	α_2	DA_1	DA_2
Adrenalin						
> 0,2 µg/kg/min	+++	+++	+++	+++	0	0
0,05–0,2	+++	+++	++	++	0	0
0,02–0,05	++	++	+	+	0	0
Noradrenalin						
	+++	+	+++	+++	0	0
Dopamin						
> 5 µg/kg/min	++	+	++	+	+++	+++
3–5	++	+	+	+	+++	+++
0,5–3	+	0	0	0	++	++
Dobutamin						
	++	++	+	0	0	0

Sympathomimetika: Herz-Kreislauf-Wirkung (nach Hoffmann)

	HZV	Inotr.	$RR_{(mean)}$	HF	SVR	PVR	PCWP	Arrh.
Adrenalin								
> 0,2 µg/kg/min	↑↑	↑	↑↑↑	↑↑	↑↑	↑↑	↑↑	↑↑↑
0,05–0,2	↑↑	↑	↑↑	↑	↑	↑	↑	↑↑
0,02–0,05	↑↑	↑	0	↑	0			↑
Noradrenalin								
	0–↑	↑	↑↑	0–↑	↑↑	0–↑	0	0–↑
Dopamin								
> 5 µg/kg/min	↑↑	↑	↑	↑	↑	(↑)	↑	↑
3–5	↑↑	↑	↑	↑	↓	↓	↑	↑
0,5–3	↑	↑	0	0–↑	↓	↓	↑	0
Dobutamin								
	↑↑↑	↑	0–↓	↑–↑↑	↓	↓	↓	↑

Bis auf wenige Ausnahmen (z.B. Adrenalinbolusgabe im Rahmen der Reanimation) ist die generelle Dosierung von Sympathomimetika über Perfusoren sinnvoll, da die Arzneimittel dieser Gruppe sehr kurz wirksam und hochpotent sind. Dabei sollte ein separater, möglichst zentraler Venenzugang (z.B. ZVK oder Braunüle in der Vena jugularis externa) gewählt werden.
Falls dies nicht möglich ist, kann die Arzneimittelgabe bei periphervenöser Applikation durch eine stärkere Verdünnung der Perfusorlösung bei entsprechend höherer Laufgeschwindigkeit (s. Tabelle hintere Umschlagsseite), durch eine parallel laufende Infusion (an einem proximalen Dreiwegehahn) oder durch Hochlagerung der entsprechenden Extremität unterstützt werden.
Unter den Sympathomimetika nimmt das mit dem **Adrenalin** eng verwandte β-Sympathomimetikum **Orciprenalin** eine Sonderstellung ein. Dabei ist vor allem die Stimulation der kardialen β_1-Rezeptoren und die dadurch bedingte Steigerung der Herzfrequenz notfallmedizinisch relevant. Zusätzlich bewirkt **Orciprenalin** eine Vasodilatation, einen Abfall des arteriellen Mitteldrucks und eine Bronchodilatation. Allerdings limitieren zahlreiche kardiale Nebenwirkungen wie Extrasystolie, Tachyarrhythmien, erhöhter myokardialer Sauerstoffverbrauch sowie die schwere Steuerbarkeit den Einsatz. Daher beschränkt man die Verabreichung in der Notfallmedizin auf bedrohliche bradykarde Herzrhythmusstörungen, die auf eine **Atropin**gabe nicht ansprechen (z.B. im Rahmen eines AV-Blocks Grad II–III).

3.2.2 Parasympatholytika

→ **Arzneimittelmonographie**	Atropin (→ S. 20)

Parasympatholytika sind Arzneimittel, die die Erregung und damit den Einfluss des parasympathischen Nervensystems an verschiedenen Erfolgsorganen dämpfen oder aufheben.

Organspezifische Parasympathikuswirkungen (nach Hoffmann)	
Organ	**Wirkung**
Herz	Negativ chronotrop, negativ inotrop, negativ dromotrop
Gefäße	Dilatation
Bronchien	Kontraktion, Steigerung der Sekretion
GI-Trakt, Gallenwege	- Glatte Muskulatur: Kontraktion - Sphinkteren: Erschlaffung - Magensaft: Steigerung der Sekretion - Kontraktion des M. sphincter oddi
Pankreas	Steigerung der Insulinsekretion
Harnblase	Kontraktion des Detrusors, Relaxation des Sphinkters
Speichel, Schweiß	Steigerung der serösen Sekretion
M. sphincter pupillae	Kontraktion ⇒ Miosis

In der Notfallmedizin kommt v.a. das natürliche Alkaloid Atropin zur Akuttherapie bradykarder Herzrhythmusstörungen zum Einsatz (Hemmung der herzverlangsamenden Vaguswirkung). Atropin wird auch zur Vermeidung vagal bedingter Kreislaufreaktionen, die z.B. im Rahmen einer Intubation durch Irritation des Rachens mit dem Laryngoskopspatel auftreten können, eingesetzt. Atropin blockiert dabei periphere Cholinderivatrezeptoren und verhindert dadurch die Wirkung von Acetylcholin, dem Überträgerstoff des parasympathischen Nervensystems.

3.2.3 Antihypertensiva

→ **Arzneimittelmonographie**	Clonidin (→ S. 27) Nifedipin (→ S. 77) Nitrendipin (→ S. 78) Urapidil (→ S. 111)

Antihypertensiva senken bedrohlich hohe Blutdruckwerte im Rahmen diverser Notfallsituationen. Sie sind immer dann indiziert, wenn die Behandlung der Ursache (z.B. durch Analgetikagabe bei Schmerzen oder Sedierung bei psychischer Erregung) nicht möglich oder nicht ausreichend ist und der erhöhte Blutdruck seinerseits eine vitale Bedrohung darstellt.

Hauptsächlich in der Notfallmedizin eingesetzte Antihypertensiva

Antihypertensiva	Wirkung
Urapidil (α_1-Rezeptorantagonist) Applikation: i.v. Bolus oder Perfusor	Blockiert v.a. α_1-Rezeptoren an den Gefäßen und bewirkt so durch eine Vasodilatation eine Blutdrucksenkung. Zudem moduliert Urapidil den zentralen Sympathikotonus.
Clonidin (zentrales α-Sympathomimetikum) Applikation: i.v. Bolus oder Perfusor	Stimuliert vorwiegend postsynaptische α_2-Rezeptoren, was zu einer Verminderung der Sympathikusaktivität und Plasma-Noradrenalinkonzentration führt. Hierdurch sinken Blutdruck, Herzfrequenz und Herzminutenvolumen.
Nifedipin (Kalziumantagonist) Applikation: oral	Blockiert den Kalziumeinstrom in die Zelle und bewirkt so eine Vasodilatation (v.a. von Arteriolen). Dies führt zu einer Senkung des peripheren Widerstandes und so zu einer Blutdrucksenkung.
Nitrendipin (Kalziumantagonist)	

Neben den hier aufgeführten klassischen Antihypertensiva führt auch eine Reihe anderer Notfallmedikamente zu einer Blutdrucksenkung. Diese "blutdrucksenkende Nebenwirkung" sollte generell in das notfallmedizinische Behandlungskonzept mit einbezogen werden. Hierzu gehören insbesondere **Furosemid** (→ S. 48), **Nitroglycerin** (→ S. 79) und **Metoprolol** (→ S. 69).

3.2.4 Betarezeptorenblocker

→ **Arzneimittelmonographie**	Esmolol (→ S. 41) Metoprolol (→ S. 69)

Die in der Notfallmedizin eingesetzten Betarezeptorenblocker wirken durch ihre kardioselektive Blockade der β_1-Rezeptoren negativ inotrop und negativ chronotrop. Hierdurch sinken Herzminutenvolumen und Sauerstoffverbrauch des Herzens. Daher kommt Metroprolol im Rahmen des akuten Myokardinfarkts und als Antihypertensivum zum Einsatz. Betablocker vermindern die Reninsekretion.
In hohen Dosen findet man, zusätzlich zur Rezeptorblockade, eine unspezifische membranstabilisierende, chinidinartige Wirkung.
In der Notfallmedizin kommen Betarezeptorenblocker vor allem auch im Rahmen der Therapie von tachykarden Herzrhythmusstörungen zum Einsatz (→ S. 142).

Substanz	Indikationen in der Notfallmedizin
Esmolol	Supraventrikuläre Tachykardien, die nicht durch Reentry-Mechanismen aufgrund atypischer Leitungsbahnen (z.B. Präexitationssyndrome oder AV-Reentry-Tachykardie) bedingt sind
Metoprolol	Tachykardien mit schmalem QRS-Komplex; akuter Myokardinfarkt

Unerwünschte Wirkungen: AV-Block, Bradykardie, Hypotonie, Herzinsuffizienz ↑, Bronchokonstriktion, periphere Vasokonstriktion, Insulinsekretion ↓, Glykogenolyse ↓, Maskierung von Hypoglykämiesymptomen, Potenzstörungen
Kontraindikationen: Dekompensierte Herzinsuffizienz, Bradykardie, AV-Block Grad II-III, SA-Block, Sinusknotensyndrom, kardiogener Schock, Hypotonie, Asthma bronchiale, Hypothyreose; Cave in Gravidität/Stillzeit

3.2.5 Diuretika

→ **Arzneimittelmonographie**	Mannitol (→ S. 64) Furosemid (→ S. 48)

Diuretika sind Substanzen, die durch eine direkte Wirkung an der Niere die Ausscheidung von Wasser und ggf. Salzen steigern. In der Notfallmedizin kommen ausschließlich stark wirksame Diuretika zur Anwendung, die hauptsächlich einer forcierten Diurese und somit der Ausschwemmung von Wasser aus dem Organismus dienen.

Schleifendiuretika

Stark wirksame Schleifendiuretika wie **Furosemid** bewirken vor allem im aufsteigenden Teil der Henle-Schleife der Niere eine Verminderung der Rückresorption von Na^+, Cl^-, K^+ und H_2O. Dadurch kommt es zu einer gesteigerten Ausscheidung von Wasser, Na^+, Cl^-, K^+, Ca^{++} und Mg^{++}. In der Notfallmedizin dient Furosemid aufgrund des schnellen Wirkeintritts als Diuretikum der ersten Wahl bei Ödemen kardialer Genese, akutem Nierenversagen und hat aufgrund von vasodilatatorischen Eigenschaften auch antihypertensive Wirkung.

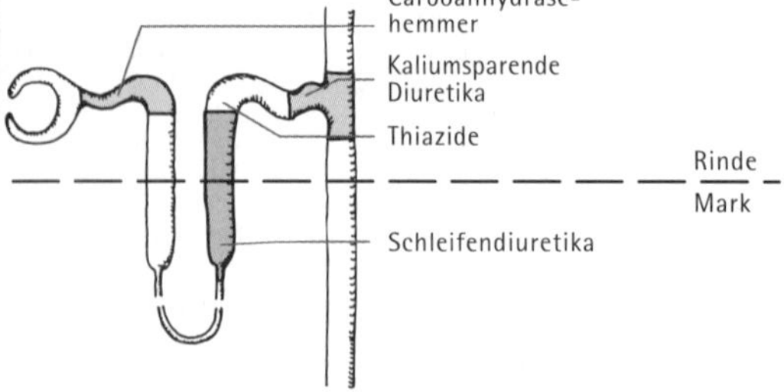

Abb. 1: Wirkungsort der Schleifendiuretika

Osmodiuretika

Osmodiuretika wie **Mannitol** wirken durch eine osmotische Bindung von Wasser im Tubulussystem der Niere. Durch glomeruläre Filtration des sechswertigen Alkohols Mannitol, der tubulär nicht resorbiert wird, kommt es zu einer verstärkten Diffusion von Wasser in das tubuläre System. Hierdurch erfolgt eine vermehrte Ausscheidung von Wasser bei geringer Mehrausscheidung von Elektrolyten. Indikation für die Gabe eines Osmotherapeutikums stellt neben dem akuten Nierenversagen hauptsächlich das traumatische oder nichttraumatische Hirnödem dar, bei dem das Osmotherapeutikum durch den oben beschriebenen Mechanismus entschwellend wirkt.

3.2.6 Koronarmittel

→ **Arzneimittelmonographie**	Nitroglycerin (→ S. 79)

Der Metabolit NO (= EDRF = endothelium derived relaxing factor) von Nitraten wie **Nitroglycerin** bewirkt eine Erhöhung der intrazellulären cGMP-Konzentration über eine Aktivierung der membranständigen Guanylatzyklase. Dies führt über eine Relaxation der glatten Muskulatur in Gefäßen, Bronchialsystem und GI-Trakt zu einer Vasodilatation.
Beim Notfallpatienten kommt es somit kurz nach einer sublingualen oder intravenösen Applikation zu einer venösen Kapazitätszunahme (Pooling), was zu einem Abfall von Vorlast, enddiastolischem Ventrikeldruck, peripherem Widerstand und der Nachlast führt, wobei die Senkung der Vorlast deutlicher als die der Nachlast ist. Dadurch sinkt die Wandspannung des Herzens, die kardiale Durchblutung steigt, und der Sauerstoffverbrauch des Herzens sinkt. Zusätzlich wirken Nitrate an den Koronargefäßen spasmolytisch.

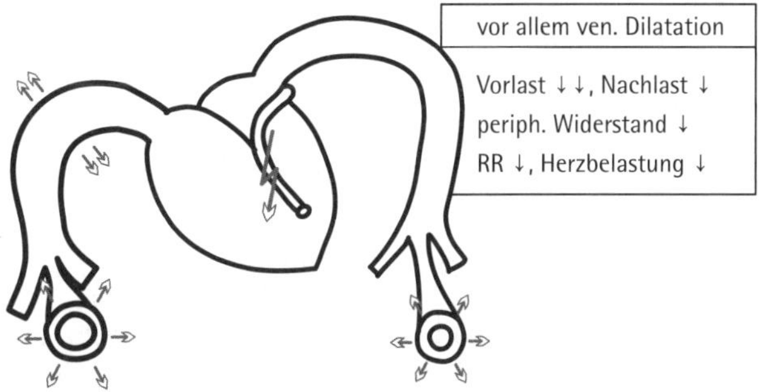

Abb. 2: Wirkmechanismus – Nitrate

In der Notfallmedizin eignet sich **Nitroglycerin** als Medikament bei kardialen Notfällen wie Angina pectoris, Linksherzinsuffizienz und akutem Myokardinfarkt sowie als Antihypertensivum bei hypertensiven Notfällen.

3.2.7 Antiarrhythmika

→ **Arzneimittelmonographie**	Adenosin (→ S. 12) Ajmalin (→ S. 15) Amiodaron (→ S. 18) Verapamil (→ S. 113)

Antiarrhythmika werden in der Notfallmedizin zur Behandlung akut lebensbedrohlicher Herzrhythmusstörungen eingesetzt. Die Einteilung erfolgt historisch nach Vaughan-William, entsprechend ihrer Wirkung auf Elektrolytströme (Na^+, K^+ und Ca^{++}) am Herzmuskel, die ihrerseits die einzelnen Phasen der Herzerregung beeinflussen und sich so zur Behandlung unterschiedlicher Arrhythmieformen eignen. Dabei werden die Antiarrhythmika gegen bradykarde Herzrhythmusstörungen wie **Adrenalin** (Sympathomimetikum → S. 134), **Atropin** (Parasympatholytikum → S. 137) und **Orciprenalin** (Sympathomimetikum → S. 134) nicht berücksichtigt. Ebenfalls nicht eingeteilt wird **Magnesium** (→ S. 63), welches speziell bei „Torsades des Pointes" eingesetzt wird und **Digoxin** (Digitalisglykosid → S. 32), welches in der Therapie von Vorhofflimmern und Vorhofflattern verwendet wird.

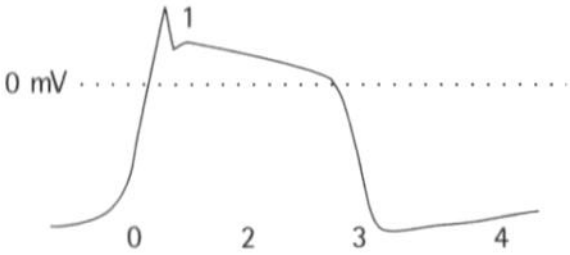

Abb. 3: Übersicht: Phasen der Herzerregung und entsprechende Elektrolytströme

Phase der Herzerregung	Elektrolytstrom
0 = Schnelle Depolarisation	Na^+-Einstrom
1 = Kurze Repolarisation	Kurzer Stopp des Na^+-Einstroms
2 = Plateau	Na^+-Einstrom, Ca^{++}-Einstrom
3 = Repolarisation	K^+-Ausstrom, Ca^{++}-Einstrom
4 = Langsame Depolarisation	K^+-Ausstrom, Ca^{++}-Einstrom

Bei paroxysmalen AV-junktionalen Tachykardien kann **Adenosin** besonders effektiv in der Anfallskupierung sein. Es verzögert die Überleitungszeit am AV-Knoten und terminiert so Reentry-Tachykardien.

Antiarrhythmikaklassen nach Vaughan-William - Wirkung - Indikation		
Klasse nach Vaughan-William	**Wirkung auf Elektrolytstrom und Aktionspotential**	**Arrythmie-form**
Ia (Natriumkanalblocker) z.B. Ajmalin (→ S. 15)	- Na^+-Einstrom↓, K^+-Einstrom↓ - Phase 0 verzögert, Phase 3 verzögert	Atriale u. ventrikuläre Arrhythmie
Ib (Natriumkanalblocker) z.B. Lidocain	- Na^+-Einstrom↓, K^+-Ausstrom↑ - Phase 0 verzögert, Phase 3 beschleunigt	Ventrikuläre Arrhythmie
Ic (Natriumkanalblocker) z.B. Propafenon	- Na^+-Einstrom↓ - Phase 0 verzögert, Phase 3 unbeeinflusst	Ventrikuläre Arrhythmie
II (Betablocker) z.B. Esmolol (→ S. 41), Metoprolol (→ S. 69)	- Sympathikolyse - Depolarisat. am Sinusknoten verzögert	Supra-ventrikuläre Tachy-arrhythmie
III (Kaliumkanalblocker) z.B. Amiodaron (→ S. 18)	- K^+-Ausstrom↓ - Repolarisation an den Purkinjefasern verzögert	Atriale u. ventrikuläre Tachy-arrhythmie
IV (Kalziumkanalblocker) z.B. Verapamil (→ S. 113)	- Ca^{++}-Einstrom↓ - Plateau verkürzt, Repolarisation beschleunigt	Supra-ventrikuläre Tachy-arrhythmie

3.2.8 Digitalisglykoside

→ **Arzneimittelmonographie**	Digoxin (→ S. 32)

Neben ihrer Applikation bei manifester Herzinsuffizienz werden Digitalisglykoside wie **Digoxin** in der Notfallmedizin vorwiegend als Antiarrhythmika eingesetzt. Ihre Applikation erfolgt bei einer durch Vorhofflimmern/-flattern induzierten Tachyarrhythmia absoluta oder bei paroxysmalem Vorhofflimmern/-flattern.

Wirkmodus	Wirkung
Hemmung des aktiven Na+/K^+-Transports an der Muskelzelle: → intrazelluläres Na^+ ↑ → Na^+/Ca^{++}-Austausch ↑ → intrazelluläres Ca^{++} ↑	Positiv inotrop (Ca^{++} ↑): - Schlagvolumen ↑ (ökonomisch, da ohne Erhöhung des kardialen O_2-Verbrauchs), HMV ↑ - Maximale Druckanstiegsgeschwindigkeit ↑ - Enddiastolisches Volumen ↓ + ZVD ↓ (→ Anstieg des Wirkungsgrades des insuffizienten Herzens) - Gewebeperfusion ↑, Koronarperfusion ↑
Beeinflussung von zentralen Vaguskernen und Barorezeptoren: → Vagusaktivität ↑, Sympathikusaktivität ↓	- Negativ chronotrop (Parasympathikus ↑) - Negativ dromotrop (Erregungsleit.-Geschwindigkeit ↓) - Refraktärzeit: am AV-Knoten ↓, am Myokard ↑ (→ Aktivierung ektoper Schrittmacher) - Positiv bathmotrop (Erregbarkeit ↑)

Generell besitzen Digitalisglykoside eine schmale therapeutische Breite, und es bestehen große individuelle Unterschiede in der Digitalisempfindlichkeit bei Patienten. Dies gilt insbesondere bei Verdacht auf Hypokaliämie, Hyperkalziämie, Herzhypoxie, Myokarditis und Hypothyreose. Bei der Applikation dieser hochpotenten Arzneimittel sind daher neben den zahlreichen Kontraindikationen auch die nachstehenden Wechselwirkungen zu beachten:

- Verstärkung der Digitaliswirkung bei Hyperkalziämie (keine Kalziumgabe bei digitalisierten Patienten)
- Verstärkung der heterotropen Reizbildung bei Hypokaliämie (Kalium bei digitalisierten Patienten hochnormal halten)
- Verstärkung von AV-Überleitungsstörungen bei Hyperkaliämie
- Verminderung der positiv inotropen Wirkung durch Kalziumkanalblocker, Betablocker und Antiarrhythmika
- Verstärkung der negativ chrono-, dromotropen Wirkung durch Kalziumkanalblocker, Betablocker, Antiarrhythmika und ACE-Hemmer
- Zunahme von Arrhythmien durch Betasympathomimetika, Phosphodiesterasehemmer, Reserpin, trizyklische Antidepressiva, Thiazide, Schleifendiuretika und Chinidin
- Verminderung der enteralen Resorption durch Colestyramin, Aktivkohle, Antazida und Metoclopramid
- Anstieg der Plasmakonzentration durch Kalziumkanalblocker, ACE-Hemmer, Chinidin, Spironolacton, Tetrazykline und Erythromycin
- Abfall der Plasmakonzentration durch Rifampicin, Phenylbutazon, Phenytoin und Phenobarbital

3.3 Blut

3.3.1 Mineralstoffe

→ **Arzneimittelmonographie**	Kalziumglukonat (→ S. 58) Magnesiumsulfat (→ S. 63)

Kalzium

Hypokalziämie Serumkalzium < 2,2 mmol/l	**Klinik:** Tetanie (Krampfanfälle, Parästhesien, Pfötchenstellung, Stimmritzenkrampf)
Hyperkalziämie Serumkalzium > 2,6 mmol/l	**Klinik:** Übelkeit, Erbrechen, Obstipation, Adynamie, Müdigkeit, Depressionen, Polydipsie, Polyurie, Nephrolithiasis, Muskelschwäche, Hyporeflexie

Neben der Substitution bei Kalziummangel, z.B. im Rahmen der echten Tetanie, dient **Kalziumglukonat** in der Notfallmedizin v.a. zur lokalen bzw. intraarteriellen Therapie bei Flusssäureverätzungen, indem es Fluoridionen im Gewebe durch Bildung von Kalziumfluorid neutralisiert.

Magnesium

Hypomagnesiämie Serummagnesium < 0,7 mmol/l	**Klinik:** Muskelkrämpfe, Parästhesien, Depressionen, Koronarspasmen, tachykarde Arrhythmien, Extrasystolen, Digitalisempfindlichkeit ↑
Hypermagnesiämie Serummagnesium > 1,1 mmol/l	**Klinik:** Muskelschwäche, Somnolenz bis Koma (Magnesiumnarkose), bradykarde Arrhythmien (Wirkung: Enzymaktivator, Ca^{++}-Antagonisten)

Magnesiumsulfat dient in der Notfallmedizin neben der Substitutionstherapie eines Magnesiummangels vor allem der Therapie von tachykarden Arrhythmien wie z.B. der Torsade-de-pointes-Tachykardie, indem es den Kalziumeinstrom in die Herzmuskelzelle hemmt.

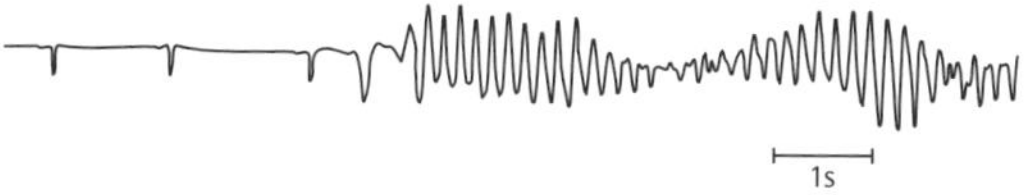

Abb. 4: Torsade-de-pointes-Tachykardie

3.3.2 Infusionslösungen

Kristalline Infusionslösungen

→ **Arzneimittelmonographie**	Natriumchlorid 0,9 % (→ S. 75) Ringer-Laktat (→ S. 96) Vollelektrolytlösung (→ S. 114)

Kristalline Infusionslösungen dienen neben dem routinemäßigen Offenhalten von Venenzugängen vor allem als Trägerlösungen für Arzneimittel und als Substitutionsmittel bei Flüssigkeitsdefiziten. Sie ermöglichen im Gegensatz zu den Plasmaersatzmitteln lediglich einen kurzfristigen intravasalen Volumeneffekt.
Im Gegensatz zu den gebräuchlichen Vollelektrolytlösungen, die einen plasmaisotonen Flüssigkeitsersatz bei isotoner u. hypotoner Dehydratation ermöglichen, wird Natriumchlorid 0,9 % als kaliumfreier Flüssigkeitsersatz bei gestörter bzw. unbekannter Nierenfunktion angewandt.

Infusionslösungen/ Elektrolytgehalt	**Na^+ mmol/l**	**Ca^{2+} mmol/l**	**Cl^- mmol/l**	**K^+ mmol/l**	**Mg^{2+} mmol/l**	**Acet. mmol/l**	**Lact. mmol/l**
Natriumchlorid 0,9%	154	–	154	–	–	–	–
Ringerlösung	147	2,3	155	4,0	–	–	–
Ringer-Laktat	130	2,0	112	5,0	–	–	27
Deltajonin	140	2,5	106	4,0	–	45	–
Jonosteril	137	1,65	110	4,0	1,25	36,8	–
Sterofundin	140	2,5	106	4,0	1,0	–	45
Tutofusin	140	2,5	153	5,0	1,5	–	–

Kolloidale Infusionslösungen

→ Arzneimittelmonographie	HAES 6 % (→ S. 51)

Moderne kolloidale Plasmaersatzmittel wie **Hydroxyaethylstärkelösungen** haben im Gegensatz zu kristallinen Infusionslösungen eine höhere intravasale Halbwertszeit, die bei den meisten der Präparate 2–4 Stunden beträgt. Der Volumeneffekt wird durch die Wasserbindung an Hydroxyaethylgruppen hervorgerufen, der zu einem anhaltenden Anstieg des Plasmavolumens führt. Somit können kolloidale unterstützend zu den kristallinen Infusionslösungen bei schwerem intravasalem Volumenmangel eingesetzt werden.
Plasmaexpander, wie z.B. HyperHAES, mobilisieren darüber hinaus Flüssigkeit aus dem Zwischenzellraum, was zu einer zusätzlichen Steigerung des Plasmavolumens führt. Der expansive Volumeneffekt der hypertonen Lösung wird hierbei durch den extrem hohen, wasserbindenden Natriumchloridgehalt hervorgerufen.

Plasmaersatzmittel (Stärkederivate)	Substit.-Grad	HAES g/l	Na^+ mmol/l	Ca^{++} mmol/l	Cl^- mmol/l	K^+ mmol/l	Lact. mmol/l
MW = mittleres Molekulargewicht							
Expafusin (MW 70.000)	0,5–0,55	60	138	1,5	125	4,0	20
HAES steril 6 % (MW 200.000)	0,5	60	154	–	154	–	–
Venofundin (130.000)	0,42	60	154	–	154	–	–
Voluven (MW 130.000)	0,4	60	154	–	154	–	–
HyperHAES (MW 200.000)	0,5	60	1232	–	1232	–	–

3.3.3 Azidosetherapeutika

→ **Arzneimittelmonographie**	Natriumbikarbonat (→ S. 74)

In der Notfallmedizin findet die schwache Base Natriumbikarbonat vorwiegend zur Korrektur einer metabolischen Azidose und zur Harnalkalisierung bei Intoxikationen mit schwachen organischen Säuren Anwendung, z.B. Barbituratintoxikationen oder Intoxikationen mit **Acetylsalicylsäure** (→ S. 11). Zu den unerwünschten Nebenwirkungen gehört unter anderem eine Schädigung der Gefäßwand, sodass die 8,4%ige Lösung ausschließlich zentralvenös oder nach entsprechender Verdünnung bzw. als 4,2%ige Lösung periphervenös verabreicht werden sollte.

Blutgas-analyse	arterielles Blut	venöses Blut	metab. Azidose	resp. Azidose	metab. Alkalose	resp. Alkalose
pH	7,35–7,45	7,26–7,46	↓	↓	↑	↑
pCO_2 (mmHg)	35–45	37–50	↓	↑*	↑	↓*
HCO_3^- (mval/l)	21–26	19–24	↓ *	↑	↑*	↓
BE (mval/l)	-2–+3	-2–+5	< 0	> 0	> 0	< 0
pO_2 (mmHg)	71–104	36–44				
SO_2	> 95 %	70–80 %				* = primär

Während sich die Dosierung zur Harnalkalisierung bei Intoxikationen nach dem angestrebten Urin-pH-Wert richtet und somit probatorisch erfolgt, ist die systemische Korrektur der metabolischen Azidose vom Ergebnis der Blutgasanalyse abhängig.
Die Dosierung des Natriumbikarbonats richtet sich hierbei nach der Formel:

Negativer BE x 0,3 x kgKG = mmol Natriumbikarbonat

3.3.4 Gerinnungstherapeutika

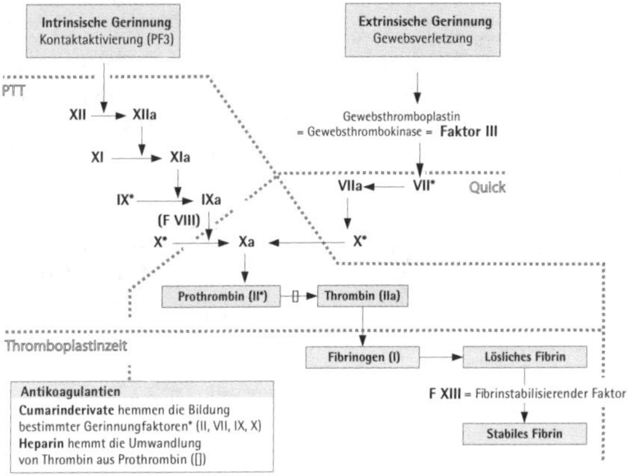

Abb. 5: Gerinnungssystem

Unfraktioniertes Heparin

→ **Arzneimittelmonographie**	Heparin-Natrium (→ S. 53)

Das körpereigene Antikoagulanz **Heparin** wird in der Notfallmedizin vorwiegend zur Prophylaxe und Therapie thromboembolischer Zustände, z. B. bei akutem Koronarsyndrom, akuter Lungenembolie, oder als Begleittherapie bei Thrombolyse angewendet. Nach parenteraler Gabe erfolgt eine Hemmung der Gerinnungsfaktoren IIa, Xa, XIa und XIIa durch eine Komplexbildung mit Antithrombin III. Dadurch wird sowohl die Neubildung als auch eine Größenzunahme bestehender Thromben verhindert. Aufgrund der kurzen Halbwertszeit von 90–120 min erfolgt die weitere Dosierung nach einer initialen i.v. Bolusgabe über einen Perfusor, der mit 1000 IE/h bzw. in Abhängigkeit von der gewünschten Ziel-aPTT (aktivierten partiellen Thromboplastinzeit) gesteuert wird (s. Tabelle hintere Umschlagsseite). Hierbei wird je nach Erkrankung der 1-2,5fache Wert der Ausgangs-aPTT angestrebt. Bei einer Überdosierung antagonisieren 1000 IE des Antidots Protamin 1000 IE **Heparin**.

Fibrinolytika

→ **Arzneimittelmonographie**	Alteplase (t-PA) (→ S. 16) Tenecteplase (→ S. 102)

Fibrinolytika können frische Fibringerinnsel durch Aktivierung des körpereigenen fibrinolytischen Systems auflösen. Durch proteolytische Umwandlung von Plasminogen in Plasmin lösen die Substanzen nicht organisierte Fibringerinnsel im Körper auf.

In der Notfallmedizin erfolgt der Einsatz bei strenger Indikationsstellung im Rahmen der Behandlung des akuten Herzinfarktes, der Lungenembolie und zerebraler Ischämien. Vor Beginn einer Fibrinolyse muss die für das Präparat geltende Liste von Kontraindikationen geprüft werden, um lebensbedrohliche Blutungskomplikationen zu vermeiden.

Thrombozytenaggregationshemmer

→ **Arzneimittelmonographie**	Acetylsalicylsäure (→ S. 11) Clopidogrel (→ S. 28) Tirofiban (→ S. 107)

Thrombozytenaggregationshemmer verhindern das Zusammenballen von Blutplättchen und somit die Entstehung sogenannter weißer Thromben. Sie werden bei thromboembolischen Erkrankungen im arteriellen System, in der Notfallmedizin insbesondere beim akuten Koronarsyndrom zur Prophylaxe einer Thrombenbildung oder zur Vermeidung einer Größenzunahme eines bereits bestehenden Thrombus eingesetzt. Neben der **Acetylsalicylsäure** (zusätzlich analgetische, antipyretische und antiphlogistische Indikationen) finden auch der reine Thrombozytenaggregationshemmer **Clopidogrel** für die orale Applikation und **Tirofiban** im Rahmen der Intensivbehandlung Anwendung.

Substanz	Wirkmechanismus
Acetylsalicylsäure	Hemmung der Cyclooxygenase ⇒ verminderte Synthese von Thromboxan A_2 (= Aggregationsaktivator der Thrombozyten) und Prostazyklin (= Aggregationsinhibitor im Endothel)
Clopidogrel	Blockade des ADP-Rezeptors am Thrombozyten
Tirofiban	Antagonist des Glykoprotein-IIb/IIIa-Rezeptors

3.4 Atmung/Allergie

3.4.1 Sauerstoff

→ **Arzneimittelmonographie**	Sauerstoff (→ S. 98)

Im Rahmen einer Vielzahl von Notfallsituationen zählt die Sauerstoffgabe zur Standardtherapie. Bei spontanatmenden Notfallpatienten erfolgt die Gabe vorwiegend über eine in die Nase eingeführte Sauerstoffsonde oder -brille (→ S. 259). Bei spontan über den Mund atmenden Notfallpatienten wird der Sauerstoff über eine (Mund und Nase bedeckende) Sauerstoffmaske (→ S. 259) verabreicht, die je nach Modell mit einem zusätzlichen Reservoir ausgestattet ist.
Die Dosierung des Sauerstoffs von 0,5–8 l/min richtet sich nach dem Bedarf des spontanatmenden Patienten und kann über die mit einem Pulsoxymeter gemessene Sauerstoffsättigung objektiviert werden. Bei intubierten Patienten erfolgt die Wahl der inspiratorischen Sauerstoffkonzentration über das Beatmungsgerät, das, je nach Einstellung, inspiratorische Sauerstoffkonzentrationen von 30–100 % erreichen kann. Vorsicht ist bei spontanatmenden Patienten mit chronisch obstruktiver Lungenerkrankung (COPD) geboten, da bei diesen die Aktivität des Atemzentrums durch langjährige Adaptation an erhöhte Kohlendioxidwerte im Blut primär vom Sauerstoffgehalt im Blut gesteuert wird. Daher kann es durch die Gabe von Sauerstoff zu einer Verringerung der Atmung kommen und der Patient dadurch in eine CO_2-Narkose fallen. Deshalb sollte die Sauerstoffgabe bei COPD-Patienten nur bei ausreichender Überwachung der Bewusstseinslage erfolgen.
Medizinischer Sauerstoff wird für den mobilen Einsatz in transportablen Sauerstoffflaschen unterschiedlicher Größe geliefert. Gebräuchlich sind Flaschengrößen von 1, 2, 5 und 10 Litern. Wegen erhöhter Wartungsanfälligkeit der Druckgasbehälter sollte der Druck in den Flaschen nicht bis auf den Nullwert abfallen und ein Flaschenwechsel bereits bei einem Restdruck von 10 bar erfolgen. Aufgrund einer Herabsetzung des Flammpunktes und damit verbundener Explosionsgefahr sollten die Anschlüsse der Sauerstoffflasche immer streng öl- und fettfrei gehalten werden.

3.4.2 Bronchodilatatoren

→ **Arzneimittelmonographie**	Esketamin (→ S. 40) Fenoterol (→ S. 45) Ipratropiumbromid (→ S. 57) Ketamin (→ S. 59) Reproterol (→ S. 95) Terbutalin (→ S. 103) Theophyllin (→ S. 104)

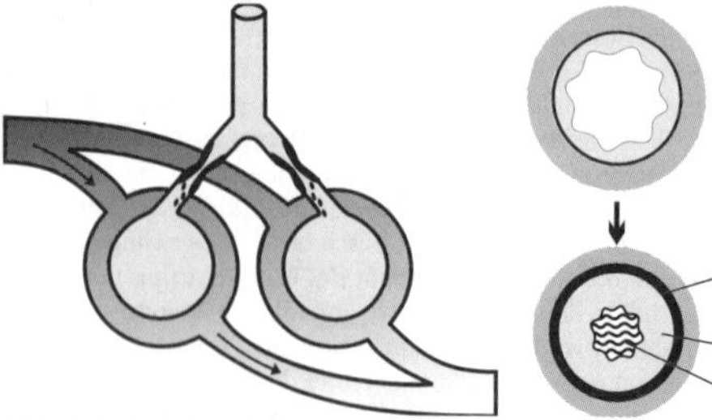

Abb. 6: Asthma bronchiale

Bronchodilatatoren lösen durch unterschiedliche Wirkmechanismen Verkrampfungen der Bronchialmuskulatur, die z.B. bei chronisch obstruktiver Lungenerkrankung oder dem von Atemnot geprägten Asthmaanfall auftreten können.

Substanz	Applikationsform/Wirkmechanismus
Fenoterol (inhalatives $Beta_2$-Sympathomimetikum)	*Dosieraerosol:* Führt durch eine Stimulation von $Beta_2$-Rezeptoren zu einer Erschlaffung der Muskulatur in Bronchien, Blutgefäßen und Uterus
Ipratropiumbromid (inhalatives Anticholinergikum)	*Dosieraerosol:* Führt durch einen Antagonismus am Muscarinrezeptor zu einer Parasympathikolyse, die ihrerseits zu einer Erschlaffung der Bronchialmuskulatur führt

Reproterol **Terbutalin** (systemische $Beta_2$-Sympathomimetika)	*Lösung zur i.v.-Injektion oder Dauerinfusion* (Reproterol), *Lösung zur subkutanen Injektion* (Terbutalin): Führen durch Stimulation von $Beta_2$-Rezeptoren zu einer Erschlaffung der glatten Muskulatur in den Bronchien und hemmen die Freisetzung von Mediatoren aus den Mastzellen
Theophyllin (Methylxanthin)	*Lösung zur intravenösen Injektion:* Führt u.a. zu einer Hemmung der Phosphodiesterase mit intrazellulärem cAMP-Anstieg, Relaxation der glatten Bronchialmuskulatur u. der Pulmonalgefäße; bessert darüber hinaus die mukozilliäre Clearance, hemmt die Freisetzung von Mediatoren aus Mast- u. Entzündungszellen, bessert eine provozierte Bronchokonstriktion u. asthmatische Sofort- u. Spätreaktion

Neben der systemischen Applikation der Substanzen als intravenöse oder subkutane Injektion stehen manche Substanzen auch als Dosieraerosole zur Verfügung, die eine lokal-inhalative Applikation ermöglichen. Die Anwendung von Dosieraerosolen wird jedoch in der Praxis häufig dadurch erschwert, dass aufgrund der Atemnot u. Panik des Patienten die Substanz den Zielort nicht erreicht und somit wirkungslos bleibt. Der ungeschulte Patient kann in der korrekten Anwendung des Dosieraerosols häufig durch die Anwendung einer Applikationshilfe, eines sogenannten Spacers (→ S. 258), unterstützt werden, der als Reservoir für das vernebelte Arzneimittel dient und so die Zeitspanne zwischen Auslösung des Hubes und der nächsten Inspiration vergrößert. Für intubierte Patienten stehen darüber hinaus Konnektoren zur Verfügung, die als Applikationshilfe tubusnah zwischen die Beatmungsschläuche geschaltet werden. Aufgrund ihrer bronchospasmolytischen Eigenschaften können als Ultima Ratio im Rahmen eines therapieresistenten Status asthmaticus auch **Esketamin** (→ S. 40) und **Ketamin** (→ S. 59) eingesetzt werden. Dies geschieht vor allem dann, wenn eine Intubation des Patienten unvermeidbar ist und im Rahmen der Beatmung ohnehin eine Allgemeinnarkose erforderlich wird.

3.4.3 Kortikoide

→ **Arzneimittelmonographie**	Beclometason (→ S. 22)

Inhalative Glukokortikoide wie **Beclometason** wirken lokal entzündungshemmend und reduzieren die Hyperreagibilität des Bronchialsystems auf exogene Reize. Sie werden in der Notfallmedizin hauptsächlich als Dosieraerosol, ggf. auch in Kombination mit systemischen Glukokortikoiden (z. B. **Methylprednisolon** → S. 67, **Prednisolon** → S. 91), zur Prophylaxe und Behandlung des toxischen Lungenödems nach Rauchgasexposition (z.B. durch (Schwel-)Brände) oder nach Inhalation giftiger Dämpfe und Gase (z.B. Zinknebel, Chlorgas, Ammoniak, Nitrosegase, Phosgen, Schwermetalldämpfe) eingesetzt.

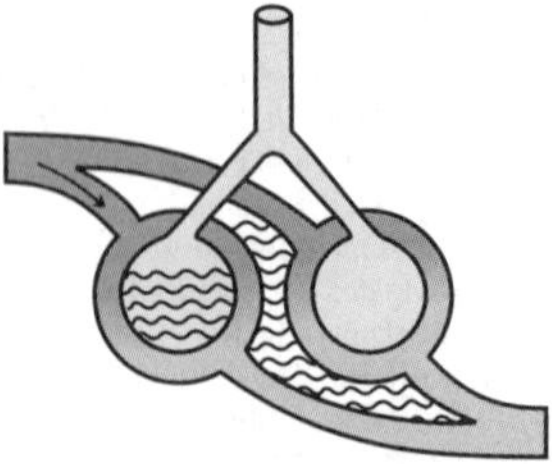

Abb. 7: Lungenödem intraalveolär, interstitiell

3.4.4 Antihistaminika

→ **Arzneimittelmonographie**	Cimetidin (→ S. 25) Clemastin (→ S. 26) Dimetinden (→ S. 36)

Allergische Reaktionen entstehen im Körper durch Reaktion eines Antigens mit an Mastzellen fixierten IgE-Antikörpern. Dies führt zu einer Freisetzung von Histamin, das über H_1- und H_2-Rezeptoren seine Wirkungen entfacht:

H_1-Rezeptorwirkung

H_1-Rezeptorwirkung
- Vasodilatation (→ lokale Hyperämie, systemischer RR-Abfall) - Bronchokonstriktion (→ Asthma bronchiale) - Erhöhung der Gefäßpermeabilität (→ Schleimhautschwellung, Ödeme, Quaddel) - Stimulation freier Nervenendigungen in der Haut (→ Juckreiz)
H_2-Rezeptorwirkung
- Vasodilatation von Pulmonalgefäßen - Positiv chronotrope und intotrope Wirkung - Steigerung der Magensekretion

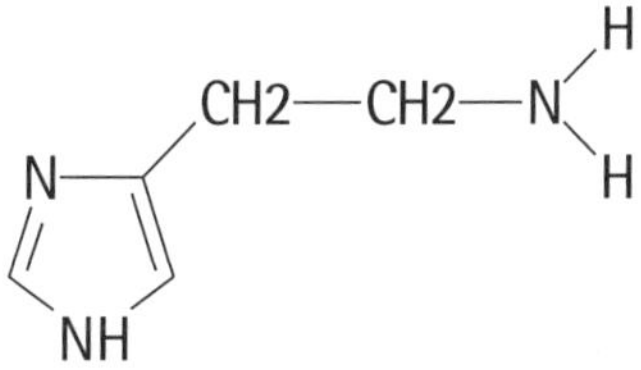

Abb. 8: Histamin

Im Rahmen der Behandlung von allergischen Reaktionen werden neben funktionellen Mediatorantagonisten (α-Sympathomimetika, **Adrenalin** (→ S. 13), Glukokortikoide, β_2-Sympathomimetika, Ipratropiumbromid, Theophyllin) daher vor allem H_1- und H_2-Rezeptorantagonisten (= Antihistaminika) eingesetzt.

Substanz	Wirkmechanismus
Clemastin, Dimetinden (H_1-Rezeptorantagonisten)	Kompetitive Hemmung der H_1-Rezeptoren: → Gefäßpermeabilität ↓, Juckreiz ↓
Cimetidin (H_2-Rezeptorantagonist)	Kompetitive Hemmung der H_2-Rezeptoren: → histaminvermittelte Magensäuresekretion ↓

3.5 Schmerz/Entzündung

3.5.1 Opioid-Analgetika

→ **Arzneimittelmonographie**	Fentanyl (→ S. 46) Morphin (→ S. 72) Pethidin (→ S. 86) Piritramid (→ S. 90) Tramadol (→ S. 110)

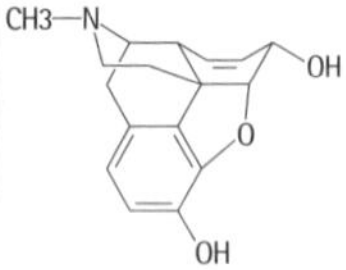

Abb. 9: Morphin

Im Gegensatz zu den peripher wirkenden nonsteroidalen Antirheumatika hemmen die Opioid-Analgetika die individuelle Schmerzwahrnehmung durch Rezeptorwirkung im zentralen Nervensystem. Aufgrund der hohen Suchtgefahr bei Missbrauch unterliegt der größte Teil von ihnen der Betäubungsmittelverschreibungsverordnung (BtMVV). Bei nahezu gleichem Wirkprofil unterscheiden sich die zentral wirksamen Analgetika vor allem in der Wirkstärke (analgetische Potenz), der Wirkdauer und im Nebenwirkungsprofil.
Im Rettungsdienst kommen in der Regel reine Opioid-Agonisten wie **Fentanyl**, **Morphin**, **Pethidin** und **Piritramid** zum Einsatz, die ihre Wirkung vorwiegend an den μ-Rezeptoren im ZNS entfalten. **Tramadol** nimmt eine Sonderstellung ein, da es im Gegensatz zu den anderen Substanzen nicht der BtMVV unterliegt und neben der μ-agonistischen Wirkung auch eine α_2-Blockade hervorruft.

Opioid-Analgetikum	analgetische Potenz zu Morphin	Wirkdauer	BtmVV
Fentanyl	125fach	0,4 Stunden	ja
Morphin	(1fach)	2-4 Stunden	ja
Pethidin	0,2fach	2-4 Stunden	ja
Piritramid	0,7fach	4-6 Stunden	ja
Tramadol	0,1fach	3-4 Stunden	nein

Hervorzuheben ist die im Gegensatz zu **Morphin** geringere spasmogene Wirkung von **Pethidin**, sodass es auch als Analgetikum bei Gallenkoliken und Pankreatitis in Betracht kommt. Weiterhin wird es zur Linderung bei Schüttelfrost eingesetzt.
Bei einer Überdosierung oder Intoxikation mit Opiaten kann die Wirkung durch **Naloxon** (→ S. 73) antagonisiert werden.

3.5.2 Nonsteroidale Antirheumatika (NSAR)

→ **Arzneimittelmonographie**	Acetylsalicylsäure (→ S. 11) Metamizol (→ S. 66) Paracetamol (→ S. 84)

Peripher wirkende Analgetika hemmen hauptsächlich die Cyclooxygenase (= COX I und II) und damit die Bildung von Prostaglandinen. Hierdurch verhindern sie im Gegensatz zu den Opioid-Analgetika nicht die Schmerzwahrnehmung, sondern die Schmerzentstehung im betroffenen Gewebe. Sie werden somit bevorzugt bei entzündlichen oder rheumatisch bedingten Schmerzzuständen, Fieber (Hemmung des Pyrogeneinflusses auf die Temperaturregulation im Hypothalamus) und rheumatischen Erkrankungen eingesetzt.

Substanz (Gruppe)	Hauptwirkung
Acetylsalicylsäure (Salizylat)	- Peripher analgetisch - Antipyretisch - Antiphlogistisch
Metamizol (Pyrazolon)	- Peripher analgetisch - Antipyretisch
Paracetamol (Anillinderivat)	- Peripher analgetisch - Antipyretisch

Zusätzlich ist die spasmolytische Wirkung von **Metamizol** und die sich daraus ergebende Indikation bei spastischen Schmerzzuständen wie z. B. bei Koliken hervorzuheben. Weiterhin zu beachten ist die thrombozytenaggregationshemmende Wirkung von **Acetylsalicylsäure**, die bei thromboembolischen Erkrankungen gezielt eingesetzt wird bzw. im Rahmen traumatologischer Notfälle gemieden werden muss.

3.5.3 Spasmolytika

→ Arzneimittelmonographie	Butylscopolamin (→ S. 24)

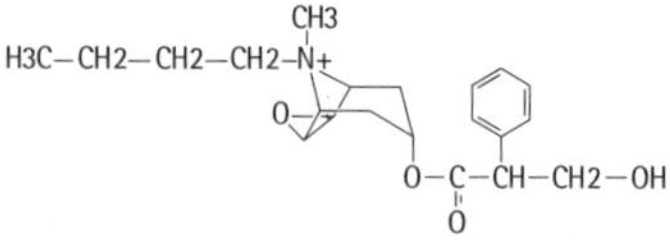

Abb. 10: N-Butylscopolamin

Das mit dem Atropin (→ S. 20) eng verwandte Spasmolytikum **Butylscopolamin** wirkt peripher anticholinerg und parasympatholytisch und wird in der Notfallmedizin bei krampfartigen Zuständen/Spasmen im Bereich der glatten Muskulatur des GI-Trakts (Magen, Darm Gallenwege) und des Urogenitalsystems (u.a. Menstruationsbeschwerden) eingesetzt.

3.5.4 Glukokortikoide

→ Arzneimittelmonographie	Dexamethason (→ S. 29) Methylprednisolon (→ S. 67) Prednisolon (→ S. 91)

Glukokortikoide werden vom Körper selbst in der Nebennierenrinde gebildet. Der wichtigste körpereigene Vertreter ist das Kortisol (Hydrokortison).

Wesentliche Wirkungen von Kortisol im Körper
- antiphlogistisch, antiallergisch, immunsuppressiv - Blutzucker ↑, Nierenschwelle für Glukose ↓, Glykogenbildung (Leber) ↑ - Beeinflussung des Wasser- u. Elektrolythaushaltes (K^+-Ausscheidung ↑, Na^+-Retention ↑)

Die oftmals im Zusammenhang mit Kortison diskutierten Nebenwirkungen (z. B. Hypertonie, Ödeme, Stammfettsucht) spielen in der Notfallmedizin eine untergeordnete Rolle, da diese eher im Rahmen einer Langzeitbehandlung auftreten. Inhalative Kortikoide wie z.B. **Beclometason** (→ S. 22) werden bei der Aufnahme durch den hepatischen First-Pass-Metabolismus nahezu vollständig inaktiviert, sodass bei ihnen keine systemischen Nebenwirkungen zu befürchten sind.
Die Wirkstärke der Glukokortikoide wird anhand der Wirkstärke des Kortisols gemessen. In der Notfallmedizin verwendete Substanzen erreichen hierbei die 4-(**Methylprednisolon** und **Prednisolon**) bzw. 30fache Wirkstärke (**Dexamethason**).

3.6 Stoffwechsel/Endokrinologie

3.6.1 Antidiabetika

→ Arzneimittelmonographie	Insulin (→ S. 56)

Das in der Bauchspeicheldrüse gebildete Hormon **Insulin** wird in der Notfallmedizin hauptsächlich zur Senkung erhöhter Blutzuckerspiegel im Rahmen des diabetischen Komas eingesetzt. Die in Ampullen verfügbare, kühlpflichtige Insulinlösung steht meist in einer Konzentration von 40 IE/ml bzw. 100 IE/ml zur Verfügung.
Die Dosierung beim diabetischen Koma richtet sich, nach der Korrektur des Säure-Basen-Status und der erforderlichen Volumensubstitution, streng nach dem gemessenen Blutzuckerspiegel. Neben intravenösen Bolusgaben von 6–12 IE hat sich in der Praxis vor allem eine intravenöse Dauerinfusion über Perfusor (40 IE ad 40 ml) mit 4–12 IE pro Stunde durchgesetzt.
Bei der Senkung des Blutzuckerspiegels muss auf eine langsame Korrektur des Zuckerspiegels geachtet werden, da es ansonsten zu einem Hirnödem kommen kann. Als optimal kann ein Abfall des BZ um ca. 100 mg/dl pro Stunde angesehen werden.
Da bei einer Insulingabe das Serumkalium stark abfällt, sollte der Kaliumspiegel unbedingt vor Einleitung einer intravenösen Hochdosistherapie kontrolliert und ggf. substituiert werden, um das Auftreten von bedrohlichen Herzrhythmusstörungen zu vermeiden. Hierbei ist zu bedenken, dass der Kaliumspiegel beim Coma diabeticum azidosebedingt normal oder erhöht sein kann und dann im Rahmen der Azidosekorrektur ebenfalls auf kritische Werte abfallen kann.

3.6.2 Antihypoglykämika

→ Arzneimittelmonographie	Glukagon (→ S. 49) Glukose 40 % (→ S. 50)

Hypoglykämien gehören insbesondere durch Insulinüberdosierungen bei Diabetikern zu den häufigsten endokrinologischen Notfällen in der Notfallmedizin.
Antihypoglykämika sorgen hierbei als Notfallmedikamente für eine Anhebung des Blutzuckerspiegels, indem dem Patienten entweder eine **Glukose 40%-Lösung** oder das körpereigene Hormon **Glukagon** zugeführt wird, welches einen Anstieg des Blutzuckerspiegels durch gesteigerten Abbau des Leberglykogens zu Glukose und deren Freisetzung in das Blut bewirkt. Aufgrund der hohen Osmolarität von **Glukose 40%** sollte die Lösung nur verdünnt oder unter laufender Infusion in periphervenöse Zugänge appliziert werden. Alternativ kann bei ansprechbaren Patienten die orale Zufuhr der Glukoselösung erwogen werden.

3.7 Magen/Darm

3.7.1 Antiemetika

→ **Arzneimittelmonographie**	Dimenhydrinat (→ S. 34) Metoclopramid (→ S. 68) Ondansetron (→ S. 82)

Übelkeit und Erbrechen gehören zu den behandlungspflichtigen Begleiterscheinungen einer Vielzahl von Notfallsituationen.
Neben dem universellen **Dimenhydrinat**, welches neben den antiemetischen zusätzlich auch H1-antihistaminische, anticholinerge und zentral sedierende Eigenschaften besitzt, findet in der Notfallmedizin das motilitätssteigernde Mittel **Metoclopramid** Anwendung. Dieses bewirkt neben der Beschleunigung der Magen- und Dünndarm-entleerung eine Hemmung zentraler Dopamin- und Serotonin-3-Rezeptoren, wodurch es seine antiemetischen Eigenschaften entfaltet. Bei Übelkeit und Erbrechen infolge von Chemo- oder Strahlentherapie wird bevorzugt der 5-HT_3-Antagonist **Ondansetron** eingesetzt, der durch Blockade zentraler Serotoninrezeptoren eine Hemmung der serotoninvermittelten Erregung des zentralen Brechzentrums bewirkt.

3.8 Anästhesie

3.8.1 Injektionsnarkotika

→ **Arzneimittelmonographie**	Esketamin (→ S. 40) Etomidat (→ S. 44) Ketamin (→ S. 59) Propofol 1 % (→ S. 93) Thiopental (→ S. 105)

Injektionsnarkotika bewirken eine vorübergehende Ausschaltung des Bewusstseins zu Narkosezwecken. In der Notfallmedizin werden heute vorwiegend kurzwirksame und damit gut steuerbare Substanzen eingesetzt, die meist mit Opioid-Analgetika wie **Fentanyl** (→ S. 46) kombiniert werden.

Substanz	Hauptwirkung	Hauptnebenwirkungen
Esketamin **Ketamin**	- Stark analgetisch - Narkotisch - Nicht muskelrelaxierend	RR ↑, Puls ↑, verstärkte Salivation, unangenehme Träume in der Aufwachphase, Halluzinationen
Etomidat	- Stark narkotisch - Nicht analgetisch - Nicht muskelrelaxierend - (Große therapeutische Breite)	Myoklonien, Dyskinesien, lokale Venenreizung
Propofol	- Narkotisch - Nicht analgetisch	RR ↓, myokardiale Kontraktilität ↓, HZV ↓, Bradykardie, Atemdepression
Thiopental	- Stark narkotisch - Gering muskelrelaxierend	Atemdepression, HZV ↓, Laryngospasmus, katecholaminsensibilisierend

Neben ihrem Haupteinsatzgebiet als Injektionsnarkotika werden **Thiopental** auch beim therapieresistenten Status epilepticus (antikonvulsive Eigenschaften) und **Esketamin** und **Ketamin** beim therapieresistenten Status asthmaticus (broncho-spasmolytische Eigenschaften) als Mittel der letzten Wahl eingesetzt.

3.8.2 Muskelrelaxanzien

Muskelrelaxanzien bewirken eine Lähmung der quergestreiften Muskulatur, bei der die kleinen schnellen Muskeln in der Regel früher betroffen sind als die großen Extremitätenmuskeln (Reihenfolge: Augen - Nacken - Extremitäten - Interkostal-muskulatur - Zwerchfell). Sie werden im Rahmen einer Allgemeinnarkose eingesetzt, da sie selbst keine hypnotische Wirkung aufweisen. Aufgrund der Lähmung der Atemmuskulatur ist eine Beatmung immer zwingend erforderlich, sodass vor Verabreichung sichergestellt sein muss, dass der Patient auch bei einer scheiternden Intubation über Maske beatmet werden kann.
Man teilt die Muskelrelaxanzien entsprechend ihrer Wirkung an der motorischen Endplatte in depolarisierende und nichtdepolarisierende Muskelrelaxanzien.

Depolarisierende Muskelrelaxanzien (z.B. Suxamethoniumchlorid)
Wirkmodus: Bindung an die postsynaptischen Acetylcholin-Rezeptoren mit Auslösung einer Kontraktion (Muskelfaszikulationen), sodass die Rezeptoren während der Bindung für Acetylcholin besetzt sind ⇒ Muskelrelaxation ohne Möglichkeit der Antagonisierung durch Cholinesterasehemmer
Nichtdepolarisierende Muskelrelaxanzien (z.B. Atracurium, Rocuronium, Vecuronium)
Wirkmodus: Kompetitive Verdrängung von Acetylcholin am postsynaptischen Acetylcholinrezeptor ohne Auslösung einer Kontraktion ⇒ Muskelrelaxation mit Möglichkeit der Antagonisierung durch Cholinesterasehemmer

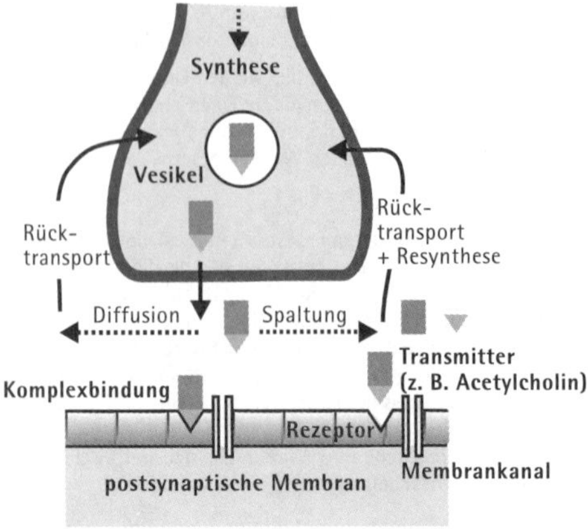

Abb. 11: Synaptische Übertragung

3.9 Neurologie

3.9.1 Antiepileptika, Antikonvulsiva

→ Arzneimittelmonographie	Diazepam (→ S. 30) Phenytoin (→ S. 87) Thiopental (→ S. 105)

Zur Behandlung zentral bedingter Krampfanfälle werden in der Notfallmedizin in erster Linie Benzodiazepine wie **Diazepam** eingesetzt. Diese verstärken durch eine Öffnung von Chloridkanälen die hemmende Funktion der GABAergen Neuronen (vor allem im limbischen System) und wirken somit antikonvulsiv, muskelrelaxierend, sedierend, schlafinduzierend, anxiolytisch und antiaggressiv.
Das vorwiegend im Status epilepticus eingesetzte **Phenytoin** bewirkt hingegen eine Hyperpolarisation an erregbaren Zellmembranen und wirkt antikonvulsiv durch eine Verstärkung der inhibitorischen Impulsaktivität. Hauptsächlich unterscheidet es sich jedoch von den meisten Antiepileptika durch seine erregenden Eigenschaften, sodass ggf. eine Kombination mit sedierenden Antiepileptika sinnvoll sein kann.
Als Ultima Ratio bei therapieresistentem Status epilepticus kann auch **Thiopental** aufgrund seiner antikonvulsiven Eigenschaften eingesetzt werden, v.a. wenn eine Intubation unvermeidbar ist und im Rahmen der Beatmung ohnehin eine Allgemeinnarkose erforderlich wird.

3.10 Psychiatrie

3.10.1 Neuroleptika

→ Arzneimittelmonographie	Haloperidol (→ S. 52) Promethazin (→ S. 92)

Neuroleptika sind Pharmaka, die zur Behandlung von Wahn- und Zwangsvorstellungen, Halluzinationen und Ichstörungen eingesetzt werden. Sie wirken antipsychotisch und sedierend. Hierbei ist die antipsychotische Wirkung umso ausgeprägter, je geringer die sedative Wirkung und umgekehrt.

Substanz (Gruppe)	Hauptwirkung
Haloperidol (Butyrophenon)	Stark antipsychotisch – schwach sedierend
Promethazin (Phenothiazin)	Schwach antipsychotisch – stark sedierend

3.10.2 Benzodiazepine

→ **Arzneimittelmonographie**	Diazepam (→ S. 30) Lorazepin (→ S. 62) Midazolam (→ S. 70)

Benzodiazepine gehören zur Gruppe der zentral wirkenden Sedativa und Hypnotika, die die Aktivität des Wachsystems in der Formatio reticularis und im limbischen System vermindern. Sie erzeugen somit Müdigkeit und Schlaf. Die Wirkung ist dosisabhängig (Sedation → Schlaf → Narkose). Benzodiazepine wirken über spezifische Benzodiazepinrezeptoren im GABA-Rezeptorkomplex und verstärken durch eine verlängerte Öffnung der Chloridkanäle die Wirkung des hemmenden Transmittors GABA. Hierdurch kommt es zu einer emotionalen (limbisches System) und motorischen (Rückenmarksbahnen) Dämpfung mit Sedierung, Schlafinduktion, Anxiolyse, Aggressionshemmung, Antikonvulsion (→ S. 163) und Muskelrelaxation.

Benzodiazepin	Indikationen
Diazepam	- Status epilepticus - Zur Prämedikation vor operativen oder diagnostischen Eingriffen und zur postoperativen Medikation - Akute Angst-, Erregungs-, Spannungs- und Unruhezustände - Tetanus- und Fieberkrämpfe, Zustände mit erhöhtem Muskeltonus
Lorazepam	- Angst,- Spannungs- und Erregungszustände - Status epilepticus
Midazolam	- Sedierung für diagnostische oder therapeutische Eingriffe - Narkoseeinleitung - Als Kombinationspartner bei Narkose - Sedierung auf Intensivstationen

Im Gegensatz zu anderen Sedativa kann die Wirkung von Benzodiazepinen durch Gabe des Antidots **Flumazenil** (→ S. 47) aufgehoben werden.

3.11 Gynäkologie/Geburtshilfe

3.11.1 Mittel zur Weheninduktion/Geburtseinleitung

→ Arzneimittelmonographie	Oxytocin (→ S. 84)

Oxytocin stimuliert die Kontraktionsfrequenz und die kontraktile Kraft der Uterusmuskulatur. Es wird in der Notfallmedizin im Rahmen massiver postpartaler Blutungen (z.B. bei Plazentaresten im Uterus oder Uterusatonie) eingesetzt.

3.11.2 Mittel zur Wehenhemmung

→ Arzneimittelmonographie	Fenoterol (→ S. 45)

Das β_2-Sympathomimetikum **Fenoterol** führt zu einer Erschlaffung der Muskulatur in Bronchien (→ S. 152), Blutgefäßen und Uterus. In der gynäkologischen Notfallmedizin wird die Substanz daher in der Regel über einen Perfusor (0,5 mg ad 50 ml) zur Wehenhemmung bei vorzeitiger Wehentätigkeit (20.–37. Schwangerschaftswoche oder bis zur Lungenreife des Fetus) und zur Uterusrelaxation bei äußerer Wendung aus Beckenendlage angewendet.

3.12 Toxikologie

3.12.1 Antidota

Antidota dienen im Rahmen der Behandlung von exogenen Intoxikationen der Aufhebung oder der Milderung der Giftwirkung.
Neben der Aufrechterhaltung der Vitalfunktionen, der Verhütung der weiteren Giftresorption und der Beschleunigung der Giftausscheidung gehört ihre Verabreichung zu den Hauptsäulen der Intoxikationsbehandlung.

Antidot	Intoxikation
Acetylcystein (→ S. 9)	- Paracetamol - Acrylnitril - Methacrylnitril - Methylbromid
Atropin (→ S. 20)	- Alkylphosphatvergiftung (z.B. E 605) - Neostigmin- und Pyridostigminüberdosierung bei Myasthenia gravis
Biperiden (→ S. 23)	- Nikotinvergiftung - Neuroleptika-induzierte extrapyramidale Symptome
Digitalis-Antitoxin (→ S. 31)	- Digitalisglykoside
Dimethylaminophenol (→ S. 33)	- Cyanid (Blausäure) - Nitrile, ggf. Schwefelwasserstoff
Dimercaptopropansulfonat (→ S. 35)	- Quecksilber - Antimon - Chrom
Ethanol (→ S. 43)	- Methanol
Flumazenil (→ S. 47)	- Benzodiapepine
Hydroxycobalamin (→ S. 55)	- Blausäuregas - Cyanide - Blausäurehaltige Rauchgase

Antidot	Intoxikation
Kohle, medizinische (→ S. 61)	- Nahrungsmittel - Schwermetalle - Arzneimittel - **Wirkungslos** bei Lithium, Thallium, Eisensalzen, Blausäure, Borsäure, DDT, Tolbutamid, Methanol, Ethanol, Etylenglykol
Naloxon (→ S. 73)	- Opiate
Natriumthiosulfat 25 % (→ S. 76)	- Cyanid (Blausäure), - Alkylanzien (z.B. Stickstoff-Lost-Derivate, Mustagen, Melphalan, Cyclophosphamid) - Bromat - Jod
Obidoximchlorid (→ S. 81)	- Carbamat (z.B. Aldicarb = Temik 5 G)
Physostigmin (→ S. 89)	- Atropin, - Amphetamine - Trizyklische Antidepressiva - Phenothiazine - Benzodiazepine - Antihistaminika
Simeticon (→ S. 100)	- Tensidhaltige Spül- und Waschmittel
Toloniumchlorid (→ S. 109)	- Methämoglobinbildner (z.B. Anilin, Nitrobenzol, Nitrit, aromatische Amine, oxidierende organische Lösungsmittel, Dapsone, manche Lokalanästhetika, DMAP-Überdosierung)

3.12.2 Giftinformationszentren

Berlin (Beratungsstelle)
Tel.030-19 24 0
Fax030-30 686-721
Tel.030-32 680-780 (Kinder)

Berlin (Behandlungzentrum)
Tel.030-450-55 35 55
Fax030-450-55 39 98

Bonn
Tel. 0228-19 240
Fax0228-287-33 14

Erfurt
Tel.0361-73 07 30
Fax0361-73 073 17

Freiburg
Tel.0761-19 240
Tel.0761-27 04 361
Fax0761-27 044 57

Göttingen
Tel.0551-19 240
Fax0551-38 31 881

Homburg/Saar
Tel.06841-19 240
Fax06841-16 83 14

Mainz
Tel.06131-19 240
Fax06131-17 66 05

München
Tel.089-19 240
Fax089-41 40-24 67

Nürnberg
Tel.0911-398-24 51
Fax0911-398-22 05

Wien
Tel.0043-1-40 643 43

Zürich
Tel.0041-1-251-51 51
(dringend)
Tel.0041-1-251-66 66

Mobile Gegengift-Depots

München
089-19240

Nürnberg
0911-398-2672

Oberhausen
0208-85851

Schwandorf
09431-4440

4 Arzneimittel in Deutschland

A

28-mini (= *Levonorgestrel*, Kontrazeptivum, Minipille)
4-Hydroxybuttersäure (Nichtbarbiturat, Injektionsnarkotikum, Antiepileptikum)
5-Fluorouracil-biosyn (= *Fluorouracil*, 5-FU, Antimetabolit, Onkologikum)
5-FU HEXAL (= *Fluorouracil*, 5-FU, Antimetabolit, Onkologikum)
5-FU Lederle (= *Fluorouracil*, 5-FU, Antimetabolit, Onkologikum)
5-FU medac (= *Fluorouracil*, 5-FU, Antimetabolit, Onkologikum)
Aantihämophiles Globulin B (Gerinnungsfaktor)
Aarane N (= *Cromoglicinsäure* + *Reproterol*, Mastzellstabilisator-Kombination, Antiallergikum)
Abacavir (ABC, HIV-Virustatikum)
Abciximab (Thrombozytenaggregationshemmer)
Abführ Dragees Heumann (= *Natriumpicosulfat*, Laxanz)
Abilify (= *Aripiprazol*, Neuroleptikum)
Acamprosat (Alkoholentwöhnungsmittel)
Acarbose (Alpha-Glukosidase-Inhibitor, orales Antidiabetikum)
ACC (Mukolytikum)
ACC Hexal (= *ACC*, Acetylcystein, Mukolytikum)
Accupro (= *Quinapril*, ACE-Hemmer, Antihypertensivum)
Accuzide (= *Quinapril* + *Hydrochlorothiazid*, Kombination ACE-Hemmer + Diuretikum)
Accuzide diuplus (= *Quinapril* + *Hydrochlorothiazid*, Kombination ACE-Hemmer + Diuretikum)
Acebutolol (Betablocker, Antihypertensivum)
Acebutolol Heumann (= *Acebutolol*, Betablocker, Antihypertensivum)
Aceclofenac (Essigsäurederivat, NSAR, Analgetikum)
ACE-Hemmer-ratiopharm (= *Captopril*, ACE-Hemmer, Antihypertensivum)
ACE-Hemmer-ratiopharm comp (= *Captopril* + *Hydrochlorothiazid*, Kombination ACE-Hemmer + Diuretikum)
Acemetacin (Essigsäurederivat, NSAR, Analgetikum)
Acemetacin Stada (= *Acemetacin*, Essigsäurederivat, NSAR, Analgetikum)
Acemuc (= *ACC*, Acetylcystein, Mukolytikum)
Acerbon (= *Lisinopril*, ACE-Hemmer, Antihypertensivum)
Acercomp (= *Lisinopril* + *Hydrochlorothiazid*, Kombination ACE-Hemmer + Diuretikum)
Acerpes (= *Aciclovir*, Virustatikum, Herpes-Präparat)
Acesal (= *Acetylsalicylsäure*, ASS, Salizylat, NSAR, Analgetikum)
Acetabs (= *ACC*, Acetylcystein, Mukolytikum)
Acetazolamid (internes Glaukommittel)
Acetylcystein (Mukolytikum)
Acetylsalicylsäure (ASS, Salizylat, NSAR, Thrombozytenaggregationshemmer, Analgetikum)
Achromycin (= *Tetracyclin*, Antibiotikum)
Acic (= *Aciclovir*, Virustatikum, Herpes-Präparat)
Aciclostad (= *Aciclovir*, Virustatikum, Herpes-Präparat)
Aciclovir (Virustatikum, Herpes-Präparat)
Aciclovir-ratiopharm (= *Aciclovir*, Virustatikum, Herpes-Präparat)
Acimethin (= *Methionin*, Urolithiasismittel)
Acimol (= *Methionin*, Urolithiasismittel)

Acitretin (internes Antipsoriatikum)
Aclasta (= *Zoledronsäure*, Bisphosphonat, Kalziumstoffwechselregulator)
ACNU 50 (= *Nimustin*, Nitrosoharnstoff, Onkologikum)
Acomplia (= *Rimonabant*, Cannabinoidrezeptorantagonist, Abmagerungsmittel)
Actilyse (= *Alteplase*, rt-PA, Fibrinolytikum)
Actimax (= *Moxifloxacin*, Fluorochinolon, Antibiotikum)
Actiq (= *Fentanyl*, Opioid-Agonist, Analgetikum)
Activelle (= *Estradiol* + *Norethisteron*, Östrogen + Gestagen, Hormone)
Actonel (= *Risedronsäure*, Bisphosphonat, Kalziumstoffwechselregulator)
Actos (= *Pioglitazon*, Insulinsensitizer, orales Antidiabetikum)
Actraphane (= *Insulin* normal/ Intermediärinsulin, Insulin-Kombination)
Actrapid HM (= *Insulin* normal, Altinsulin, kurzwirksames Insulin, Antidiabetikum)
Adalat (= *Nifedipin*, Kalziumantagonist, Antihypertensivum)
Adalimumab (Immunsuppressivum)
Adartrel (= *Ropinirol*, Dopaminagonist, Antiparkinsonmittel)
Adefovir (HIV-Virustatikum)
Adekin (= *Amantadin*, Glutamatrezeptorantagonist, Antiparkinsonmittel)
Adenoscan (= *Adenosin*, Antiarrhythmikum)
Adenosin (Antiarrhythmikum)
Adenosin Item (= *Adenosin*, Antiarrhythmikum)
Adiclair (= *Nystatin*, Antimykotikum)
Adocor (= *Captopril*, ACE-Hemmer, Antihypertensivum)
Adrekar (= *Adenosin*, Antiarrhythmikum)
Adrenalin Jenapharm (= *Epinephrin*, Sympathomimetikum)
Adriblastin (= *Doxorubicin*, zytotoxisches Antibiotikum, Onkologikum)
Adrimedac (= *Doxorubicin*, zytotoxisches Antibiotikum, Onkologikum)
Adumbran (= *Oxazepam*, Benzodiazepin, Sedativum)
Adversuten (= *Prazosin*, Alphablocker, Antihypertensivum)
Aequamen (= *Betahistin*, Antiemetikum, Antivertiginosum)
Aerius (= *Desloratadin*, Antihistaminikum, Antiallergikum)
Aerobec N (= *Beclometason*, inhalatives Kortikoid)
Aerobin (= *Theophyllin*, Methylxanthin, Bronchodilatator)
Aerodiol (= *Estradiol*, Östrogen, Hormon)
Aerodur (= *Terbutalin*, inhalatives Beta-2-Sympathomimetikum, Bronchodilatator)
Aeromax (= *Salmeterol*, inhalatives Beta-2-Sympathomimetikum, Bronchodilatator)
Afonilum (= *Theophyllin*, Methylxanthin, Bronchodilatator)
Agalsidase alfa (Orphan Drug)
Agalsidase beta (Orphan Drug)
Agaroletten (= *Bisacodyl*, Laxanz)
Agenerase (= *Amprenavir*, APV, HIV-Virustatikum)
Aggrastat (= *Tirofiban*, Thrombozytenaggregationshemmer)
Aggrenox (= *Dipyridamol* + *ASS* (Thrombozytenaggregationshemmer)
Agiocur, Mucofalk (= *Plantago* ovata, Flohsamen, Laxanz)
Agiolax (= *Plantago* ovata, Flohsamen + Sennoside; Laxanz)
Agiolax Pico (= *Natriumpicosulfat*, Laxanz)
Agopton (= *Lansoprazol*, Protonenpumpenblocker, Ulkustherapeutikum)
AH 3 N (= *Hydroxyzin*, Antihistaminikum, Antiallergikum)
Ajmalin (Klasse-Ia-Antiarrhythmikum)
AKE 4 GX (Aminosäurelösung)

Akineton (= *Biperiden*, zentrales Anticholinergikum, Antiparkinsonmittel)
Aknefug Doxy (= *Doxycyclin*, internes Aknemittel)
Aknenormin (= *Isotretinoin*, internes Aknemittel)
Aknosan (= *Minocyclin*, internes Aknemittel)
Akrinor (= *Theodrenalin*+Cafedrin, Sympathomimetikum)
Aktren (= *Ibuprofen*, Propionsäurederivat, NSAR, Analgetikum)
Albendazol (Anthelminthikum)
Alcuronium (stabilisierendes Muskelrelaxanz)
Aldactone (= *Kaliumcanrenoat*, Aldosteronantagonist, Diuretikum)
Aldactone (= *Spironolacton*, Aldosteronantagonist, Diuretikum)
Aldurazyme (= *Laronidase*, Orphan Drug)
Alemtuzumab (antineoplastische Antikörper, Onkologikum)
Alendron Beta (= *Alendronsäure*, Bisphosphonat, Kalziumstoffwechselregulator)
Alendron Hexal (= *Alendronsäure*, Bisphosphonat, Kalziumstoffwechselregulator)
Alendronsäure (Bisphosphonat, Kalziumstoffwechselregulator)
Alendronsäure-ratiopharm (= *Alendronsäure*, Bisphosphonat, Kalziumstoffwechselregulator)
Aleve (= *Naproxen*, Propionsäurederivat, NSAR, Analgetikum)
Alexan (= *Cytarabin*, Antimetabolit, Onkologikum)
Alfacalcidol (Vitamin D)
Alfacid (= *Rifabutin*, Tuberkulostatikum)
Alfentanil (Opioid-Analgetikum)
Alfuzosin (Prostatamittel)
Alfuzosin Hexal (= *Alfuzosin*, Prostatamittel)
Algeldrat (Phosphatbinder)
Alimta (= *Pemetrexed*, Antimetabolit, Onkologikum)
Alitretinoin (antineoplastisches Mittel, Onkologikum)
Alizaprid (Antiemetikum, Antivertiginosum)
Alkeran (= *Melphalan*, Stickstofflost-Analogon, Onkologikum)
Allegro (= *Frovatriptan*, Triptan, Migränemittel)
Allergodil (= *Azelastin*, Antihistaminikum, Antiallergikum)
Allergospasmin N (= *Cromoglicinsäure* + *Reproterol*, Mastzellstabilisator-Kombination, Antiallergikum)
Allergoval (= *Cromoglicinsäure*, Mastzellstabilisator, Antiallergikum)
Allo comp.-ratiopharm (= *Allopurinol* + *Benzbromaron*, Gichtmittel-Kombination)
Alloferin (= *Alcuronium*, stabilisierendes Muskelrelaxanz)
Allopurinol (Xanthin-Oxidase-Inhibitor, Gichtmittel)
Allopurinol-ratiopharm (= *Allopurinol*, Xanthin-Oxidase-Inhibitor, Gichtmittel)
Allvoran (= *Diclofenac*, Essigsäurederivat, NSAR, Analgetikum)
Almasilat (Antazidum)
Al-Mg-Silicat (Antazidum)
Almirid (= *Dihydroergocriptin*, Dopaminagonist, Antiparkinsonmittel)
Almogran (= *Almotriptan*, Triptan, Migränemittel)
Almotriptan (Triptan, Migränemittel)
Alna Ocas (= *Tamsulosin*, Prostatamittel)
Al-Na-Carbonat-dihydroxid (Antazidum)
Aloxi (= *Palonosetron*, Serotoninantagonist)
Alpha-Liponsäure (ZNS-Medikament)
Alpha-Methyldopa (Zentraler Alpha-2-Agonist, Antihypertensivum)
Alprazolam (Benzodiazepin, Sedativum)
Alprazolam-ratiopharm (= *Alprazolam*, Benzodiazepin, Sedativum)

Alprostadil (bei erektiler Dysfunktion; durchblutungsförderndes Mittel)
Alrheumun (= *Ketoprofen*, Propionsäurederivat, NSAR, Analgetikum)
Alteplase (rt-PA, Fibrinolytikum)
Aluminiumchloridhydroxid-Komplex (Phosphatbinder)
Alupent (= *Orciprenalin*, systemisches $Beta_2$-Sympathomimetikum, Bronchodilatator)
Alvesco (= *Ciclesonid*, inhalatives Kortikoid)
Amadol (= *Tramadol*, Opioid-Analgetika-Kombination)
Amantadin (Glutamatrezeptorantagonist, Antiparkinsonmittel, Virustatikum)
Amantadin Hexal (= *Amantadin*, Glutamatrezeptorantagonist, Antiparkinsonmittel, Virustatikum)
Amantadin-ratiopharm (= *Amantadin*, Glutamatrezeptorantagonist, Antiparkinsonmittel)
Amantadin-ratiopharm (= *Amantadin*, Virustatikum)
Amaryl (= *Glimepirid*, Sulfonylharnstoff, orales Antidiabetikum)
Ambene (= *Phenylbutazon*, Pyrazolonderivat, NSAR, Analgetikum)
AmBisome (= *Amphotericin* B liposomal, Antimykotikum)
Ambril (= *Ambroxol*, Mukolytikum)
Ambrodoxy (= *Ambroxol* + *Doxycyclin*, kombiniertes Bronchialtherapeutikum)
Ambrohexal, Ambroxol-ratiopharm (= *Ambroxol*, Mukolytikum)
Ambroxol (Mukolytikum)
Ametycine (= *Mitomycin*, zytotoxisches Antibiotikum, Onkologikum)
Amfebutamon (Bupropion, Rauchentwöhnungsmittel)
Amfepramon (zentral wirksames Abmagerungsmittel)
Amiada (= *Terbinafin*, Antimykotikum)
Amikacin (Aminoglykosid, Antibiotikum)
Amikacin Fresenius (= *Amikacin*, Aminoglykosid, Antibiotikum)
Amiloretik (= *Amilorid* + *Hydrochlorothiazid*, Diuretika-Kombination)
Amilorid (kaliumsparendes Diuretikum)
Amilorid comp.-ratiopharm (= *Amilorid* + *Hydrochlorothiazid*, Diuretika-Kombination)
Amineurin (= *Amitriptylin*, NSMRI, Antidepressivum)
Aminomel 10E salvia (Aminosäurelösung)
Aminomel nephro (Aminosäurelösung)
Aminomethylbenzoesäure (Antifibrinolytikum)
Aminomix 3 (Aminosäurelösung)
Aminophyllin (Methylxanthin, Bronchodilatator)
Aminophyllin 125 (= *Aminophyllin*, Methylxanthin, Bronchodilatator)
Aminoplasmal Hepa 10 (Aminosäurelösung)
Aminosteril N Hepa 8 (Aminosäurelösung)
Amiodarex (= *Amiodaron*, Klasse-III-Antiarrhythmikum)
Amiodaron (Klasse-III-Antiarrhythmikum)
Amiodaron-ratiopharm (= *Amiodaron*, Klasse-III-Antiarrhythmikum)
Amiohexal (= *Amiodaron*, Klasse-III-Antiarrhythmikum)
Amioxid (= *Amitriptylinoxid*, NSMRI, Antidepressivum)
Amisulprid (Neuroleptikum)
Amisulprid Hexal (= *Amisulprid*, Neuroleptikum)
AmisulpridLich (= *Amisulprid*, Neuroleptikum)
Amitriptylin (NSMRI, Antidepressivum)
Amitriptylinoxid (NSMRI, Antidepressivum)
Amixx (= *Amantadin*, Glutamatrezeptorantagonist, Antiparkinsonmittel)
Amlobeta (= *Amlodipin*, Kalziumantagonist, Antihypertensivum)

Amlocard (= *Amlodipin*, Kalziumantagonist, Antihypertensivum)
Amlodipin (Kalziumantagonist, Antihypertensivum)
Amlodipin Basics (= *Amlodipin*, Kalziumantagonist, Antihypertensivum)
Amlodipin Hexal (= *Amlodipin*, Kalziumantagonist, Antihypertensivum)
Amlodipin-ratiopharm (= *Amlodipin*, Kalziumantagonist, Antihypertensivum)
Amoclav plus (= *Amoxicillin* + *Clavulansäure*, Antibiotika-Kombination)
Amoxicillin (Breitbandpenicillin, Antibiotikum)
Amoxicillin-ratiopharm (= *Amoxicillin*, Breitbandpenicillin, Antibiotikum)
Amoxidura plus (= *Amoxicillin* + *Clavulansäure*, Antibiotika-Kombination)
Amoxihexal (= *Amoxicillin*, Breitbandpenicillin, Antibiotikum)
Amoxypen (= *Amoxicillin*, Breitbandpenicillin, Antibiotikum)
Ampho-Moronal (= *Amphotericin* B, Antimykotikum)
Amphotericin B (Antimykotikum)
Amphotericin B liposomal (Antimykotikum)
Ampicillin (Breitbandpenicillin, Antibiotikum)
Ampicillin Hexal comp (= *Ampicillin* + *Sulbactam*, Antibiotika-Kombination)
Ampicillin-ratiopharm (= *Ampicillin*, Breitbandpenicillin, Antibiotikum)
Ampicillin-ratiopharm comp (= *Ampicillin* + *Sulbactam*, Antibiotika-Kombination)
Amprenavir (APV, HIV-Virustatikum)
Amsacrin (antineoplastisches Mittel, Onkologikum)
Amsidyl (= *Amsacrin*, antineoplastisches Mittel, Onkologikum)
Anaesthesin N (= *Benzocain*, Hämorrhoidalmittel)
Anafranil (= *Clomipramin*, NSMRI, Antidepressivum)
Anagrelid (antineoplastisches Mittel, Onkologikum)
Anakinra (Immunsuppressivum)
Analgin (= *Metamizol*, Pyrazolonderivat, NSAR, Analgetikum)
Anapen (= *Epinephrin*, Sympathomimetikum)
Anastrozol (Antiöstrogen)
Anbinex (= *Antithrombin* III, Thrombininhibitor)
Ancid (= *Hydrotalcit*, Antazidum)
Anco (= *Ibuprofen*, Propionsäurederivat, NSAR, Analgetikum)
Ancotil (= *Flucytosin*, Antimykotikum)
Andante (= *Bunazosin*, Alphablocker, Antihypertensivum)
Andolor (= *Tilidin* + *Naloxon*, Opioid-Analgetika-Kombination)
Andriol (= *Testosteron*, Androgen, Sexualhormon)
Androcur (= *Cyproteronacetat*, Antiandrogen, Sexualhormon)
Androtop (= *Testosteron*, Androgen, Sexualhormon)
Anemet (= *Dolasetron*, Serotoninantagonist)
Aneurin AS (= *Thiamin*, Vitamin B1)
Angass (= *Bismut-Nitrat-Oxid*, Schleimhautprotektivum)
Angionorm (= *Dihydroergotamin*, Secalealkaloid, Migränemittel)
Angiox (= *Bivalirudin*, direkter Thrombininhibitor, Gerinnungsmittel)
Anistreplase (APSAC, Fibrinolytikum)
Antabus (= *Disulfiram*, Alkoholentwöhnungsmittel)
Antagonil (= *Nicardipin*, Kalziumantagonist, Antihypertensivum)
Antelepsin (= *Clonazepan*, Antiepileptikum, Nichtbarbiturat)
Antepan (= *Protirelin*, TRH, endokrinologisches Diagnostikum)

Anti Kalium Granulat (= *Polysulfonsäure*, Kationenaustauscher)
Anti Phosphat (= *Algeldrat*, Phosphatbinder)
Antihämophiles Globulin A (Gerinnungsfaktor)
Antiparkin (= *Selegilin*, MAO-B-Hemmer, Antiparkinsonmittel (= *Selegilin*, MAO-B-Hemmer, Antiparkinsonmittel)
Antithrombin III (Thrombininhibitor)
Antodox (= *Doxycyclin*, Tetracyclin, Antibiotikum)
Antra (= *Omeprazol*, Protonenpumpenblocker, Ulkustherapeutikum)
Anxut (= *Buspiron*, Neuroleptikum)
Anzemet (= *Dolasetron*, Serotoninantagonist)
Apidra (= *Insulinglulisin*, schnellwirksames Insulin, Antidiabetikum)
Aponal (= *Doxepin*, NSMRI, Antidepressivum)
Aprepitant (Antiemetikum, Antivertiginosum)
Aprical (= *Nifedipin*, Kalziumantagonist, Antihypertensivum)
Aprotinin (Antifibrinolytikum)
Aprovel (= *Irbesartan*, Angiotensin-II-Blocker, Antihypertensivum)
Apsomol (= *Salbutamol*, inhalatives/systemisches Beta$_2$-Sympathomimetikum, Bronchodilatator)
Aptivus (= *Tipranavir*, TPV, HIV-Virustatikum)
Aquaphor (= *Xipamid*, Benzothiadiazin, Diuretikum)
Aquex (= *Xipamid*, Benzothiadiazin, Diuretikum)
ARA-cell (= *Cytarabin*, Antimetabolit, Onkologikum)
Aranesp (= *Darbepoetin* alfa, Erythropoetin, Antianämikum)
Arava (= *Leflunomid*, Rheuma-Basistherapeutikum)
Arcasin (= *Penicillin*V, Phenoxymethylpenicillin, Oralpenicillin, Antibiotikum)
Arcoxia (= *Etoricoxib*, Coxib, NSAR, Analgetikum)
Ardeydorm (= *Tryptophan*, Antidepressivum)
Ardeytropin (= *Tryptophan*, Antidepressivum)
Aredia (= *Pamidronsäure*, Bisphosphonat, Kalziumstoffwechselregulator)
Arelix (= *Piretanid*, Schleifendiuretikum)
Arelix ACE (= *Ramipril* + *Piretanid*, Kombination ACE-Hemmer + Diuretikum)
Aretensin (= *Ramipril* + *Piretanid*, Kombination ACE-Hemmer + Diuretikum)
Argatra (= *Argatroban*, direkter Thrombininhibitor, Gerinnungsmittel)
Argatroban (direkter Thrombininhibitor, Gerinnungsmittel)
Arginin-hydrochlorid (Alkalosetherapeutikum)
Argipressin (Hypophysenhinterlappenhormon)
Aricept (= *Donepezil*, Antidementivum)
Arilin (= *Metronidazol*, Nitroimidazol, Antibiotikum)
Arimidex (= *Anastrozol*, Antiöstrogen)
Aripiprazol (Neuroleptikum)
Arixtra (= *Fondaparinux*, Heparinoid, Gerinnungsmittel)
Arlevert (= *Dimenhydrinat* + *Cinnarizin*, Antiemetikum-, Antivertiginosum-Kombination)
Arminol (= *Sulpirid*, Neuroleptikum)
Aromasin (= *Exemestan*, Antiöstrogen)
Aroxetin (= *Paroxetin*, SSRI, Antidepressivum)
Artane (= *Trihexphenidyl*, zentrales Anticholinergikum, Antiparkinsonmittel)
Arterenol (= *Norepinephrin*, Sympathomimetikum)

Arthotec (= *Diclofenac* + *Misoprostol*, Analgetika-Kombination)
Asacolitin (= *Mesalazin*, 5-ASA, schwer resorbierbares Antiphlogistikum)
Ascorbinsäure (Vitamin C)
Ascorvit (= *Ascorbinsäure*, Vitamin C)
AscoTop (= *Zolmitriptan*, Triptan, Migränemittel)
Asmanex (= *Mometason*, inhalatives Kortikoid)
Asparaginase (antineoplastisches Mittel, Onkologikum)
Asparaginase medac (= *Asparaginase*, antineoplastisches Mittel, Onkologikum)
Aspirin (= *Acetylsalicylsäure*, ASS, Salizylat, NSAR, Analgetikum, Thrombozytenaggregationshemmer)
Aspirin i.v. (= *Acetylsalicylsäure*, ASS, Salizylat, NSAR, Analgetikum, Thrombozytenaggregationshemmer)
ASS Hexal (= *Acetylsalicylsäure*, ASS, Salizylat, NSAR, Analgetikum)
ASS Isis (= *Acetylsalicylsäure*, ASS, Thrombozytenaggregationshemmer)
ASS-ratiopharm (= *Acetylsalicylsäure*, ASS, Salizylat, NSAR, Analgetikum, Thrombozytenaggregationshemmer)
Astonin H (= *Fludrocortison*, Glukokortikoid)
AT III Immuno (= *Antithrombin* III, Thrombininhibitor)
AT. 10 (= *Dihydrotachysterol*, Vitamin D)
Atacand (= *Candesartan*, Angiotensin-II-Blocker, Antihypertensivum)
Atacand plus (= *Candesartan* + *Hydrochlorothiazid*, Angiotensin-II-Blocker + Diuretikum, Antihypertensivum)
Atarax (= *Hydroxyzin*, Antihistaminikum, Antiallergikum)
Atazanavir (AZV, HIV-Virustatikum)
Atebeta (= *Atenolol*, Betablocker, Antihypertensivum)
Atehexal (= *Atenolol*, Betablocker, Antihypertensivum)
Atehexal Comp (= *Atenolol* + *Chlortalidon*, Betablocker + Diuretikum, Antihypertensivum)
Atel (= *Atenolol* + *Chlortalidon*, Betablocker + Diuretikum, Antihypertensivum)
Atemur (= *Fluticason*, inhalatives Kortikoid)
Atenativ (= *Antithrombin* III, Thrombininhibitor)
AteNif beta (= *Nifedipin* + *Atenolol*, Kalziumantagonist-Kombination, Antihypertensivum)
Atenolol (Betablocker, Antihypertensivum)
Atenolol Comp. Stada (= *Atenolol* + *Chlortalidon*, Betablocker + Diuretikum, Antihypertensivum)
Atenolol-ratiopharm (= *Atenolol*, Betablocker, Antihypertensivum)
Atiten (= *Dihydrotachysterol*, Vitamin D)
atmadisc (= *Salmeterol* + *Fluticason*, kombiniertes inhalatives Bronchialtherapeutikum (= *Salmeterol* + *Fluticason*, kombiniertes inhalatives Bronchialtherapeutikum)
Atomoxetin (Psychoanaleptikum)
Atorvastatin (CSE-Hemmer, Lipidsenker)
Atosiban (Wehenhemmer)
Atosil (= *Promethazin*, Neuroleptikum)
Atovaquon (Antibiotikum)
Atracurium (stabilisierendes Muskelrelaxanz)
Atracurium Hameln (= *Atracurium*, stabilisierendes Muskelrelaxanz)
Atracurium Hexal (= *Atracurium*, stabilisierendes Muskelrelaxanz)
Atropin (Parasympatholytikum, Spasmolytikum)
Atropinsulfat (= *Atropin*, Parasympatholytikum)
Atropinum sulfuricum (= *Atropin*, Parasympatholytikum)

Atrovent (= *Ipratropiumbromid*, Anticholinergikum, Bronchodilatator)
Atrovent Inhaletten (= *Ipratropiumbromid*, Anticholinergikum, Bronchodilatator)
Atrovent Ls (= *Ipratropiumbromid*, Anticholinergikum, Bronchodilatator)
Augmentan (= *Amoxicillin* + *Clavulansäure*, Antibiotika-Kombination)
Auranofin (Rheuma-Basistherapeutikum)
Aurorix (= *Moclobemid*, MAO-Hemmer, Antidepressivum)
Autoplex (= *Antihämophiles* Globulin A, Gerinnungsfaktor)
Avalox (= *Moxifloxacin*, Fluorochinolon, Antibiotikum)
Avandamet (= *Rosiglitazon* + *Metformin*, orale Antidiabetika-Kombination)
Avandia (= *Rosiglitazon*, Insulinsensitizer, orales Antidiabetikum)
Avastin (= *Bevacizumab*, antineoplastische Antikörper, Onkologikum)
Avelox (= *Moxifloxacin*, Fluorochinolon, Antibiotikum)
Avigilen (= *Piracetam*, Antidementivum)
Avodart (= *Dutasterid*, Prostatamittel)
Avonex (= *Interferon* beta-1a, Interferon)
Axura (= *Memantin*, Antidementivum)
Aza Q (= *Azathioprin*, Immunsuppressivum)
Azactam (= *Aztreonam*, Antibiotikum)
Azafalk (= *Azathioprin*, Immunsuppressivum)
Azathioprin (Immunsuppressivum)
Azathioprin-ratiopharm (= *Azathioprin*, Immunsuppressivum)
Azelastin (Antihistaminikum, Antiallergikum)
Azidocillin (Oralpenicillin, Antibiotikum)
Azilect (= *Rasagilin*, MAO-B-Hemmer, Antiparkinsonmittel)
Azithrobeta (= *Azithromycin*, Makrolid, Antibiotikum)
Azithromycin (Makrolid, Antibiotikum)
Azithromycin Hexal (= *Azithromycin*, Makrolid, Antibiotikum)
Aztreonam (Antibiotikum)
Azulfidine (= *Sulfasalazin*, schwer resorbierbares Antiphlogistikum)
Azulfidine RA (= *Sulfasalazin*, Rheuma-Basistherapeutikum)
Azuprostat Sandoz (= *Sitosterin*, Phytosterol, Prostatamittel)
Azur compositum (= *Paracetamol* + *Coffein* + *Codein*, Analgetika-Kombination)

B

B_1 (Vitamin)
B_{12} (Vitamin)
B12-Ankermann (= *Cyanocobalamin*, Vitamin B_{12})
B1-Vicotrat (= *Thiamin*, Vitamin B_1)
B_6 (Vitamin)
B6-Vicotrat (= *Pyridoxin*, Vitamin B_6)
β-Acetyldigoxin-ratiopharm (= *Beta-Acetyldigoxin*, Digitalisglykosid)
Baclofen (zentrales Muskelrelaxanz)
Baclofen AWD (= *Baclofen*, zentrales Muskelrelaxanz)
Baclofen-ratiopharm (= *Baclofen*, zentrales Muskelrelaxanz)
Bactracid (= *Norfloxacin*, Fluorochinolon, Antibiotikum)
Bambec (= *Bambuterol*, systemisches Beta$_2$-Sympathomimetikum, Bronchodilatator)
Bambuterol (systemisches Beta$_2$-Sympathomimetikum, Bronchodilatator)
Barazan (= *Norfloxacin*, Fluorochinolon, Antibiotikum)
Basiliximab (Immunsuppressivum)
Basocef (= *Cefazolin*, Cephalosporin, Antibiotikum)
Baycillin (= *Propicillin*, Oralpenicillin, Antibiotikum)

Baycip (= *Ciprofloxacin*, Fluorochinolon, Antibiotikum)
Baymycard (= *Nisoldipin*, Kalziumantagonist, Antihypertensivum)
Baymycard RR (= *Nisoldipin*, Kalziumantagonist, Antihypertensivum)
Bayotensin (= *Nitrendipin*, Kalziumantagonist, Antihypertensivum)
Baypen (= *Mezlocillin*, Breitbandpenicillin, Antibiotikum)
Beclohexal (= *Beclometason*, inhalatives Kortikoid)
Beclometason (inhalatives Kortikoid)
Becloturmant HFA (= *Beclometason*, inhalatives Kortikoid)
Befibrat (= *Bezafibrat*, Clofibrinsäurederivat, Lipidsenker)
Belara (= *Ethinylestradiol*/Chlormadinon, Kontrazeptivum)
Belnif (= *Nifedipin* + *Metoprololtartrat*, Kalziumantagonist-Kombination, Antihypertensivum)
Beloc (= *Metoprololtartrat*, Betablocker, Antihypertensivum)
Beloc-Zok (= *Metoprololsuccinat*, Betablocker, Antihypertensivum)
Beloc-Zok Comp (= *Metoprololsuccinat* + *Hydrochlorothiazid*, Betablocker + Diuretikum, Antihypertensivum)
Bemetizid (Benzothiadiazin, Diuretikum)
Benalapril (= *Enalapril*, ACE-Hemmer, Antihypertensivum)
Benazeplus Stada (= *Benazepril* + *Hydrochlorothiazid*, Kombination ACE-Hemmer + Diuretikum)
Benazepril (ACE-Hemmer, Antihypertensivum)
Benazepril Beta (= *Benazepril*, ACE-Hemmer, Antihypertensivum)
Benazepril Hexal Comp (= *Benazepril* + *Hydrochlorothiazid*, Kombination ACE-Hemmer + Diuretikum)
Benazepril Win Comp (= *Benazepril* + *Hydrochlorothiazid*, Kombination ACE-Hemmer + Diuretikum)
Bendamustin (Stickstofflost-Analogon, Onkologikum)
Bendigon N (= *Reserpin* + *Mefrusid*, antihypertensive Kombination)
Bendroflumethiazid (Benzothiadiazin, Diuretikum)
Benperidol (Neuroleptikum)
Benperidol Neuraxph (= *Benperidol*, Neuroleptikum)
Ben-u-ron (= *Paracetamol*, Acetaminophen, Anilinderivat, NSAR, Analgetikum)
Benzbromaron (Urikosurikum, Gichtmittel)
Benzbromaron Al (= *Benzbromaron*, Urikosurikum, Gichtmittel)
Benzepril Hexal (= *Benazepril*, ACE-Hemmer, Antihypertensivum)
Benzocain (Hämorrhoidalmittel)
Benzylpenicillin-Benzathin (Penicillin, Antibiotikum)
Beofenac (= *Aceclofenac*, Essigsäurederivat, NSAR, Analgetikum)
Beriate P, Haemate HS, Hemofil, Haemoctin, Immunate, Profilate (= *Antihämophiles* Globulin A, Gerinnungsfaktor)
Berinert P (= *C1-Esterase-Inhibitor*, Enzymininhibitor)
Berinin HS (= *Aantihämophiles* Globulin B, Gerinnungsfaktor)
Beriplex (= *Prothrombinkomplex*, F II, VII, IX, X, Gerinnungsfaktoren)
Berlinsulin H 30/70 (= *Insulin* normal/Intermediärinsulin, Insulin-Kombination)
Berlinsulin H Basal (= *Intermediärinsulin*, NPH-Insulin, intermediärwirksames Insulin, Antidiabetikum)
Berlinsulin H Normal (= *Insulin* normal, Altinsulin, kurzwirksames Insulin, Antidiabetikum)

Berlocid (= *Trimethoprim + Sulfamethoxazol*, Sulfonamid-Kombination, Antibiotikum)
Berlosin (= *Metamizol*, Pyrazolonderivat, NSAR, Analgetikum)
Berlthyrox (= *Levothyroxin*, T4, Schilddrüsenhormon)
Berodual Inhaletten (= *Ipratropiumbromid + Fenoterol*, Anticholinergikum, Bronchodilatator)
Berodual Ls (= *Ipratropiumbromid + Fenoterol*, Anticholinergikum, Bronchodilatator)
Berodual N (= *Ipratropiumbromid + Fenoterol*, Anticholinergikum, Bronchodilatator)
Berotec N (= *Fenoterol*, inhalatives $Beta_2$-Sympathomimetikum, Bronchodilatator)
Bespar (= *Buspiron*, Neuroleptikum)
Beta-Acetyldigoxin (Digitalisglykoside)
Betabion (= *Thiamin*, Vitamin B1)
Betadorm D (= *Diphenhydramin*, Sedativum)
Betadrenol (= *Bupranolol*, Betablocker, Antihypertensivum)
Betaferon (= *Interferon* beta-1b, Interferon)
Betahistin (Antiemetikum, Antivertiginosum)
Betahistin-ratiopharmarm (= *Betahistin*, Antiemetikum, Antivertiginosum)
Betamethason (Glukokortikoid, Antirheumatikum)
Betapressin (= *Penbutolol*, Betablocker, Antihypertensivum)
Betasemid (= *Penbutolol + Furosemid*, Betablocker + Diuretikum, Antihypertensivum)
Beta-Turfa (= *Propranolol + Triamteren + Hydrochlorothiazid*, Betablocker + Diuretikum, Antihypertensivum)
Betavert (= *Betahistin*, Antiemetikum, Antivertiginosum)
Betaxolol (Betablocker, Antihypertensivum)
Betnesol (= *Betamethason*, lokales Glukokortikoid)
Bevacizumab (antineoplastische Antikörper, Onkologikum)
Bexaroten (antineoplastisches Mittel, Onkologikum)
Beza (= *Bezafibrat*, Clofibrinsäurederivat, Lipidsenker)
Bezafibrat (Clofibrinsäurederivat, Lipidsenker)
Bezafibrat-ratiopharm (= *Bezafibrat*, Clofibrinsäurederivat, Lipidsenker)
Biaxin HP (= *Clarithromycin*, Makrolid, Antibiotikum)
Bicalutamid (Antiandrogen, Sexualhormon)
Bifinorma (= *Lactulose*, Laxanz)
Bifiteral (= *Lactulose*, Laxanz)
Bikalm (= *Zolpidem*, Sedativum)
Biklin (= *Amikacin*, Aminoglykosid, Antibiotikum)
Biltricide (= *Praziquantel*, Anthelminthikum)
Binotal (= *Ampicillin*, Breitbandpenicillin, Antibiotikum)
Biocos (= *Metformin*, Biguanid, orales Antidiabetikum)
Biofanal (= *Nystatin*, Antimykotikum)
Biperiden (zentrales Anticholinergikum, Antiparkinsonmittel)
Biperiden Neuraxph (= *Biperiden*, zentrales Anticholinergikum, Antiparkinsonmittel)
Bipreterax (= *Perindopril + Indapamid*, Kombination ACE-Hemmer + Diuretikum)
Bisacodyl (Laxanz)
Bismolan H Corti (= *Prednisolon + Bismut + Zinkoxid*, Hämorrhoidalmittel)
Bismut-Nitrat-Oxid (Schleimhautprotektivum)
Bisobeta (= *Bisoprolol*, Betablocker, Antihypertensivum)
Bisolvon (= *Bromhexin*, Mukolytikum)

Bisoplus Al (= *Bisoprolol* + *Hydrochlorothiazid*, Betablocker + Diuretikum, Antihypertensivum)
Bisoplus Stada (= *Bisoprolol* + *Hydrochlorothiazid*, Betablocker + Diuretikum, Antihypertensivum)
Bisoprolol (Betablocker, Antihypertensivum)
Bisoprolol-ratiopharm (= *Bisoprolol*, Betablocker, Antihypertensivum)
Bivalirudin (direkter Thrombininhibitor, Gerinnungsmittel)
Biviol (= *Ethinylestradiol*/Desogestrel, Kontrazeptivum)
Blemaren N (= *Citronensäure* + *Natriumcitrat*, Urolithiasismittel)
Bleminol (= *Allopurinol*, Xanthin-Oxidase-Inhibitor, Gichtmittel)
BLEO-cell (= *Bleomycin*, zytotoxisches Antibiotikum, Onkologikum)
Bleomedac (= *Bleomycin*, zytotoxisches Antibiotikum, Onkologikum)
Bleomycin (zytotoxisches Antibiotikum, Onkologikum)
Bleomycin Hexal (= *Bleomycin*, zytotoxisches Antibiotikum, Onkologikum)
Blopress (= *Candesartan*, Angiotensin-II-Blocker, Antihypertensivum)
Blopress plus (= *Candesartan* + *Hydrochlorothiazid*, Angiotensin-II-Blocker + Diuretikum, Antihypertensivum)
Bocatriol (= *Calcitriol*, Vitamin D)
Bonasanit (= *Pyridoxin*, Vitamin B6)
Bondiol (= *Alfacalcidol*, Vitamin D)
Bondronat (= *Ibandronsäure*, Bisphosphonat, Kalziumstoffwechselregulator)
Bonefos (= *Clodronsäure*, Bisphosphonat, Kalziumstoffwechselregulator)
Bonviva (= *Ibandronsäure*, Bisphosphonat, Kalziumstoffwechselregulator)
Bornaprin (zentrales Anticholinergikum, Antiparkinsonmittel)
Bortezomib (antineoplastisches Mittel, Onkologikum)
Bosentan (bei pulmonaler Hypertonie)
Botox (= *Clostridium-botulinum-Toxin* Typ A, Muskelrelaxanz)
Boxogetten S (= *Phenylpropanolamin*, zentral wirksames Abmagerungsmittel)
Brelomax (= *Tulobuterol*, systemisches Beta$_2$-Sympathomimetikum, Bronchodilatator)
Brevibloc (= *Esmolol*, Betablocker, Antihypertensivum)
Brevimytal (= *Methohexital*, Injektionsnarkotikum, Barbiturat)
Brexidol (= *Piroxicam*, Oxicam, NSAR, Analgetikum)
Bricanyl (= *Terbutalin*, inhalatives/systemisches Beta$_2$-Sympathomimetikum, Bronchodilatator)
Briserin N (= *Reserpin* + *Clopamid*, antihypertensive Kombination)
Brivudin (Virustatikum, Herpes-Präparat)
Bromazanil (= *Bromazepam*, Benzodiazepin, Sedativum)
Bromazepam (Benzodiazepin, Sedativum)
Bromazepam-ratiopharm (= *Bromazepam*, Benzodiazepin, Sedativum)
Bromhexin (Mukolytikum)
Bromhexin Berlin Chemie (= *Bromhexin*, Mukolytikum)
Bromhexin-ratiopharm (= *Bromhexin*, Mukolytikum)
Bromocriptin (Dopaminagonist, Antiparkinsonmittel)
Bromocriptin (Prolactinhemmer)
Bromocriptin Beta (= *Bromocriptin*, Dopaminagonist, Antiparkinsonmittel, Prolactinhemmer)
Bromocriptin-ratiopharm (= *Bromocriptin*, Dopaminagonist, Antiparkinsonmittel, Prolactinhemmer)
Bromperidol (Neuroleptikum)
Bromuc (= *ACC*, Acetylcystein, Mukolytikum)

Bronchicum Mono Codein (= *Codein*, Antitussivum)
Broncho (= *Salbutamol*, inhalatives $Beta_2$-Sympathomimetikum, Bronchodilatator)
Bronchocort novo (= *Beclometason*, inhalatives Kortikoid)
Bronchoparat (= *Theophyllin*, Methylxanthin, Bronchodilatator)
Bronchoretard (= *Theophyllin*, Methylxanthin, Bronchodilatator)
Bronchospasmin (= *Reproterol*, systemisches $Beta_2$-Sympathomimetikum, Bronchodilatator)
Bronchospray (= *Salbutamol*, inhalatives $Beta_2$-Sympathomimetikum, Bronchodilatator)
Brotizolam (Benzodiazepin, Sedativum)
Brulamycin (= *Tobramycin*, Aminoglykosid, Antibiotikum)
BS-ratiopharm (= *Butylscopolamin*, Spasmolytikum)
Bucain (= *Bupivacain*, Lokalanästhetikum)
Budecort (= *Budesonid*, inhalatives Kortikoid)
Budenofalk (= *Budesonid*, lokales Glukokortikoid)
Budes (= *Budesonid*, inhalatives Kortikoid)
Budesonid (inhalatives Kortikoid)
Budesonid-ratiopharm (= *Budesonid*, inhalatives Kortikoid)
Budiair (= *Budesonid*, inhalatives Kortikoid)
Budipin (Antiparkinsonmittel)
Bufedil (= *Buflomedil*, durchblutungsförderndes Mittel)
Buflohexal (= *Buflomedil*, durchblutungsförderndes Mittel)
Buflomedil (durchblutungsförderndes Mittel)
Buflomedil-ratiopharm (= *Buflomedil*, durchblutungsförderndes Mittel)
Bumetanid (Schleifendiuretikum)
Bunazosin (Alphablocker, Antihypertensivum)
Bupivacain (Lokalanästhetikum)
Bupranolol (Betablocker, Antihypertensivum)
Buprenorphin (Opioid-Agonist/-Antagonist, Analgetikum)
Burinex (= *Bumetanid*, Schleifendiuretikum)
Buscopan (= *Butylscopolamin*, Spasmolytikum)
Buscopan plus (= *Paracetamol* + *N*-Butylscopolamin, Analgetika-Kombination)
Buserelin (LH-RH-Agonist)
Busilvex (= *Busulfan*, Alkylsulfonat, Onkologikum)
Busp (= *Buspiron*, Neuroleptikum)
Buspar (= *Buspiron*, Neuroleptikum)
Buspiron (Neuroleptikum)
Busulfan (Alkylsulfonat, Onkologikum)
Butizid (Benzothiadiazin, Diuretikum)
Butylscopolamin (Spasmolytikum)
BVK plus C (= *Vitamin-Kombination*)

C

C_1-Esterase-Inhibitor (Enzymininhibitor)
Cabaseril (= *Cabergolin*, Dopaminagonist, Antiparkinsonmittel)
Cabergolin (Dopaminagonist, Antiparkinsonmittel, Prolactinhemmer)
Caelyx (= *Doxorubicin* liposomal, zytotoxisches Antibiotikum, Onkologikum)
Cafergot N (= *Ergotamin* + *Coffein*, Secalealkaloid, Migränemittel)
Calcihexal (= *Calcitonin*, Kalziumstoffwechselregulator)
Calcimagon D_3 (= *Colecalciferol* + *Kalziumkarbonat*, Vitamin D)
Calciparin (= *Heparin*, unfraktioniertes Heparin, Gerinnungsmittel)
Calcitonin (Kalziumstoffwechselregulator)
Calcitonin ct (= *Calcitonin*, Kalziumstoffwechselregulator)

Calcitonin-ratiopharm (= *Calcitonin*, Kalziumstoffwechselregulator)
Calcitridin (= *Kalzium*, Mineralstoff)
Calcitriol (Vitamin D)
Calcitriol Kyramed (= *Calcitriol*, Vitamin D)
Calcium Braun 10%, 20 (= *Kalzium*, Mineralstoff)
Calcium Hexal (= *Kalzium*, Mineralstoff)
Calciumfolinat Hexal (= *Folinsäure*, antineoplastisches Mittel, Onkologikum)
Calcium-Sandoz (= *Kalzium*, Mineralstoff)
Calcort (= *Deflazacort*, Glukokortikoid)
Campral (= *Acamprosat*, Alkoholentwöhnungsmittel)
Campto (= *Irinotecan*, antineoplastisches Mittel, Onkologikum)
Cancidas (= *Caspofungin*, Antimykotikum)
Candesartan (Angiotensin-II-Blocker, Antihypertensivum)
Capecitabin (Antimetabolit, Onkologikum)
Capozide (= *Captopril* + *Hydrochlorothiazid*, Kombination ACE-Hemmer + Diuretikum)
Capreomycin (Tuberkulostatikum)
Capros (= *Morphin*, Opioid-Agonist, Analgetikum)
Captin, Enelfa (= *Paracetamol*, Acetaminophen, Anilinderivat, NSAR, Analgetikum)
Captohexal (= *Captopril*, ACE-Hemmer, Antihypertensivum)
Captohexal comp (= *Captopril* + *Hydrochlorothiazid*, Kombination ACE-Hemmer + Diuretikum)
Captopril (ACE-Hemmer, Antihypertensivum)
Capval (= *Noscapin*, Antitussivum)
Car (= *Carbimazol*, Thyreostatikum)
Carbamazepin (Antiepileptikum, Nichtbarbiturat)
Carbamazepin Hexal (= *Carbamazepin*, Antiepileptikum, Nichtbarbiturat)
Carbamazepin-ratiopharm (= *Carbamazepin*, Antiepileptikum, Nichtbarbiturat)
Carbimazol (Thyreostatikum)
Carbimazol Henning (= *Carbimazol*, Thyreostatikum)
Carbimazol Hexal (= *Carbimazol*, Thyreostatikum)
Carbo medicinalis (Antidiarrhoikum)
CARBO-cell (= *Carboplatin*, Platin-haltige Verbindung, Onkologikum)
Carboplat Lösung (= *Carboplatin*, Platin-haltige Verbindung, Onkologikum)
Carboplatin (Platinhaltige Verbindung, Onkologikum)
Carboplatin-GRY (= *Carboplatin*, Platin-haltige Verbindung, Onkologikum)
Carboplatin-HEXAL (= *Carboplatin*, Platin-haltige Verbindung, Onkologikum)
Carbostesin (= *Bupivacain*, Lokalanästhetikum)
Cardanat (= *Etilefrin*, Sympathomimetikum)
Cardioprotect (= *Verapamil*, Kalziumantagonist, Antihypertensivum)
Cardular PP (= *Doxazosin*, Alphablocker, Antihypertensivum)
Carlich (= *Carvedilol*, Betablocker, Antihypertensivum)
Carmen (= *Lercanidipin*, Kalziumantagonist, Antihypertensivum)
Carmubris (= *Carmustin*, Nitrosoharnstoff, Onkologikum)
Carmustin (Nitrosoharnstoff, Onkologikum)
Carnigen (= *Oxilofrin*, Sympathomimetikum)
Carteolol (Betablocker, Antihypertensivum)
Carvecard (= *Carvedilol*, Betablocker, Antihypertensivum)
Carvedilol (Betablocker, Antihypertensivum)
Carvedilol Hexal (= *Carvedilol*, Betablocker, Antihypertensivum)

Carvedilol-ratiopharm (= *Carvedilol*, Betablocker, Antihypertensivum)
Casodex (= *Bicalutamid*, Antiandrogen, Sexualhormon)
Caspofungin (Antimykotikum)
Cassadan (= *Alprazolam*, Benzodiazepin, Sedativum)
Catapresan (= *Clonidin*, zentraler Alpha-2-Agonist, Antihypertensivum)
Caverject (= *Alprostadil*, bei erektiler Dysfunktion)
Cebion (= *Ascorbinsäure*, Vitamin C)
CEC (= *Cefaclor*, Oralcephalosporin, Antibiotikum)
Cecenu (= *Lomustin*, Nitrosoharnstoff, Onkologikum)
Cedax (= *Ceftibuten*, Oralcephalosporin, Antibiotikum)
Cedur (= *Bezafibrat*, Clofibrinsäurederivat, Lipidsenker)
Cefaclor (Oralcephalosporin, Antibiotikum)
Cefaclor-ratiopharm (= *Cefaclor*, Oralcephalosporin, Antibiotikum)
Cefadroxil (Oralcephalosporin, Antibiotikum)
Cefadroxil Beta (= *Cefadroxil*, Oralcephalosporin, Antibiotikum)
Cefadroxil Hexal (= *Cefadroxil*, Oralcephalosporin, Antibiotikum)
Cefalexin (Oralcephalosporin, Antibiotikum)
Cefazolin (Cephalosporin, Antibiotikum)
Cefazolin Hexal (= *Cefazolin*, Cephalosporin, Antibiotikum)
Cefazolin Saar (= *Cefazolin*, Cephalosporin, Antibiotikum)
Cefepim (Cephalosporin, Antibiotikum)
Cefixdura (= *Cefixim*, Oralcephalosporin, Antibiotikum)
Cefixim (Oralcephalosporin, Antibiotikum)
Cefixim-ratiopharm (= *Cefixim*, Oralcephalosporin, Antibiotikum)
Cefotaxim (Cephalosporin, Antibiotikum)
Cefotaxim Fresenius (= *Cefotaxim*, Cephalosporin, Antibiotikum)
Cefotaxim Hexal (= *Cefotaxim*, Cephalosporin, Antibiotikum)
Cefotaxim-ratiopharm (= *Cefotaxim*, Cephalosporin, Antibiotikum)
Cefotiam (Cephalosporin, Antibiotikum)
Cefotrix (= *Ceftriaxon*, Cephalosporin, Antibiotikum)
Cefoxitin (Cephalosporin, Antibiotikum)
Cefpo Basics (= *Cefpodoxim-Proxetil*, Oralcephalosporin, Antibiotikum)
Cefpodoxim-ratiopharm (= *Cefpodoxim-Proxetil*, Oralcephalosporin, Antibiotikum)
Cefpodoxim-Proxetil (Oralcephalosporin, Antibiotikum)
Ceftazidim (Cephalosporin, Antibiotikum)
Ceftazidim Hexal (= *Ceftazidim*, Cephalosporin, Antibiotikum)
Ceftazidim-ratiopharm (= *Ceftazidim*, Cephalosporin, Antibiotikum)
Ceftazidim Sandoz (= *Ceftazidim*, Cephalosporin, Antibiotikum)
Ceftibuten (Oralcephalosporin, Antibiotikum)
Ceftoral (= *Cefixim*, Oralcephalosporin, Antibiotikum)
Ceftriaxon (Cephalosporin, Antibiotikum)
Ceftriaxon Curamed (= *Ceftriaxon*, Cephalosporin, Antibiotikum)
Ceftriaxon Hexal (= *Ceftriaxon*, Cephalosporin, Antibiotikum)
Ceftriaxon-ratiopharm (= *Ceftriaxon*, Cephalosporin, Antibiotikum)
Cefudura (= *Cefuroxim-Axetil*, Oralcephalosporin, Antibiotikum)
Cefuhexal (= *Cefuroxim-Axetil*, Oralcephalosporin, Antibiotikum)
Cefuroxim (Cephalosporin, Antibiotikum)
Cefuroxim Fresenius (= *Cefuroxim*, Cephalosporin, Antibiotikum)
Cefuroxim Hexal (= *Cefuroxim*, Cephalosporin, Antibiotikum)
Cefuroxim-ratiopharm (= *Cefuroxim*, Cephalosporin, Antibiotikum)

Cefuroxim-ratiopharm (= *Cefuroxim-Axetil*, Oralcephalosporin, Antibiotikum)
Cefuroxim-Axetil (Oralcephalosporin, Antibiotikum)
Celebrex (= *Celecoxib*, Coxib, NSAR, Analgetikum)
Celecoxib (Coxib, NSAR, Analgetikum)
Celestamine N (= *Betamethason*, Glukokortikoid, Antirheumatikum)
Celestan (= *Betamethason*, Glukokortikoid, Antirheumatikum)
Celestone (= *Betamethason*, Glukokortikoid, Antirheumatikum)
Celipro Lich (= *Celiprolol*, Betablocker, Antihypertensivum)
Celiprolol (Betablocker, Antihypertensivum)
Celiprolol ct (= *Celiprolol*, Betablocker, Antihypertensivum)
Celiprolol-ratiopharm (= *Celiprolol*, Betablocker, Antihypertensivum)
CellCept (= *Mycophenolatmofetil*, Immunsuppressivum)
Cellcristin (= *Vincristin*, Vinca-Alkaloid, Onkologikum)
Cellidrin (= *Allopurinol*, Xanthin-Oxidase-Inhibitor, Gichtmittel)
Cellmustin (= *Estramustin*, antineoplastisches Mittel, Onkologikum)
Cephalex ct (= *Cefalexin*, Oralcephalosporin, Antibiotikum)
Cephalexin-ratiopharm (= *Cefalexin*, Oralcephalosporin, Antibiotikum)
Cephazolin Fresenius (= *Cefazolin*, Cephalosporin, Antibiotikum)
Cephoral (= *Cefixim*, Oralcephalosporin, Antibiotikum)
Ceprotin (Protein C, Antithrombotikum)
Cerazette (= *Desogestrel*, Kontrazeptivum, Minipille)
Cerezyme (= *Imiglucerase*, Orphan Drug)
Certican (= *Everolimus*, Immunsuppressivum)
Certomycin (= *Netilmicin*, Aminoglykosid, Antibiotikum)
Certoparin (niedermolekulares Heparin, Gerinnungsmittel)
Cerucal (= *Metoclopramid*, motilitätssteigerndes Mittel)
Ceruletid (motilitätssteigerndes Mittel)
Cerumenex (= *Ölsäure-Polypeptid-Kondensat*, Otologikum)
Cesol (= *Praziquantel*, Anthelminthikum)
Cetalerg (= *Cetirizin*, Antihistaminikum, Antiallergikum)
Cetebe (= *Ascorbinsäure*, Vitamin C)
Cetiderm (= *Cetirizin*, Antihistaminikum, Antiallergikum)
Cetirizin (Antihistaminikum, Antiallergikum)
Cetirizin 1A (= *Cetirizin*, Antihistaminikum, Antiallergikum)
Cetirizin Hexal (= *Cetirizin*, Antihistaminikum, Antiallergikum)
Cetuximab (antineoplastische Antikörper, Onkologikum)
Chenodeoxycholsäure (zur Auflösung von Gallensteinen)
Chenofalk (= *Chenodeoxycholsäure*, zur Auflösung von Gallensteinen)
Chinidin Retard Isis (= *Chinidinhydrogensulfat*, Klasse-Ia-Antiarrhythmikum)
Chinidin-Duriles (= *Chinidinhydrogensulfat*, Klasse-Ia-Antiarrhythmikum)
Chinidinhydrogensulfat (Klasse-Ia-Antiarrhythmikum)
Chinin (Antimalariamittel)
Chininsulfat (Muskelrelaxanz)
Chininum dihydrochloricum (= *Chinin*, Antimalariamittel)
Chininum hydrochloricum (= *Chinin*, Antimalariamittel)
Chirocain (= *Levobupivacain*, Lokalanästhetikum)
Chloraldurat (= *Chloralhydrat*, Sedativum)
Chloralhydrat (= *Chloralhydrat*, Sedativum)
Chloralhydrat (Sedativum)

Chlorambucil (Stickstofflost-Analogon, Onkologikum)
Chloramphenicol (Antibiotikum)
Chlordiazepoxid (Benzodiazepin, Sedativum)
Chlormadinon (Gestagen, Hormon)
Chlormadinon Jenapharm (= *Chlormadinon*, Gestagen, Hormon)
Chloroquin (Rheuma-Basistherapeutikum)
Chloroquinphosphat (Antimalariamittel)
Chlorpromazin (Neuroleptikum)
Chlorprothixen (Neuroleptikum)
Chlorprothixen Neuraxph (= *Chlorprothixen*, Neuroleptikum)
Chlortalidon (Benzothiadiazin, Diuretikum)
Chol Spasmoletten (= *Hymecromon*, Spasmolytikum)
Cholestabyl (= *Colestipol*, Anionenaustauscher, Lipidsenker)
Cholintheophyllinat (Methylxanthin, Bronchodilatator)
Cholit-Ursan (= *Ursodeoxycholsäure*, zur Auflösung von Gallensteinen)
Cholofalk (= *Ursodeoxycholsäure*, zur Auflösung von Gallensteinen)
Cholspasmin (= *Hymecromon*, Spasmolytikum)
Christmasfaktor (Gerinnungsfaktor)
Cialis (= *Tadalafil*, bei erektiler Dysfunktion)
Ciatyl-Z (= *Zuclopenthixol*, Neuroleptikum)
Cibacen (= *Benazepril*, ACE-Hemmer, Antihypertensivum)
Cibacen Cor (= *Benazepril*, ACE-Hemmer, Antihypertensivum)
Cibadrex (= *Benazepril* + *Hydrochlorothiazid*, Kombination ACE-Hemmer + Diuretikum)
Ciclesonid (inhalatives Kortikoid)
Cicloral (= *Ciclosporin*, Immunsuppressivum, internes Antipsoriatikum)
Ciclosporin (Immunsuppressivum, internes Antipsoriatikum)
Cidofovir (Virustatikum, CMV-Präparat)
Cil (= *Fenofibrat*, Clofibrinsäurederivat, Lipidsenker)
Cilazapril (ACE-Hemmer, Antihypertensivum)
Cilest (= *Ethinylestradiol*/Norgestimat, Kontrazeptivum)
Cimebeta (= *Cimetidin*, H2-Blocker, Ulkustherapeutikum)
Cimehexal (= *Cimetidin*, H2-Blocker, Ulkustherapeutikum)
Cimetidin (H2-Blocker, Ulkustherapeutikum)
Cimetidin Stada (= *Cimetidin*, H2-Blocker, Ulkustherapeutikum)
Cinchocain (Hämorrhoidalmittel)
Cipralex (= *Escitalopram*, SSRI, Antidepressivum)
Cipramil (= *Citalopram*, SSRI, Antidepressivum)
Ciprobay (= *Ciprofloxacin*, Fluorochinolon, Antibiotikum)
Ciprobeta (= *Ciprofloxacin*, Fluorochinolon, Antibiotikum)
Ciprofloxacin (Fluorochinolon, Antibiotikum)
Ciprofloxacin-ratiopharm (= *Ciprofloxacin*, Fluorochinolon, Antibiotikum)
Ciprohexal (= *Ciprofloxacin*, Fluorochinolon, Antibiotikum)
Cisatracurium (stabilisierendes Muskelrelaxanz)
Cisday (= *Nifedipin*, Kalziumantagonist, Antihypertensivum)
Cis-GRY (= *Cisplatin*, Platin-haltige Verbindung, Onkologikum)
Cisplatin (Platin-haltige Verbindung, Onkologikum)
Cisplatin HEXAL PI (= *Cisplatin*, Platin-haltige Verbindung, Onkologikum)
Cisplatin medac (= *Cisplatin*, Platin-haltige Verbindung, Onkologikum)
Cisplatin NC (= *Cisplatin*, Platin-haltige Verbindung, Onkologikum)
Cisplatin-GRY (= *Cisplatin*,

Platin-haltige Verbindung, Onkologikum)
Cisplatin-Lösung-Ribosepharm (= *Cisplatin*, Platin-haltige Verbindung, Onkologikum)
Citadura (= *Citalopram*, SSRI, Antidepressivum)
Citalon (= *Citalopram*, SSRI, Antidepressivum)
Citalopram (SSRI, Antidepressivum)
Citalopram Hexal (= *Citalopram*, SSRI, Antidepressivum)
Citalopram Stada (= *Citalopram*, SSRI, Antidepressivum)
Citronensäure + Natriumcitrat (Urolithiasismittel)
Cladribin (Antimetabolit, Onkologikum)
Claforan (= *Cefotaxim*, Cephalosporin, Antibiotikum)
Clarithromycin (Makrolid, Antibiotikum)
Clarithromycin 1A (= *Clarithromycin*, Makrolid, Antibiotikum)
Clarithromycin-ratiopharm (= *Clarithromycin*, Makrolid, Antibiotikum)
Claudicat (= *Pentoxifyllin*, durchblutungsförderndes Mittel)
Claversal (= *Mesalazin*, 5-ASA, schwer resorbierbares Antiphlogistikum)
Clavulansäure (Betalactamaseinhibitor, Antibiotikum)
Clemastin (Antihistaminikum, Antiallergikum)
Clenbuterol (systemisches Beta$_2$-Sympathomimetikum, Bronchodilatator)
Clexane (= *Enoxaparin*, niedermolekulares Heparin, Gerinnungsmittel)
Clexane multidose (= *Enoxaparin*, niedermolekulares Heparin, Gerinnungsmittel)
Climen (= *Estradiol + Cyproteronacetat*, Östrogen + Gestagen, Hormone)
Climopax (= *konj.* Östrogene + Medroxyprogesteron, Östrogen + Gestagen, Hormone)
Climopax Mono (Östrogen, Hormon)
Clin Sanorania (= *Clindamycin*, Lincosamid, Antibiotikum)
Clindabeta (= *Clindamycin*, Lincosamid, Antibiotikum)
Clindahexal (= *Clindamycin*, Lincosamid, Antibiotikum)
Clindamycin (Lincosamid, Antibiotikum)
Clindamycin-ratiopharm (= *Clindamycin*, Lincosamid, Antibiotikum)
Clinofem (= *Medroxyprogesteronacetat*, Gestagen, Hormon)
Clinovir (= *Medroxyprogesteronacetat*, Gestagen, Hormon)
Clivarin multi (= *Reviparin*, niedermolekulares Heparin, Gerinnungsmittel)
Clivarin Fertigspr. (= *Reviparin*, niedermolekulares Heparin, Gerinnungsmittel)
Clivarin multi (= *Reviparin*, niedermolekulares Heparin, Gerinnungsmittel)
Clobazam (Benzodiazepin, Sedativum)
Clobutinol (Antitussivum)
Clodron Hexal (= *Clodronsäure*, Bisphosphonat, Kalziumstoffwechselregulator)
Clodronsäure (Bisphosphonat, Kalziumstoffwechselregulator)
Clomethiazol (Sedativum)
Clomipramin (NSMRI, Antidepressivum)
Clomipramin-ratiopharm (= *Clomipramin*, NSMRI, Antidepressivum)
Clonazepan (Antiepileptikum, Nichtbarbiturat)
Clonidin (Zentraler Alpha-2-Agonist, Antihypertensivum, Alkoholentwöhnungsmittel)
Clonidin-ratiopharm (= *Clonidin*, zentraler Alpha-2-Agonist, Antihypertensivum)
Clonistada (= *Clonidin*, zentraler Alpha-2-Agonist, Antihypertensivum)
Clont (= *Metronidazol*, Nitroimidazol,

Antibiotikum)
Clopamid (Benzothiadiazin, Diuretikum)
Clopidogrel (Thrombozytenaggregationshemmer)
Cloprednol (Glukokortikoid)
Closin (= *Promethazin*, Neuroleptikum)
Clostridium-botulinum-Toxin Typ A (Muskelrelaxanz)
Clostridium-botulinum-Toxin Typ B (Muskelrelaxanz)
Clozapin (Neuroleptikum)
Clozapin Neuraxph (= *Clozapin*, Neuroleptikum)
CoAprovel (= *Irbesartan* + *Hydrochlorothiazid*, Angiotensin-II-Blocker + Diuretikum, Antihypertensivum)
Codein (Antitussivum)
Codicaps (= *Codein*, Antitussivum)
Codicompren (= *Codein*, Antitussivum)
CoDiovan (= *Valsartan* + *Hydrochlorothiazid*, Angiotensin-II-Blocker + Diuretikum, Antihypertensivum)
Codipront mono (= *Codein*, Antitussivum)
Colchicin (Gichtmittel)
Colchicum-Dispert (= *Colchicin*, Gichtmittel)
Colchysat (= *Colchicin*, Gichtmittel)
Coleb Duriles (= *Isosorbidmononitrat*, Koronarmittel, Vasodilatator)
Colecalciferol (Vitamin D)
Colestid (= *Colestipol*, Anionenaustauscher, Lipidsenker)
Colestipol (Anionenaustauscher, Lipidsenker)
Colestyramin (Anionenaustauscher, Lipidsenker)
Colestyramin Hexal (= *Colestyramin*, Anionenaustauscher, Lipidsenker)
Colestyramin-ratiopharm (= *Colestyramin*, Anionenaustauscher, Lipidsenker)
Colifoam (= *Hydrocortison*, lokales Glukokortikoid)
Colimune (= *Cromoglicinsäure*, Mastzellstabilisator, Antiallergikum)
Colina (= *Smektit*, Antidiarrhoikum)
Colinsan (= *Azathioprin*, munsuppressivum)
Colo-Pleon (= *Sulfasalazin*, schwer resorbierbares Antiphlogistikum)
Combactam (= *Sulbactam*, Betalactamaseinhibitor, Antibiotikum)
Combaren (= *Diclofenac* + *Codein*, Analgetika-Kombination)
Combiplasmal 4,5% GXE (Aminosäurelösung)
Combivir (= *Lamivudin* + *Zidovudin*, HIV-Virustatika)
Comtess (= *Entacapon*, COMT-Hemmer, Antiparkinsonmittel)
Conceplan M (= *Ethinylestradiol/* Norethisteron, Kontrazeptivum)
Concerta (= *Methylphenidat*, Psychoanaleptikum)
Concor Cor (= *Bisoprolol*, Betablocker, Antihypertensivum)
Concor plus (= *Bisoprolol* + *Hydrochlorothiazid*, Betablocker + Diuretikum, Antihypertensivum)
Concor, Fondril, Jutabis (= *Bisoprolol*, Betablocker, Antihypertensivum)
Contimit (= *Terbutalin*, systemisches Beta$_2$-Sympathomimetikum, Bronchodilatator)
Convulex (= *Valproinsäure*, Antiepileptikum, Nichtbarbiturat)
Copaxone (= *Glatirameracetat*, Immunsuppressivum)
Copegus (= *Ribavirin*, Virustatikum)
Cor tensobon (= *Captopril*, ACE-Hemmer, Antihypertensivum)
Corangin (= *Isosorbidmononitrat*, Koronarmittel, Vasodilatator)
Corangin Nitro (= *Glyceroltrinitrat*, Koronarmittel, Vasodilatator)
Corase (= *Urokinase*, Fibrinolytikum)
Cordanum (= *Talinolol*, Betablocker, Antihypertensivum)
Cordarex (= *Amiodaron*,

Klasse-III-Antiarrhythmikum)
Cordarone (= *Amiodaron*, Klasse-III-Antiarrhythmikum)
Cordichin (= *Chinidin* + *Verapamil*, Klasse-Ia-Antiarrhythmikum)
Cordinate (= *Valsartan*, Angiotensin-II-Blocker, Antihypertensivum)
Cordinate plus (= *Valsartan* + *Hydrochlorothiazid*, Angiotensin-II-Blocker + Diuretikum, Antihypertensivum)
Coric (= *Lisinopril*, ACE-Hemmer, Antihypertensivum)
Coric plus (= *Lisinopril* + *Hydrochlorothiazid*, Kombination ACE-Hemmer + Diuretikum)
Corifeo (= *Lercanidipin*, Kalziumantagonist, Antihypertensivum)
Corindolan (= *Mepindolol*, Betablocker, Antihypertensivum)
Corinfar (= *Nifedipin*, Kalziumantagonist, Antihypertensivum)
Cornaron (= *Amiodaron*, Klasse-III-Antiarrhythmikum)
Coronorm (= *Captopril*, ACE-Hemmer, Antihypertensivum)
Corotrend (= *Nifedipin*, Kalziumantagonist, Antihypertensivum)
Corotrop (= *Milrinon*, Phosphodiesterasehemmer)
Corticorelin (CRH, endokrinologisches Diagnostikum)
Cortirel (= *Corticorelin*, CRH, endokrinologisches Diagnostikum)
Cortison CIBA (= *Cortisonacetat*, Glukokortikoid)
Cortisonacetat (Glukokortikoid)
Corvaton (= *Molsidomin*, Koronarmittel, Vasodilatator)
Corvo (= *Enalapril*, ACE-Hemmer, Antihypertensivum)
CosmoFer (= *Eisen-Hydroxid-Dextran-Komplex*, Antianämikum)
Cotazym (= *Pankreatin*, Verdauungsenzym)
Cotrim-ratiopharm (= *Trimethoprim* + *Sulfamethoxazol*, Sulfonamid-Kombination, Antibiotikum)
Cotrimhexal (= *Trimethoprim* + *Sulfamethoxazol*, Sulfonamid-Kombination, Antibiotikum)
Cotrimoxazol (Sulfonamid-Kombination, Antibiotikum)
Coumadin (= *Warfarin*, Cumarinderivat, Gerinnungsmittel)
Coversum (= *Perindopril*, ACE-Hemmer, Antihypertensivum)
CPS Pulver (= *Polysulfonsäure*, Kationenaustauscher)
Cranoc (= *Fluvastatin*, CSE-Hemmer, Lipidsenker)
CRH Ferring (= *Corticorelin*, CRH, endokrinologisches Diagnostikum)
Cripar (= *Dihydroergocriptin*, Dopaminagonist, Antiparkinsonmittel)
Crixivan (= *Indinavir*, IDV, HIV-Virustatikum)
Cromo-ratiopharm (= *Cromoglicinsäure*, Mastzellstabilisator, Antiallergikum)
Cromoglicinsäure (Mastzellstabilisator, Antiallergikum, Rhinologikum)
Cromohexal (= *Cromoglicinsäure*, Mastzellstabilisator, Antiallergikum)
Cubicin (= *Daptomycin*, Lipopeptid, Antibiotikum)
Cutason (= *Prednison*, Glukokortikoid)
Cuxafenon (= *Propafenon*, Klasse-Ic-Antiarrhythmikum)
Cuxanorm (= *Atenolol*, Betablocker, Antihypertensivum)
Cyanocobalamin (Vitamin B_{12})
Cyclandelat (Antidementivum)
Cyclo Östrogynal (= *Estradiol* + *Estriol* + *Levonorgestrel*; Östrogen + Gestagen, Hormone)
Cyclo-Menorette (= *Estradiol* + *Estriol* + *Levonorgestrel*; Östrogen + Gestagen, Hormone)

Cyclophosphamid (Stickstofflost-Analogon, Onkologikum, Rheuma-Basistherapeutikum)
Cyclo-Progynova (= *Estradiol* + *Norgestrel*, Östrogen + Gestagen, Hormone)
Cyclostin (= *Cyclophosphamid*, Rheuma-Basistherapeutikum, Stickstofflost-Analogon, Onkologikum)
Cyklocapron (= *Tranexamsäure*, Antifibrinolytikum)
Cyllind (= *Clarithromycin*, Makrolid, Antibiotikum)
Cymbalta (= *Duloxetin*, Antidepressivum)
Cymeven (= *Ganciclovir*, Virustatikum, CMV-Präparat)
Cynt (= *Moxonidin*, zentraler Alpha-2-Agonist, Antihypertensivum)
Cyproteronacetat (Antiandrogen, Sexualhormon)
Cyproteronacetat Gry (= *Cyproteronacetat*, Antiandrogen, Sexualhormon)
Cysticide (= *Praziquantel*, Anthelminthikum)
Cystonorm (= *Oxybutynin*, Urospasmolytikum)
Cytamid (= *Flutamid*, Antiandrogen, Sexualhormon)
Cytarabin (Antimetabolit, Onkologikum)
Cytobion (= *Cyanocobalamin*, Vitamin B12)
Cytotec (= *Misoprostol*, Schleimhautprotektivum)

D

D3 Vicotrat (= *Colecalciferol*, Vitamin D)
Dacarbazin (alkylier. Mittel, Onkologikum)
Daclizumab (Immunsuppressivum)
Dalmadorm (= *Flurazepam*, Benzodiazepin, Sedativum)
Dalteparin (niedermolekulares Heparin, Gerinnungsmittel)
Danaparoid (Heparinoid, Gerinnungsmittel)
Dantamacrin (= *Dantrolen*, Muskelrelaxanz)
Dantrolen (Muskelrelaxanz)
Dantrolen IV (= *Dantrolen*, Muskelrelaxanz)
Dapotum (= *Fluphenazin*, Neuroleptikum)
Dapson (Tuberkulostatikum)
Dapson-Fatol (= *Dapson*, Tuberkulostatikum)
Daptomycin (Lipopeptid, Antibiotikum)
Daraprim (= *Pyrimethamin*, Antibiotikum)
Darbepoetin alfa (Erythropoetin, Antianämikum)
Darifenacin (Urospasmolytikum)
Darob (= *Sotalol*, Betablocker, Antihypertensivum, Klasse-III-Antiarrhythmikum)
Daunoblastin (= *Daunorubicin*, zytotoxisches Antibiotikum, Onkologikum)
Daunorubicin (zytotoxisches Antibiotikum, Onkologikum)
DaunoXome (= *Daunorubicin*, zytotoxisches Antibiotikum, Onkologikum)
DCCK (= *Dihydroergotoxin*, Antidementivum)
Deblaston (= *Pipemidsäure*, Gyrasehemmer, Antibiotikum)
Deca-Durabolin (= *Nandrolon*, Anabolikum)
Decentan (= *Perphenazin*, Neuroleptikum)
Decortin (= *Prednison*, Glukokortikoid)
Decortin H (= *Prednisolon*, Glukokortikoid)
Decostriol (= *Calcitriol*, Vitamin D)
Dedrei (= *Colecalciferol*, Vitamin D)
Deflazacort (Glukokortikoid)
Defluina Peri (= *Buflomedil*, durchblutungsförderndes Mittel)
Degalin (= *Folinsäure*, antineoplastisches Mittel, Onkologikum)
Dehydro sanol tri (= *Triamteren* + *Bemetizid*, Diuretika-Kombination)
Delcoprep (= *Macrogol* + *Na2SO4* + *NaHCO3* + NaCl + KCl, Darmlavage-Lösung)

Delgesic (= *Acetylsalicylsäure*, ASS, Salizylat, NSAR, Analgetikum)
Delix (= *Ramipril*, ACE-Hemmer, Antihypertensivum)
Delix plus (= *Ramipril* + *Hydrochlorothiazid*, Kombination ACE-Hemmer + Diuretikum)
Delmuno (= *Felodipin* + *Ramipril*, Kalziumantagonist-Kombination, Antihypertensivum)
Delphicort (= *Triamcinolon*, Glukokortikoid)
Deltalipid 10 (Fettlösung)
Deltaran (= *Dexibuprofen* (Propionsäurederivat, NSAR, Analgetikum)
Demetrin (= *Prazepam*, Benzodiazepin, Sedativum)
Demex (= *Propyphenazon*, Pyrazolonderivat, NSAR, Analgetikum)
Depo-Clinovir (= *Medroxyprogesteron-acetat*, Kontrazeptivum)
DepoCyte (= *Cytarabin*, Antimetabolit, Onkologikum)
Deponit NT (= *Glyceroltrinitrat*, Nitroglycerin, Koronarmittel, Vasodilatator)
Deprenorm (= *Moclobemid*, MAO-Hemmer, Antidepressivum)
Depressan (= *Dihydralazin*, direkter Vasodilatator, Antihypertensivum)
Deprilept (= *Maprotilin*, Alpha-2-Rezeptor-Antagonist, Antidepressivum)
Dermatin (= *Terbinafin*, Antimykotikum)
Desipramin (NSMRI, Antidepressivum)
Desirudin (direkter Thrombininhibitor, Gerinnungsmittel)
Desitic Lopidin (= *Ticlopidin*, Thrombozytenaggregationshemmer)
Desloratadin (Antihistaminikum, Antiallergikum)
Desmin (= *Ethinylestradiol*/Desogestrel, Kontrazeptivum)
Desmogalen (= *Desmopressin*, Hypophysenhinterlappenhormon)
Desmopressin (= *Desmopressin*, Hypophysenhinterlappenhormon)
Desmopressin (Hypophysenhinterlappenhormon)
Desmotabs (= *Desmopressin*, Hypophysenhinterlappenhormon)
Desogestrel (Kontrazeptivum, Minipille)
DET MS (= *Dihydroergotamin*, Secalealkaloid, Migränemittel)
Detajmiumbitartrat (Klasse-Ia-Antiarrhythmikum)
Detimedac (= *Dacarbazin*, alkylierendes Mittel, Onkologikum)
Detrusitol (= *Tolterodin*, Urospasmolytikum)
Dexa-ratiopharm (= *Dexamethason*, Glukokortikoid)
Dexa-Allvoran (= *Dexamethason*, Glukokortikoid)
Dexaflam N (= *Dexamethason*, Glukokortikoid)
Dexahexal (= *Dexamethason*, Glukokortikoid)
Dexamethason (Glukokortikoid)
Dexchlorpheniramin (Antihistaminikum, Antiallergikum)
Dexibuprofen (Propionsäurederivat, NSAR, Analgetikum)
Dexketoprofen (Propionsäurederivat, NSAR, Analgetikum)
Dextromethorphan (Antitussivum)
D-Fluoretten (= *Colecalciferol* + *Fluorid*; Vitamin D)
DHC (= *Dihydrocodein*, Antitussivum)
DHE-ratiopharm (= *Dihydroergotamin*, Secalealkaloid, Migränemittel)
Diabesin (= *Metformin*, Biguanid, orales Antidiabetikum)
Diamicron Uno (= *Gliclazid*, Sulfonylharnstoff, orales Antidiabetikum)
Diamox (= *Acetazolamid*, int. Glaukommittel)
Diaphal (= *Amilorid* + *Furosemid*, Diuretika-Kombination)

Diastabol (= *Miglitol*, Alpha-Glukosidase-Inhibitor, orales Antidiabetikum)
Diazepam (Benzodiazepin, Sedativum)
Diazepam-ratiopharm (= *Diazepam*, Benzodiazepin, Sedativum)
Diazoxid (Antihypoglykämikum)
Dibenzyran (= *Phenoxybenzamin*, Alphablocker, Antihypertensivum)
Diblocin PP (= *Doxazosin*, Alphablocker, Antihypertensivum)
Dibotermin alfa (Knochenmorphogen)
Diclac (= *Diclofenac*, Essigsäurederivat, NSAR, Analgetikum)
Diclofenac (Essigsäurederivat, NSAR, Analgetikum)
Diclofenac-ratiopharm (= *Diclofenac*, Essigsäurederivat, NSAR, Analgetikum)
Dicloxacillin (Penicillin, Antibiotikum)
Dicodid (= *Hydrocodon*, Antitussivum)
Didanosin (DDI, HIV-Virustatikum)
Didronel (= *Etidronsäure*, Bisphosphonat, Kalziumstoffwechselregulator)
Diflucan (= *Fluconazol*, Azol, Antimykotikum)
Digacin (= *Digoxin*, Digitalisglykosid)
Digimed (= *Digitoxin*, Digitalisglykosid)
Digimerck (= *Digitoxin*, Digitalisglykosid)
Digitoxin (Digitalisglykoside)
Digitoxin AWD (= *Digitoxin*, Digitalisglykosid)
Digitoxin Buerger (= *Digitoxin*, Digitalisglykosid)
Digostada (= *Beta-Acetyldigoxin*, Digitalisglykosid)
Digotab (= *Beta-Acetyldigoxin*, Digitalisglykosid)
Digox ct (= *Beta-Acetyldigoxin*, Digitalisglykosid)
Digoxin (Digitalisglykoside)
Digoxin RAN (= *Digoxin*, Digitalisglykosid)
Dihydralazin (direkter Vasodilatator, Antihypertensivum)
Dihydrocodein (Antitussivum)
Dihydroergocriptin (Dopaminagonist, Antiparkinsonmittel)
Dihydroergotamin (Secalealkaloid, Migränemittel)
Dihydroergotoxin (Antidementivum)
Dihydrotachysterol (Vitamin D)
Dihytamin (= *Dihydroergotamin*, Secalealkaloid, Migränemittel)
Dikaliumclorazepat (Benzodiazepin, Sedativum)
Dilatrend (= *Carvedilol*, Betablocker, Antihypertensivum)
Dilaudid (= *Hydromorphon*, Opioid-Agonist, Analgetikum)
Dilsal (= *Diltiazem*, Kalziumantagonist, Antihypertensivum)
Diltahexal (= *Diltiazem*, Kalziumantagonist, Antihypertensivum)
Diltiazem (Kalziumantagonist, Antihypertensivum)
Diltiazem-ratiopharm (= *Diltiazem*, Kalziumantagonist, Antihypertensivum)
Diltiuc (= *Diltiazem*, Kalziumantagonist, Antihypertensivum)
Dilzem (= *Diltiazem*, Kalziumantagonist, Antihypertensivum)
Dimenhydrinat (Antiemetikum, Antivertiginosum)
Dimetil (= *Carvedilol*, Betablocker, Antihypertensivum)
Dimetinden (Antihistaminikum, Antiallergikum)
Diovan (= *Valsartan*, Angiotensin-II-Blocker, Antihypertensivum)
Dipentum (= *Olsalazin*, schwer resorbierbares Antiphlogistikum)
Diphenhydramin (Sedativum)
Diphos (= *Etidronsäure*, Bisphosphonat, Kalziumstoffwechselregulator)
Dipidolor (= *Piritramid*, Opioid-Agonist, Analgetikum)
Dipiperon (= Pipamperon, Neuroleptikum)

Dipyridamol + *ASS* (Thrombozytenaggregationshemmer)
Disalunil (= *Hydrochlorothiazid*, Benzothiadiazin, Diuretikum)
Disoprivan (= *Propofol*, Injektionsnarkotikum, Nichtbarbiturat)
Disopyramid (Klasse-Ia-Antiarrhythmikum)
Distigmin (Cholinergikum)
Distraneurin (= *Clomethiazol*, Sedativum)
Disulfiram (Alkoholentwöhnungsmittel)
Diucomb (= *Triamteren* + *Bemetizid*, Diuretika-Kombination)
Diurapid (= *Furosemid*, Schleifendiuretikum)
Diuretikum Verla (= *Triamteren* + *Hydrochlorothiazid*, Diuretika-Kombination)
Diursan (= *Amilorid* + *Hydrochlorothiazid*, Diuretika-Kombination)
DNCG Stada (= *Cromoglicinsäure*, Mastzellstabilisator, Antiallergikum)
Dobutamin (Sympathomimetikum)
Docetaxel (Taxan, Onkologikum)
Dociteren (= *Propranolol* + *Triamteren* + *Hydrochlorothiazid*, Betablocker + Diuretikum, Antihypertensivum)
Dociton (= *Propranolol*, Betablocker, Antihypertensivum)
Dogmatil (= *Sulpirid*, Neuroleptikum)
Dolantin (= *Pethidin*, Opioid-Agonist, Analgetikum)
Dolasetron (Serotoninantagonist)
Dolcontral (= *Pethidin*, Opioid-Agonist, Analgetikum)
Dolestan (= *Diphenhydramin*, Sedativum)
Dolgit (= *Ibuprofen*, Propionsäurederivat, NSAR, Analgetikum)
Dolo Posterine N (= *Cinchocain*, Hämorrhoidalmittel)
Dolokadin (= *Flupirtin*, zentrales Muskelrelaxanz)
Dolomo TN (= *ASS* + *Paracetamol* + *Codein*/Coffein, Analgetika-Kombination)
Doloproct (= *Fluocortolon* + *Lidocain*, Hämorrhoidalmittel)
DoloVisano M (= *Mephenesin*, zentrales Muskelrelaxanz)
Dolviran N (= *ASS* + *Codein*, Analgetika-Kombination)
Domidon (= *Domperidon*, motilitätssteigerndes Mittel)
Dominal (= *Prothipendyl*, Neuroleptikum)
Domperidon (motilitätssteigerndes Mittel)
Domperidon Hexal (= *Domperidon*, motilitätssteigerndes Mittel)
Domperidon Teva (= *Domperidon*, motilitätssteigerndes Mittel)
Donepezil (Antidementivum)
Doneurin (= *Doxepin*, NSMRI, Antidepressivum)
Dopacard (= *Dopexamin*, Sympathomimetikum)
Dopamin (Sympathomimetikum)
Dopegyt (= *Alpha-Methyldopa*, zentraler Alpha-2-Agonist, Antihypertensivum)
Dopergin (= *Lisurid*, Dopaminagonist, Antiparkinsonmittel, Prolactinhemmer)
Dopexamin (Sympathomimetikum)
Dormicum (= *Midazolam*, Benzodiazepin, Sedativum)
Dormutil N (= *Diphenhydramin*, Sedativum)
Doss (= *Alfacalcidol*, Vitamin D)
Dostinex (= *Cabergolin*, Prolactinhemmer)
Dosulepin (NSMRI, Antidepressivum)
Doxacor (= *Doxazosin*, Alphablocker, Antihypertensivum)
Doxakne (= *Doxycyclin*, internes Aknemittel)
Doxam (= *Ambroxol* + *Doxycyclin*, kombiniertes Bronchialtherapeutikum)
Doxazomerck (= *Doxazosin*, Alphablocker, Antihypertensivum)
Doxazosin (Alphablocker, Antihypertensivum)
Doxazosin-ratiopharm (= *Doxazosin*, Alphablocker, Antihypertensivum)
Doxepin (NSMRI, Antidepressivum)

Doxepin-ratiopharm (= *Doxepin*, NSMRI, Antidepressivum)
DOXO-cell (= *Doxorubicin*, zytotoxisches Antibiotikum, Onkologikum)
Doxorubicin (zytotoxisches Antibiotikum, Onkologikum)
Doxorubicin Hexal (= *Doxorubicin*, zytotoxisches Antibiotikum, Onkologikum)
Doxorubicin liposomal (zytotoxisches Antibiotikum, Onkologikum)
Doxorubicin NC (= *Doxorubicin*, zytotoxisches Antibiotikum, Onkologikum)
Doxy plus Stada (= *Ambroxol* + *Doxycyclin*, kombiniertes Bronchialtherapeutikum)
Doxycyclin (Tetracyclin, Antibiotikum, internes Aknemittel)
Doxycyclin-ratiopharm (= *Doxycyclin*, Tetracyclin, Antibiotikum)
Doxyderma (= *Doxycyclin*, internes Aknemittel)
Doxyhexal (= *Doxycyclin*, Tetracyclin, Antibiotikum)
Doxylamin (Sedativum)
Dridase (= *Oxybutynin*, Urospasmolytikum)
Dropropizin (Antitussivum)
Drotrecogin alfa (Antithrombotikum)
Drylin (= *Trimethoprim* + *Sulfamethoxazol*, Sulfonamid-Kombination, Antibiotikum)
Dulcolax (= *Bisacodyl*, Laxanz)
Duloxetin (Antidepressivum, Urologikum)
Duofem (= *Levonorgestrel*, Postkoitalpill)
Duolip (= *Etofyllinclofibrat*, Clofibrinsäurederivat, Lipidsenker)
Duphaston (= *Dydrogesteron*, Gestagen, Hormon)
Duracoron (= *Molsidomin*, Koronarmittel, Vasodilatator)
Duradiuret (= *Triamteren* + *Hydrochlorothiazid*, Diuretika-Kombination)
durafenat (= *Fenofibrat*, Clofibrinsäurederivat, Lipidsenker)
Duraglucon N (= *Glibenclamid*, Sulfonylharnstoff, orales Antidiabetikum)
Duralozam (= *Lorazepam*, Benzodiazepin, Sedativum)
Duramipress (= *Prazosin*, Alphablocker, Antihypertensivum)
Duranifin Sali (= *Nifedipin* + *Mefrusid*, Kalziumantagonist-Kombination, Antihypertensivum)
Durapindol (= *Pindolol*, Betablocker, Antihypertensivum)
Durasoptin (= *Verapamil*, Kalziumantagonist, Antihypertensivum)
Duraspiron (= *Spironolacton*, Aldosteronantagonist, Diuretikum)
Duratenol (= *Atenolol*, Betablocker, Antihypertensivum)
Durazanil (= *Bromazepam*, Benzodiazepin, Sedativum)
Durazepam (= *Oxazepam*, Benzodiazepin, Sedativum)
Durogesic Smat (= *Fentanyl*, Opioid-Agonist, Analgetikum)
Dusodril (= *Naftidrofuryl*, durchblutungsförderndes Mittel)
Duspatal (= *Mebeverin*, Spasmolytikum)
Duspatalin (= *Mebeverin*, Spasmolytikum)
Dutasterid (Prostatamittel)
Dydrogesteron (Gestagen, Hormon)
Dynacil (= *Fosinopril*, ACE-Hemmer, Antihypertensivum)
Dynacil comp (= *Fosinopril* + *Hydrochlorothiazid*, Kombination ACE-Hemmer + Diuretikum)
Dynastat (= *Parecoxib*, Coxib, NSAR, Analgetikum)
Dynorm (= *Cilazapril*, ACE-Hemmer, Antihypertensivum)
Dynorm Plus (= *Cilazapril* + *Hydrochlorothiazid*, Kombination ACE-Hemmer + Diuretikum)

Dysmenalgit (= *Naproxen*, Propionsäurederivat, NSAR, Analgetikum)
Dysport (= *Clostridium-botulinum-Toxin* Typ A, Muskelrelaxanz)
Dysurgal (= *Atropin*, Spasmolytikum)
Dytide H (= *Triamteren + Hydrochlorothiazid*, Diuretika-Kombination)

E

Eatan N (= *Nitrazepam*, Benzodiazepin, Sedativum)
Ebastel (= *Ebastin*, Antihistaminikum, Antiallergikum)
Ebastin (Antihistaminikum, Antiallergikum)
Ebixa (= *Memantin*, Antidementivum)
Ebrantil (= *Urapidil*, Alphablocker, Antihypertensivum)
Edronax (= *Reboxetin*, Antidepressivum)
Efalizumab (internes Antipsoriatikum)
Efavirenz (EFV, HIV-Virustatikum)
Efektolol (= *Propranolol*, Betablocker, Antihypertensivum)
Eferox (= *Levothyroxin*, T_4, Schilddrüsenhormon)
Effekton (= *Diclofenac*, Essigsäurederivat, NSAR, Analgetikum)
Effortil (= *Etilefrin*, Sympathomimetikum)
Efudix (= *Fluorouracil*, 5-FU, Antimetabolit, Onkologikum)
EinsAlpha (= *Alfacalcidol*, Vitamin D)
Eisendragees-ratiopharm (= *Eisen*, Antianämikum)
Eisen-III-Hydroxid-Dextran-Komplex (Eisen, Antianämikum)
Eisen-III-Ion (Eisen, Antianämikum)
Eisen-II-Ion (Eisen, Antianämikum)
Ektebin (= *Protionamid*, PTH, Tuberkulostatikum)
Elantan (= *Isosorbidmononitrat*, Koronarmittel, Vasodilatator)
Elbrol (= *Propranolol*, Betablocker, Antihypertensivum)
Elcrit (= *Clozapin*, Neuroleptikum)
Eldisine (= *Vindesin*, Vinca-Alkaloid, Onkologikum)
Eletriptan (Triptan, Migränemittel)
Eligard (= *Leuprorelin*, LH-RH-Agonist)
Ellatun (= *Tramazolin*, Sympathomimetikum, Rhinologikum)
Elmendos (= *Lamotrigin*, Antidepressivum)
Elobact (= *Cefuroxim-Axetil*, Oralcephalosporin, Antibiotikum)
Eloxatin (= *Oxaliplatin*, Platin-haltige Verbindung, Onkologikum)
Elroquil N (= *Hydroxyzin*, Antihistaminikum, Antiallergikum)
EMB Hefa (= *Ethambutol*, EMB, Tuberkulostatikum)
EMB-Fatol (= *Ethambutol*, EMB, Tuberkulostatikum)
Emend (= *Aprepitant*, Antiemetikum, Antivertiginosum)
Emesan (= *Diphenhydramin*, Sedativum)
Emestar Mono (= *Eprosartan*, Angiotensin-II-Blocker, Antihypertensivum)
Emestar plus (= *Eprosartan + Hydrochlorothiazid*, Angiotensin-II-Blocker + Diuretikum, Antihypertensivum)
Eminase (= *Anistreplase*, APSAC, Fibrinolytikum)
Emselex (= *Darifenacin*, Urospasmolytikum)
Emtricitabin (FTC, HIV-Virustatikum)
Emtriva (= *Emtricitabin*, FTC, HIV-Virustatikum)
Enadura (= *Enalapril*, ACE-Hemmer, Antihypertensivum)
Enahexal (= *Enalapril*, ACE-Hemmer, Antihypertensivum)
Enahexal comp (= *Enalapril + Hydrochlorothiazid*, Kombination ACE-Hemmer + Diuretikum)
Enalapril (ACE-Hemmer, Antihypertensivum)
Enalapril HCT Sandoz (= *Enalapril + Hydrochlorothiazid*, Kombination ACE-Hemmer + Diuretikum)

Enalapril-ratiopharm (= *Enalapril*, ACE-Hemmer, Antihypertensivum)
Enantone-Monatsdepot (= *Leuprorelin*, LH-RH-Agonist)
Enaplus Al (= *Enalapril* + *Hydrochlorothiazid*, Kombination ACE-Hemmer + Diuretikum)
Enbrel (= *Etanercept*, Immunsuppressivum)
Endak (= *Carteolol*, Betablocker, Antihypertensivum)
Endofalk (= *Macrogol* + *NaHCO3* + *NaCl* + KCl, Darmlavage-Lösung)
Endoxan (= *Cyclophosphamid*, Rheuma-Basistherapeutiku, Stickstofflost-Analogon, Onkologikum)
Eneas (= *Nitrendipin* + *Enalapril*, Kalziumantagonist-Kombination, Antihypertensivum)
Enfuvirtid (T20, HIV-Virustatikum)
Enoxacin (Fluorochinolon, Antibiotikum)
Enoxaparin (niedermolekulares Heparin, Gerinnungsmittel)
Enoximon (Phosphodiesterasehemmer)
Enoxor (= *Enoxacin*, Fluorochinolon, Antibiotikum)
Entacapon (COMT-Hemmer, Antiparkinsonmittel)
Entocort Kapseln (= *Budesonid*, lokales Glukokortikoid)
Entocort rektal (= *Budesonid*, lokales Glukokortikoid)
Enzym Lefax (= *Pankreatin* + *Simeticon*, Karminativum + Verdauungsenzym)
Epaq (= *Salbutamol*, inhalatives $Beta_2$-Sympathomimetikum, Bronchodilatator)
EPI-cell (= *Epirubicin*, zytotoxisches Antibiotikum, Onkologikum)
Epinephrin (Adrenalin, inhalatives Sympathomimetikum, Bronchodilatator)
Epirubicin (zytotoxisches Antibiotikum, Onkologikum)
Epirubicin Hexal (= *Epirubicin*, zytotoxisches Antibiotikum, Onkologikum)
Epivir (= *Lamivudin*, 3TC, HIV-Virustatikum)
Eplerenon (Aldosteronantagonist, Diuretikum)
Epoetin alfa (Erythropoetin, Antianämikum)
Epoetin beta (Erythropoetin, Antianämikum)
Eprex (= *Epoetin* alfa, Erythropoetin, Antianämikum)
Eprosartan (Angiotensin-II-Blocker, Antihypertensivum)
Eptacog alpha (Gerinnungsfaktor)
Eptifibatid (Thrombozytenaggregationshemmer)
Equasym (= *Methylphenidat*, Psychoanaleptikum)
Equilibrin (= *Amitriptylinoxid*, NSMRI, Antidepressivum)
Eracin (= *Epirubicin*, zytotoxisches Antibiotikum, Onkologikum)
Erbitux (= *Cetuximab*, antineoplastische Antikörper, Onkologikum)
Eremfat (= *Rifampicin*, RMP, Tuberkulostatikum)
Ergenyl (= *Valproinsäure*, Antiepileptikum, Nichtbarbiturat)
Ergobel (= *Nicergolin*, Antidementivum)
Ergocalm (= *Lormetazepam*, Benzodiazepin, Sedativum)
Ergodesit (= *Dihydroergotoxin*, Antidementivum)
Ergo-Kranit Migräne (= *Ergotamin*, Secalealkaloid, Migränemittel)
Ergotam ct (= *Dihydroergotamin*, Secalealkaloid, Migränemittel)
Ergotamin (Secalealkaloid, Migränemittel)
Erlotinib (antineoplastisches Mittel, Onkologikum)
Ertapenem (Carbapenem, Antibiotikum)
Eryfer (= *Eisen*, Antianämikum)
Eryhexal (= *Erythromycin*, Makrolid, Antibiotikum)
Erypo (= *Epoetin* alfa, Erythropoetin, Antianämikum)

Erythrocin (= *Erythromycin*, Makrolid, Antibiotikum)
Erythromycin (Makrolid, Antibiotikum)
Erythromycin-ratiopharm (= *Erythromycin*, Makrolid, Antibiotikum)
Escitalopram (SSRI, Antidepressivum)
Escor (= *Nilvadipin*, Kalziumantagonist, Antihypertensivum)
Esidrix (= *Hydrochlorothiazid*, Benzothiadiazin, Diuretikum)
Eskazole (= *Albendazol*, Anthelminthikum)
Esketamin (Injektionsnarkotikum, Nichtbarbiturat)
Esmeron (= *Rocuronium*, stabilisierendes Muskelrelaxanz)
Esmolol (Betablocker, Antihypertensivum)
Esomeprazol (Protonenpumpenblocker, Ulkustherapeutikum)
Espa Trigin (= *Lamotrigin*, Antiepileptikum)
Espadox (= *Doxepin*, NSMRI, Antidepressivum)
Espa-Valept (= *Valproinsäure*, Antiepileptikum, Nichtbarbiturat)
Espumisan (= *Simeticon*, Karminativum)
Estracyt (= *Estramustin*, antineoplastisches Mittel, Onkologikum)
Estraderm TTS (= *Estradiol*, Östrogen, Hormon)
Estradiol (Östrogen, Hormon)
Estragest (= *Estradiol* + *Norethisteron*, Östrogen + Gestagen, Hormone)
Estramon (= *Estradiol*, Östrogen, Hormon)
Estramustin (antineoplastisches Mittel, Onkologikum)
Estramustin Hexal (= *Estramustin*, antineoplastisches Mittel, Onkologikum)
Estrifam (= *Estradiol*, Östrogen, Hormon)
Estriol Jenapharm (= *Estradiol*, Östrogen, Hormon)
Etanercept (Immunsuppressivum)
Ethambutol (EMB, Tuberkulostatikum)
Ethinylestradiol (Östrogen, Hormon)
Ethinylestradiol Jenapharm (= *Ethinylestradiol*, Östrogen, Hormon)
Ethinylestradiol/Chlormadinon (Kontrazeptivum)
Ethinylestradiol/Desogestrel (Kontrazeptivum)
Ethinylestradiol/Dienogest (Kontrazeptivum)
Ethinylestradiol/Drospirenon (Kontrazeptivum)
Ethinylestradiol/Gestoden (Kontrazeptivum)
Ethinylestradiol/Levonorgestrel (Kontrazeptivum)
Ethinylestradiol/Lynestrenol (Kontrazeptivum)
Ethinylestradiol/Norethisteron (Kontrazeptivum)
Ethinylestradiol/Norgestimat (Kontrazeptivum)
Ethosuximid (Antiepileptikum, Nichtbarbiturat)
Etidron Hexal (= *Etidronsäure*, Bisphosphonat, Kalziumstoffwechselregulator)
Etidronat Jenaph (= *Etidronsäure*, Bisphosphonat, Kalziumstoffwechselregulator)
Etidronsäure (Bisphosphonat, Kalziumstoffwechselregulator)
Etilefrin (Sympathomimetikum)
Etilefrin-ratiopharm (= *Etilefrin*, Sympathomimetikum)
ETO CS (= *Etoposid*, Podophyllotoxin-Derivat, Onkologikum)
Etofibrat (Clofibrinsäurederivat, Lipidsenker)
Etofyllinclofibrat (Clofibrinsäurederivat, Lipidsenker)
Eto-Gry (= *Etoposid*, Podophyllotoxin-Derivat, Onkologikum)
Etomedac (= *Etoposid*, Podophyllotoxin-Derivat, Onkologikum)
Etomidat (Injektionsnarkotikum, Nichtbarbiturat)

Etomidat lipuro (= *Etomidat*, Injektionsnarkotikum, Nichtbarbiturat)
Etonogestrel (Kontrazeptivum)
Etopophos (= *Etoposid*, Podophyllotoxin-Derivat, Onkologikum)
Etoposid (Podophyllotoxin-Derivat, Onkologikum)
Etoposid Hexal (= *Etoposid*, Podophyllotoxin-Derivat, Onkologikum)
Etoricoxib (Coxib, NSAR, Analgetikum)
Euglucon N (= *Glibenclamid*, Sulfonylharnstoff, orales Antidiabetikum)
Eu-Med (= *Phenazon*, Pyrazolonderivat, NSAR, Analgetikum)
Eunerpan (= *Melperon*, Neuroleptikum)
Euphylong (= *Theophyllin*, Methylxanthin, Bronchodilatator)
Euplix (= *Paroxetin*, SSRI, Antidepressivum)
Eusaprim (= *Trimethoprim* + *Sulfamethoxazol*, Sulfonamid-Kombination, Antibiotikum)
Euspirax (= *Cholintheophyllinat*, Methylxanthin, Bronchodilatator)
Euthyrox (= *Levothyroxin*, T4, Schilddrüsenhormon)
Eve 20 (= *Ethinylestradiol*/Norethisteron, Kontrazeptivum)
Everolimus (Immunsuppressivum)
Evista (= *Raloxifen*, Östrogenrezeptor-Modulator)
EVRA (= *Ethinylestradiol* + *Norelgestromin*, Kontrazeptivum)
Exelon (= *Rivastigmin*, Antidementivum)
Exemestan (Antiöstrogen)
Exitop (= *Etoposid*, Podophyllotoxin-Derivat, Onkologikum)
Expafusin (= *Stärkederivat*, Plasmaersatzmittel)
Expit (= *Ambroxol*, Mukolytikum)
Exrheudon Opt (= *Phenylbutazon*, Pyrazolonderivat, NSAR, Analgetikum)
Exubera (= *Insulin* normal, inhalatives Insulin, Antidiabetikum)
Ezetimib (Lipidsenker)
Ezetrol (= *Ezetimib* (Lipidsenker)

F

Fabrazyme (= *Agalsidase* beta, Orphan Drug)
Fadul (= *Famotidin*, H2-Blocker, Ulkustherapeutikum)
Faktor I (Gerinnungsfaktor)
Faktor IX (Gerinnungsfaktor)
Faktor VIIa (Gerinnungsfaktor)
Faktor VIII (Gerinnungsfaktor)
Faktor XIII (Gerinnungsfaktor)
Faktu (= *Policresulen* + *Cinchocain*, Hämorrhoidalmittel)
Faktu akut (= *Bufexamac* + *Bismut* + *Titan* + Lidocain, Hämorrhoidalmittel)
Falicard (= *Verapamil*, Kalziumantagonist, Antihypertensivum)
Falithrom (= *Phenprocoumon*, Cumarinderivat, Gerinnungsmittel)
Falitonsin (= *Atenolol*, Betablocker, Antihypertensivum)
Famciclovir (Virustatikum, Herpes-Präparat)
Famobeta (= *Famotidin*, H2-Blocker, Ulkustherapeutikum)
Famonerton (= *Famotidin*, H2-Blocker, Ulkustherapeutikum)
Famotidin (H2-Blocker, Ulkustherapeutikum)
Famotidin-ratiopharm (= *Famotidin*, H2-Blocker, Ulkustherapeutikum)
Famvir (= *Famciclovir*, Virustatikum, Herpes-Präparat)
Fareston (= *Toremifen*, Antiöstrogen)
Farlutal (= *Medroxyprogesteronacetat*, Gestagen, Hormon)
Farmorubicin (= *Epirubicin*, zytotoxisches Antibiotikum, Onkologikum)
Fasax (= *Piroxicam*, Oxicam, NSAR, Analgetikum)

Faslodex (= *Fulvestrant*, Antiöstrogen)
Fastjekt (= *Epinephrin*, Sympathomimetikum)
Fasturtec (= *Rasburicase*, Gichtmittel)
Faustan (= *Diazepam*, Benzodiazepin, Sedativum)
Favistan (= *Thiamazol*, Thyreostatikum)
Favorex (= *Sotalol*, Betablocker, Antihypertensivum)
Favorex (= *Sotalol*, Klasse-III-Antiarrhythmikum)
Felden (= *Piroxicam*, Oxicam, NSAR, Analgetikum)
Felocor (= *Felodipin*, Kalziumantagonist, Antihypertensivum)
Felodipin (Kalziumantagonist, Antihypertensivum)
Felodipin ct (= *Felodipin*, Kalziumantagonist, Antihypertensivum)
Fem 7 (= *Estradiol*, Östrogen, Hormon)
Femara (= *Letrozol*, Antiöstrogen)
Femigoa (= *Ethinylestradiol*/Levonorgestrel, Kontrazeptivum)
Femoston (= *Estradiol* + *Dydrogesteron*; Östrogen + Gestagen, Hormone)
Femoston Conti (= *Estradiol* + *Dydrogesteron*; Östrogen + Gestagen, Hormone)
Femovan (= *Ethinylestradiol*/Gestoden, Kontrazeptivum)
Fempress (= *Moexipril*, ACE-Hemmer, Antihypertensivum)
Fempress Plus (= *Moexipril* + *Hydrochlorothiazid*, Kombination ACE-Hemmer + Diuretikum)
Femranette (= *Ethinylestradiol*/ Levonorgestrel, Kontrazeptivum)
Fenistil (= *Dimetinden*, Antihistaminikum, Antiallergikum)
Fenofibrat (Clofibrinsäurederivat, Lipidsenker)
Fenofibrat-ratiopharm (= *Fenofibrat*, Clofibrinsäurederivat, Lipidsenker)
Fenoterol (inhalatives $Beta_2$-Sympathomimetikum, Bronchodilatator, Wehenhemmer)
Fensum (= *Paracetamol*, Acetaminophen, Anilinderivat, NSAR, Analgetikum)
Fentanyl (Opioid-Agonist, Analgetikum)
Fentanyl Curamed (= *Fentanyl*, Opioid-Analgetikum)
Fentanyl Hexal (= *Fentanyl*, Opioid-Agonist, Analgetikum)
Fentanyl-Janssen (= *Fentanyl*, Opioid-Agonist, Analgetikum)
Ferrlecit (= *Eisen*, Antianämikum)
ferro sanol (= *Eisen*, Antianämikum)
ferro sanol duodenal (= *Eisen*, Antianämikum)
Ferro-Folsan (= *Folsäure* + *Eisen*)
Fevarin (= *Fluvoxamin*, SSRI, Antidepressivum)
Fexofenadin (Antihistaminikum, Antiallergikum)
Fiblaferon (= *Interferon* beta, Interferon)
Fibrinogen (Gerinnungsfaktor)
Fibrinstabilis. F (Gerinnungsfaktor)
Fibrogammin HS (= *Fibrinstabilis*. F., Gerinnungsfaktor)
Filgrastim (G-CSF, Wachstumsfaktor)
Finasterid (Haarwuchsmittel, Prostatamittel)
Finlepsin (= *Carbamazepin*, Antiepileptikum, Nichtbarbiturat)
Firin (= *Norfloxacin*, Fluorochinolon, Antibiotikum)
Flagyl (= *Metronidazol*, Nitroimidazol, Antibiotikum)
Flavoxat (Urospasmolytikum)
Flecadura (= *Flecainid*, Klasse-Ic-Antiarrhythmikum)
Flecainid (Klasse-Ic-Antiarrhythmikum)
Flecainid Isis (= *Flecainid*, Klasse-Ic-Antiarrhythmikum)
Flexase (= *Piroxicam*, Oxicam, NSAR, Analgetikum)

Flosa (= *Plantago* ovata, Flohsamen, Laxanz)
Flotrin (= *Terazosin*, Prostatamittel)
Fluanxol (= *Flupentixol*, Neuroleptikum)
Fluclox (= *Flucloxacillin*, Penicillin, Antibiotikum)
Flucloxacillin (Penicillin, Antibiotikum)
Flucloxacillin Curasan (= *Flucloxacillin*, Penicillin, Antibiotikum)
Flucobeta (= *Fluconazol*, Azol, Antimykotikum)
Fluconazol (Azol, Antimykotikum)
Fluconazol Deltaselect (= *Fluconazol*, Azol, Antimykotikum)
Fluconazol Hexal (= *Fluconazol*, Azol, Antimykotikum)
Fluconazol-ratiopharm (= *Fluconazol*, Azol, Antimykotikum)
Fluctin (= *Fluoxetin*, SSRI, Antidepressivum)
Flucytosin (Antimykotikum)
Fludara (= *Fludarabin*, Antimetabolit, Onkologikum)
Fludarabin (Antimetabolit, Onkologikum)
Fludrocortison (Glukokortikoid)
Fluimucil (= *ACC*, Acetylcystein, Mukolytikum)
Flumid (= *Flutamid*, Antiandrogen, Sexualhormon)
Flunarizin (ZNS-Medikament)
Flunarizin-ratiopharm (= *Flunarizin*, ZNS-Medikament)
Flunavert (= *Flunarizin* ZNS-Medikament)
Flunazul (= *Fluconazol*, Azol, Antimykotikum)
Fluneurin (= *Fluoxetin*, SSRI, Antidepressivum)
Flunibeta 1 (= *Flunitrazepam*, Benzodiazepin, Sedativum)
Fluninoc (= *Flunitrazepam*, Benzodiazepin, Sedativum)
Flunitrazepam (Benzodiazepin, Sedativum)
Flunitrazepam-ratiopharm (= *Flunitrazepam*, Benzodiazepin, Sedativum)
Fluocinonid + Lidocain (Hämorrhoidalmittel)
Fluocortolon (Glukokortikoid)
Fluorouracil (5-FU (Antimetabolit, Onkologikum)
Fluorouracil-GRY (= *Fluorouracil*, 5-FU, Antimetabolit, Onkologikum)
Fluor-Vigantoletten (= *Colecalciferol + Fluorid*; Vitamin D)
Fluoxetin (SSRI, Antidepressivum)
Fluoxetin-ratiopharm (= *Fluoxetin*, SSRI, Antidepressivum)
Flupendura (= *Flupentixol*, Neuroleptikum)
Flupentixol (Neuroleptikum)
Flupentixol Neuraxph (= *Flupentixol*, Neuroleptikum)
Fluphenazin (Neuroleptikum)
Flupirtin (zentrales Muskelrelaxanz)
Flurazepam (Benzodiazepin, Sedativum)
Flurazepam Real (= *Flurazepam*, Benzodiazepin, Sedativum)
Fluspi (= *Fluspirilen*, Neuroleptikum)
Fluspirilen (Neuroleptikum)
Fluspirilen Beta (= *Fluspirilen*, Neuroleptikum)
Flutamid (Antiandrogen, Sexualhormon)
Flutamid-ratiopharm (= *Flutamid*, Antiandrogen, Sexualhormon)
Fluticason (inhalatives Kortikoid)
Flutide (= *Fluticason*, inhalatives Kortikoid)
Fluvastatin (CSE-Hemmer, Lipidsenker)
Fluvohexal (= *Fluvoxamin*, SSRI, Antidepressivum)
Fluvoxamin (SSRI, Antidepressivum)
Fluvoxamin Neuraxph (= *Fluvoxamin*, SSRI, Antidepressivum)
Fluvoxamin-ratiopharm (= *Fluvoxamin*, SSRI, Antidepressivum)
Fluvoxamin Stada (= *Fluvoxamin*, SSRI, Antidepressivum)
Folarell (= *Folsäure*)
Foli Cell (= *Folinsäure*, antineoplastisches Mittel, Onkologikum)

Foligan (= *Allopurinol*, Xanthin-Oxidase-Inhibitor, Gichtmittel)
Folinsäure (antineoplastisches Mittel, Onkologikum)
Folsan (= *Folsäure*)
Folsäure (Vitamin)
Folsäure Hevert (= *Folsäure*)
Fondaparinux (Heparinoid, Gerinnungsmittel)
Fondril 5 Hct (= *Bisoprolol* + *Hydrochlorothiazid*, Betablocker + Diuretikum, Antihypertensivum)
Foradil P (= *Formoterol*, inhalatives Beta$_2$-Sympathomimetikum, Bronchodilatator)
Forair (= *Formoterol*, inhalatives Beta$_2$-Sympathomimetikum, Bronchodilatator)
Formatris (= *Formoterol*, inhalatives Beta$_2$-Sympathomimetikum, Bronchodilatator)
Formigran (= *Naratriptan*, Triptan, Migränemittel)
Formoterol (inhalatives Beta$_2$-Sympathomimetikum, Bronchodilatator)
Formoterol-ratiopharm (= *Formoterol*, inhalatives Beta$_2$-Sympathomimetikum, Bronchodilatator)
Formotop (= *Formoterol*, inhalatives Beta$_2$-Sympathomimetikum, Bronchodilatator)
Forsteo (= *Teriparatid*, Parathormon)
Fortecortin (= *Dexamethason*, Glukokortikoid)
Fortum (= *Ceftazidim*, Cephalosporin, Antibiotikum)
Fortzaar (= *Losartan* + *Hydrochlorothiazid*, Angiotensin-II-Blocker + Diuretikum, Antihypertensivum)
Fosamax (= *Alendronsäure*, Bisphosphonat, Kalziumstoffwechselregulator)
Fosamprenavir (FPV, HIV-Virustatikum)
Fosavance (= *Alendronsäure* + *Colecalciferol*, Bisphosphonat, Kalziumstoffwechselregulator)
Foscarnet (Virustatikum, CMV-Präparat)
Foscavir (= *Foscarnet*, Virustatikum, CMV-Präparat)
Fosfomycin (Antibiotikum)
Fosino Teva (= *Fosinopril*, ACE-Hemmer, Antihypertensivum)
Fosinopril (ACE-Hemmer, Antihypertensivum)
Fosinopril Basics (= *Fosinopril*, ACE-Hemmer, Antihypertensivum)
Fosinorm (= *Fosinopril*, ACE-Hemmer, Antihypertensivum)
Fosinorm comp (= *Fosinopril* + *Hydrochlorothiazid*, Kombination ACE-Hemmer + Diuretikum)
Fragmin (= *Dalteparin*, niedermolekulares Heparin, Gerinnungsmittel)
Fragmin D (= *Dalteparin*, niedermolekulares Heparin, Gerinnungsmittel)
Fragmin Multidose (= *Dalteparin*, niedermolekulares Heparin, Gerinnungsmittel)
Fragmin P (= *Dalteparin*, niedermolekulares Heparin, Gerinnungsmittel)
Fragmin P Forte (= *Dalteparin*, niedermolekulares Heparin, Gerinnungsmittel)
Fraxiparin (= *Nadroparin*, niedermolekulares Heparin, Gerinnungsmittel)
Fraxiparin Multi (= *Nadroparin*, niedermolekulares Heparin, Gerinnungsmittel)
Fraxodi (= *Nadroparin*, niedermolekulares Heparin, Gerinnungsmittel)
Frisium (= *Clobazam*, Benzodiazepin, Sedativum)
Frovatriptan (Triptan, Migränemittel)
Frubiase Calcium T (= *Kalzium*, Mineralstoff)
Fugerel (= *Flutamid*, Antiandrogen, Sexualhormon)
Fulvestrant (Antiöstrogen)

Fungata (= *Fluconazol*, Azol, Antimykotikum)
Furadantin (= *Nitrofurantoin*, Antibiotikum)
Furanthril (= *Furosemid*, Schleifendiuretikum)
Furesis comp (= *Triamteren* + *Furosemid*, Diuretika-Kombination)
Furo Aldopur (= *Spironolacton* + *Furosemid*, Diuretika-Kombination)
Furorese (= *Furosemid*, Schleifendiuretikum)
Furorese comp (= *Spironolacton* + *Furosemid*, Diuretika-Kombination)
Furosemid (Schleifendiuretikum)
Furosemid-ratiopharm (= *Furosemid*, Schleifendiuretikum)
Fusid (= *Furosemid*, Schleifendiuretikum)
Futuril (= *Citalopram*, SSRI, Antidepressivum)
Fuzeon (= *Enfuvirtid*, T20, HIV-Virustatikum)

G

Gabapentin (Antiepileptikum)
Gabapentin Hexal (= *Gabapentin*, Antiepileptikum)
Gabapentin-ratiopharm (= *Gabapentin*, Antiepileptikum)
Gabapentin Stada (= *Gabapentin*, Antiepileptikum)
Gabax (= *Gabapentin*, Antiepileptikum)
Gabitril (= *iagabin*, Antiepileptikum)
Gabrilen (= *Ketoprofen*, Propionsäurederivat, NSAR, Analgetikum)
Galantamin (Antidementivum)
Gallobeta (= *Gallopamil*, Kalziumantagonist, Antihypertensivum)
Gallopamil (Kalziumantagonist, Antihypertensivum)
Galsulfase (Orphan Drug)
Ganciclovir (Virustatikum, CMV-Präparat)
Gastracid (= *Omeprazol*, Protonenpumpenblocker, Ulkustherapeutikum)
Gastronerton (= *Metoclopramid*, motilitätssteigerndes Mittel)
Gastroprotect (= *Cimetidin*, H2-Blocker, Ulkustherapeutikum)
Gastrosil (= *Metoclopramid*, motilitätssteigerndes Mittel)
Gastrozepin (= *Pirenzepin*, Schleimhautprotektivum)
Gelafusal N (= *Gelatinederivat*, Plasmaersatzmittel)
Gelifundol (= *Gelatinederivat*, Plasmaersatzmittel)
Gelonida Schmerztbl (= *Paracetamol* + *Codein*, Analgetika-Kombination)
Gelusil Lac (= *Al-Mg-Silicat*, Antazidum)
Gelusil Liquid (= *Al-Mg-Silicat*, Antazidum)
Gemcitabin (Antimetabolit, Onkologikum)
Gemfi (= *Gemfibrozil*, Clofibrinsäurederivat, Lipidsenker)
Gemfibrozil (Clofibrinsäurederivat, Lipidsenker)
Gemzar (= *Gemcitabin*, Antimetabolit, Onkologikum)
Genta ct (= *Gentamicin*, Aminoglykosid, Antibiotikum)
Gentamicin (Aminoglykosid, Antibiotikum)
Gentamicin Hexal (= *Gentamicin*, Aminoglykosid, Antibiotikum)
Gentamicin-ratiopharm (= *Gentamicin*, Aminoglykosid, Antibiotikum)
Gernebcin (= *Tobramycin*, Aminoglykosid, Antibiotikum)
Gestakadin (= *Norethisteron*, Gestagen, Hormon)
Gevilon (= *Gemfibrozil*, Clofibrinsäurederivat, Lipidsenker)
GHRH Ferring (= *Somatorelin*, GHRH, endokrinologisches Diagnostikum)
Gilucor (= *Sotalol*, Betablocker, Antihypertensivum, Klasse-III-Antiarrhythmikum)

Gilurytmal (= *Ajmalin*, Klasse-Ia-Antiarrh.)
Gittalun (= *Doxylamin*, Sedativum)
Gityl (= *Bromazepam*, Benzodiazepin, Sedativum)
Gladem (= *Sertralin*, SSRI, Antidepressivum)
Glatirameracetat (Immunsuppressivum)
Glaupax (= *Acetazolamid*, internes Glaukommittel)
Glianimon (= *Benperidol*, Neuroleptikum)
Glib-ratiopharm (= *Glibenclamid*, Sulfonylharnstoff, orales Antidiabetikum)
Glibenclamid (Sulfonylharnstoff, orales Antidiabetikum)
Glibenhexal (= *Glibenclamid*, Sulfonylharnstoff, orales Antidiabetikum)
Gliclazid (Sulfonylharnstoff, orales Antidiabetikum)
Glimepirid (Sulfonylharnstoff, orales Antidiabetikum)
Glimepirid Hexal (= *Glimepirid*, Sulfonylharnstoff, orales Antidiabetikum)
Glimepirid Stada (= *Glimepirid*, Sulfonylharnstoff, orales Antidiabetikum)
Glimerid (= *Glimepirid*, Sulfonylharnstoff, orales Antidiabetikum)
Gliquidon (Sulfonylharnstoff, orales Antidiabetikum)
Glivec (= *Imatinib*, antineoplastisches Mittel, Onkologikum)
GlucaGen (= *Glucagon*, Antihypoglykämikum)
Glucagon (Antihypoglykämikum)
Glucobay (= *Acarbose*, Alpha-Glukosidase-Inhibitor, orales Antidiabetikum)
Glucobon (= *Metformin*, Biguanid, orales Antidiabetikum)
Glucophage (= *Metformin*, Biguanid, orales Antidiabetikum)
Glucose 40 Miniplasco (= *Glukose* 40%, Antihypoglykämikum)
Glukose 40 (Antihypoglykämikum)
Glucosteril 40 (= *Glukose* 40%, Antihypoglykämikum)
Glukovital (= *Glibenclamid*, Sulfonylharnstoff, orales Antidiabetikum)
Glurenorm (= *Gliquidon*, Sulfonylharnstoff, orales Antidiabetikum)
Glyceroltrinitrat (= *Nitroglycerin*, Koronarmittel, Vasodilatator)
Glycylpressin (= *Terlipressin*, Hypophysenhinterlappenhormon)
Glysan (= *Magaldrat*, Antazidum)
Godamed (= *Acetylsalicylsäure*, ASS, Salizylat, NSAR, Analgetikum, Thrombozytenaggregationshemmer)
Gonadorelin (LHRH, endokrinologisches Diagnostikum)
Goserelin (LH-RH-Agonist)
Granisetron (Serotoninantagonist)
Granisetron Hexal (= *Granisetron*, Serotoninantagonist)
Granisetron-ratiopharm (= *Granisetron*, Serotoninantagonist)
Granocyte 13 (= *Lenograstim*, G-CSF, Wachstumsfaktor)
Gravistat 125 (= *Ethinylestradiol/* Levonorgestrel, Kontrazeptivum)
Griseo ct (= *Griseofulvin*, Antimykotikum)
Griseofulvin (Antimykotikum)
Grüncef (= *Cefadroxil*, Oralcephalosporin, Antibiotikum)
Gumbix (= *Aminomethylbenzoesäure*, Antifibrinolytikum)
Gutron (= *Midodrin*, Sympathomimetikum)
Gynamon (= *Estradiol + Norethisteron*, Östrogen + Gestagen, Hormone)
Gynodian Depot (= *Estradiol + Prasteron*, Östrogen + Gestagen, Hormone)
Gynokadin (= *Estradiol*, Östrogen, Hormon)
Gyracip (= *Ciprofloxacin*, Fluorochinolon, Antibiotikum)
Gyrastop (= *Ciprofloxacin*, Fluorochinolon, Antibiotikum)
Gyroflox (= *Ofloxacin*, Fluorochinolon, Antibiotikum)

H

H_2-Blocker-ratiopharm (= *Cimetidin*, H_2-Blocker, Ulkustherapeutikum)
Haemiton (= *Clonidin*, zentraler Alpha-2-Agonist, Antihypertensivum)
Haemo Exhirud Bufexamac (= *Bufexamac* + *Bismut* + *Titan* + Lidocain, Hämorrhoidalmittel)
Haemo-ratiopharm (= *Bufexamac* + *Bismut* + *Titan* + Lidocain, Hämorrhoidalmittel)
Haemocomplettan HS (= *Fibrinogen*, Gerinnungsfaktor)
Haemopressin (= *Terlipressin*, Hypophysenhinterlappenhormon)
HAES steril 3 (= *Stärkederivat*, Plasmaersatzmittel)
Halbmond (= *Diphenhydramin*, Sedativum)
Halcion (= *Triazolam*, Benzodiazepin, Sedativum)
Haldol Janssen (= *Haloperidol*, Neuroleptikum)
Haloper (= *Haloperidol*, Neuroleptikum)
Haloperidol (Neuroleptikum)
Haloperidol Hexal (= *Haloperidol*, Neuroleptikum)
Haloperidol-ratiopharm (= *Haloperidol*, Neuroleptikum)
Hamadin N (= *Saccharomyces* boulardii, Antidiarrhoikum)
Hämatopan F (= *Folsäure* + *Eisen*)
Hämin (Orphan Drug)
Harmosin (= *Melperon*, Neuroleptikum)
Harpagin (= *Allopurinol* + *Benzbromaron*, Gichtmittel-Kombination)
Harzol (= *Sitosterin*, Phytosterol, Prostatamittel)
HCT Beta (= *Hydrochlorothiazid*, Benzothiadiazin, Diuretikum)
HCT Hexal (= *Hydrochlorothiazid*, Benzothiadiazin, Diuretikum)
Hctad (= *Hydrochlorothiazid*, Benzothiadiazin, Diuretikum)
Heitrin (= *Terazosin*, Alphablocker, Antihypertensivum)
Heitrin (= *Terazosin*, Prostatamittel)
Helixate, Kogenate, Recombinate (= *Antihämophiles* Globulin A, Gerinnungsfaktor)
Helmex (= *Pyrantel*, Anthelminthikum)
Heparin (unfraktioniertes Heparin, Gerinnungsmittel)
Heparin-Calcium-ratiopharm (= *Heparin*, unfraktioniertes Heparin, Gerinnungsmittel)
Heparin-Natrium-ratiopharm (= *Heparin*, unfraktioniertes Heparin, Gerinnungsmittel)
Hepsera (= *Adefovir*, HIV-Virustatikum)
Herceptin (= *Trastuzumab*, antineoplastische Antikörper, Onkologikum)
Herphonal (= *Trimipramin*, NSMRI, Antidepressivum)
Herz ASS-ratiopharm (= *Acetylsalicylsäure*, ASS, Thrombozytenaggregationshemmer)
Hexobion (= *Pyridoxin*, Vitamin B6)
Hivid (= *Zalcitabin*, DDC, HIV-Virustatikum)
Hoggar N (= *Doxylamin*, Sedativum)
Holoxan (= *Ifosfamid*, Stickstofflost-Analogon, Onkologikum)
Humalog (= *Insulin* lispro, schnellwirksames Insulin, Antidiabetikum)
Humalog Mix (= *Insulin* lispro/ Intermediärinsulin, Insulin-Kombination)
Humatin (= *Paromomycin*, Aminoglykosid, Antibiotikum)
Humedia (= *Glibenclamid*, Sulfonylharnstoff, orales Antidiabetikum)
Huminsulin Basal (= *Intermediärinsulin*, NPH-Insulin, intermediärwirksames Insulin, Antidiabetikum)
Huminsulin Normal (= *Insulin* normal, Altinsulin, kurzwirksames Insulin, Antidiabetikum)
Huminsulin Profil III (= *Insulin* normal/ Intermediärinsulin, Insulin-Kombination)

Humira (= *Adalimumab*, Immunsuppressivum)
Hustenstiller-ratiopharm (= *Dextromethorphan*, Antitussivum)
Hycamtin (= *Topotecan*, antineoplastisches Mittel, Onkologikum)
Hydiphen (= *Clomipramin*, NSMRI, Antidepressivum)
Hydrea (= *Hydroxycarbamid*, antineoplastisches Mittel, Onkologikum)
Hydro Cebral-ratiopharm (= *Dihydroergotoxin*, Antidementivum)
Hydrochlorothiazid (Benzothiadiazin, Diuretikum)
Hydrocodon (Antitussivum)
Hydrocortison (= *Hydrocortison* = *Cortisol*, Glukokortikoid)
Hydrocortison (lokales Glukokortikoid)
Hydrocortison Hoechst (= *Hydrocortison*, Cortisol, Glukokortikoid)
Hydromorphon (Opioid-Agonist, Analgetikum)
Hydromorphon Oros (Opioid-Agonist, Analgetikum)
Hydrotalcit (Antazidum)
Hydrotalcit-ratiopharm (= *Hydrotalcit*, Antazidum)
Hydrotrix (= *Triamteren* + *Furosemid*, Diuretika-Kombination)
Hydroxycarbamid (antineoplastisches Mittel, Onkologikum)
Hydroxychloroquinsulfat (Rheuma-Basistherapeutikum)
Hydroxyprogesteroncaproat (Gestagen, Hormon)
Hydroxyzin (Antihistaminikum, Antiallergikum)
Hygroton (= *Chlortalidon*, Benzothiadiazin, Diuretikum)
Hymecromon (Spasmolytikum)
HyperHAES (= *Stärkederivat*, Plasmaersatzmittel)
Hypnomidate (= *Etomidat*, Injektionsnarkotikum, Nichtbarbiturat)
Hypnorex retard (= *Lithiumkarbonat*, Antimanikum)

I

Ibandronsäure (Bisphosphonat, Kalziumstoffwechselregulator)
Ibu-ratiopharm (= *Ibuprofen*, Propionsäurederivat, NSAR, Analgetikum)
Ibuhexal (= *Ibuprofen*, Propionsäurederivat, NSAR, Analgetikum)
Ibuprofen (Propionsäurederivat, NSAR, Analgetikum)
Idarubicin (zytotoxisches Antibiotikum, Onkologikum)
IDEOS (= *Colecalciferol* + *Kalziumkarbonat*, Vitamin D)
Idom (= *Dosulepin*, NSMRI, Antidepressivum)
IFO-cell (= *Ifosfamid*, Stickstofflost-Analogon, Onkologikum)
Ifosfamid (Stickstofflost-Analogon, Onkologikum)
Ilomedin (= *Iloprost*, durchblutungsförderndes Mittel)
Iloprost (durchblutungsförderndes Mittel)
Imap (= *Fluspirilen*, Neuroleptikum)
Imatinib (antineoplastisches Mittel, Onkologikum)
Imbun (= *Ibuprofen*, Propionsäurederivat, NSAR, Analgetikum)
Imeson (= *Nitrazepam*, Benzodiazepin, Sedativum)
Imidapril (ACE-Hemmer, Antihypertensivum)
Imiglucerase (Orphan Drug)
Imigran (= *Sumatriptan*, Triptan, Migränemittel)
Imipenem + *Cilastatin* (Carbapenem-Kombination, Antibiotikum)
Imipramin (NSMRI, Antidepressivum)

Imipramin Neuraxph (= *Imipramin*, NSMRI, Antidepressivum)
Immunine STIM plus (= *Aantihämophiles* Globulin B, Gerinnungsfaktor)
Immunosporin (= *Ciclosporin*, internes Antipsoriatikum, Immunsuppressivum)
Imodium (= *Loperamid*, Antidiarrhoikum)
Imovane (= *Zopiclon*, Sedativum)
Impavido (= *Miltefosin*, antineoplastisches Mittel, Onkologikum)
Implanon (= *Etonogestrel*, Kontrazeptivum)
Impromen (= *Bromperidol*, Neuroleptikum)
Imukin (= *Interferon* gamma-1b, Interferon)
Imurek (= *Azathioprin*, Immunsuppressivum)
Inda Puren (= *Indapamid*, Benzothiadiazin, Diuretikum)
Indapamid (Benzothiadiazin, Diuretikum)
Inderal (= *Propranolol*, Betablocker, Antihypertensivum)
Indinavir (IDV, HIV-Virustatikum)
Indo ct (= *Indometacin*, Essigsäurederivat, NSAR, Analgetikum)
Indomet-ratiopharm (= *Indometacin*, Essigsäurederivat, NSAR, Analgetikum)
Indometacin (Essigsäurederivat, NSAR, Analgetikum)
Indometacin AL (= *Indometacin*, Essigsäurederivat, NSAR, Analgetikum)
Indo-paed (= *Indometacin*, Essigsäurederivat, NSAR, Analgetikum)
Indoramin (Alphablocker, Antihypertensivum)
InductOs (= *Dibotermin* alfa, Knochenmorphogen)
Inegy (= *Ezetimib* + *Simvastatin*, Lipidsenker)
Infectobicillin H (= *Azidocillin*, Oralpenicillin, Antibiotikum)
Infectocef (= *Cefaclor*, Oralcephalosporin, Antibiotikum)
Infectocillin (= *Penicillin*V, Phenoxymethylpenicillin, Oralpenicillin, Antibiotikum)
Infectoflu (= *Amantadin*, Virustatikum)
Infectofos (= *Fosfomycin*, Antibiotikum)
InfectoKrupp Inhal (= *Epinephrin*, Adrenalin, inhalatives Sympathomimetikum, Bronchodilatator)
Infectomox (= *Amoxicillin*, Breitbandpenicillin, Antibiotikum)
Infectomycin (= *Erythromycin*, Makrolid, Antibiotikum)
Infectoopticef (= *Cefixim*, Oralcephalosporin, Antibiotikum)
Infectoroxit (= *Roxithromycin*, Makrolid, Antibiotikum)
Infectostaph (= *Dicloxacillin*, Penicillin, Antibiotikum)
Infectostaph (= *Oxacillin*, Penicillin, Antibiotikum)
Infectotrimet (= *Trimethoprim*, Sulfonamid, Antibiotikum)
Infectozidim (= *Ceftazidim*, Cephalosporin, Antibiotikum)
Inferax (= *Interferon* alfacon-1, Interferon)
Infliximab (Immunsuppressivum)
Infukoll HES 6 (= *Stärkederivat*, Plasmaersatzmittel)
innohep (= *Tinzaparin*, niedermolekulares Heparin, Gerinnungsmittel)
innohep 20000 (= *Tinzaparin*, niedermolekulares Heparin, Gerinnungsmittel)
innohep multi (= *Tinzaparin*, niedermolekulares Heparin, Gerinnungsmittel)
Inositolnicotinat (Nikotinsäurederivat, Lipidsenker)
Insidon (= *Opipramol*, Antidepressivum)
Inspra (= *Eplerenon*, Aldosteronantagonist, Diuretikum)
Insulin Aspart (schnellwirksames Insulin, Antidiabetikum)
Insulin Aspart/Intermediärinsulin (Insulin-Kombination)
Insulin B. Braun-ratiopharm Rapid (= *Insulin* normal, Altinsulin, kurzwirksames Insulin, Antidiabetikum)

Insulin B. Braun-ratiopharm Comb 30/70 (= *Insulin* normal/Intermediärinsulin, Insulin-Kombination)
Insulin Glargin (langwirksames Insulin, Antidiabetikum)
Insulin lispro (schnellwirksames Insulin, Antidiabetikum)
Insulin lispro/Intermediärinsulin (Insulin-Kombination)
Insulin normal (Altinsulin, kurzwirksames Insulin, Antidiabetikum)
Insulin normal (inhalatives Insulin, Antidiabetikum)
Insulin normal/Intermediärinsulin (Insulin-Kombination)
Insulin Novo semilente (= *Intermediärinsulin*, Antidiabetikum)
Insulindetemir (langwirksames Insulin, Antidiabetikum)
Insulinglulisin (schnellwirksames Insulin, Antidiabetikum)
Insulin-Zink-Kristallsuspension (langwirksames Insulin, Antidiabetikum)
insuman BASAL (= *Intermediärinsulin*, NPH-Insulin, intermediärwirksames Insulin, Antidiabetikum)
insuman COMB (= *Insulin* normal/ Intermediärinsulin, Insulin-Kombination)
insuman RAPID (= *Insulin* normal, Altinsulin, kurzwirksames Insulin, Antidiabetikum)
Intal (= *Cromoglicinsäure*, Mastzellstabilisator, Antiallergikum)
Integrilin (= *Eptifibatid*, Thrombozytenaggregationshemmer)
Interferon alfa-2a (Interferon)
Interferon alfa-2b (Interferon)
Interferon alfacon-1 (Interferon)
Interferon beta (Interferon)
Interferon beta-1a (Interferon)
Interferon beta-1b (Interferon)
Interferon gamma-1b (Interferon)
Intermediärinsulin (NPH-Insulin, intermediärwirksames Insulin, Antidiabetikum)
Intermediärinsulin v. Schwein (Antidiabetikum)
Intrasil (= *Sulpirid*, Neuroleptikum)
Intrauterinpessar mit Kupfer (Kontrazeptivum)
Intrauterinpessar mit Levonorgestrel (Kontrazeptivum)
Intron A (= *Interferon* alfa-2b, Interferon)
Invanz (= *Ertapenem*, Carbapenem, Antibiotikum)
Invirase (= *Saquinavir*, SQV, HIV-Virustatikum)
Ionsys (= *Fentanyl*, Opioid-Agonist, Analgetikum)
Ipratropiumbromid Ipratropiumbromid (Anticholinergikum, Bronchodilatator)
Irbesartan (Angiotensin-II-Blocker, Antihypertensivum)
Irenat (= *Natriumperchlorat*, Thyreostatikum)
Irinotecan (antineoplastisches Mittel, Onkologikum)
Irtan (= *Nedocromil*, Antiallergikum, Rhinologikum)
IS 5 mono-ratiopharm (= *Isosorbid-mononitrat*, Koronarmittel, Vasodilatator)
Iscover (= *Clopidogrel*, Thrombozytenaggregationshemmer)
ISDN-ratiopharm (= *Isosorbiddinitrat*, Koronarmittel, Vasodilatator)
Isicom (= *L-Dopa* + Carbidopa, Dopaminergikum, Antiparkinsonmittel)
ISMN ct (= *Isosorbidmononitrat*, Koronarmittel, Vasodilatator)
Ismo (= *Isosorbidmononitrat*, Koronarmittel, Vasodilatator)
Iso Mack (= *Isosorbiddinitrat*, Koronarmittel, Vasodilatator)
Isocillin (= *Penicillin*V, Phenoxymethyl-penicillin, Oralpenicillin, Antibiotikum)

Isoderm (= *Isotretinoin*, internes Aknemittel)
Iso-Eremfat (= *Rifampicin* + *Isoniazid*, Tuberkulostatika-Kombination)
Isogutt-Spüllösung (= *Natriumdihydrogenphosphat*, Neutralisierungslösung bei Verätzung (= *Natriumdihydrogenphosphat*, Neutralisierungslösung bei Verätzung)
Isoket (= *Isosorbiddinitrat*, Koronarmittel, Vasodilatator)
Isomonit (= *Isosorbidmononitrat*, Koronarmittel, Vasodilatator)
Isoniazid (INH, Tuberkulostatikum)
Isoptin (= *Verapamil*, Kalziumantagonist, Antihypertensivum)
Isoptin RR plus (= *Verapamil* + *Hydrochlorothiazid*, Kalziumantagonist-Kombination, Antihypertensivum)
Isosorbiddinitrat (Koronarmittel, Vasodilatator)
Isosorbidmononitrat (Koronarmittel, Vasodilatator)
Isotretinoin (internes Aknemittel)
Isotretinoin Isis (= *Isotretinoin*, internes Aknemittel)
Isotretinoin-ratiopharm (= *Isotretinoin*, internes Aknemittel)
Isozid (= *Isoniazid*, INH, Tuberkulostatikum)
Isozid compositum (= *Isoniazid* + *Pyridoxin*, Tuberkulostatika-Kombination)
Isradipin (Kalziumantagonist, Antihypertensivum)
Itracol (= *Itraconazol*, Azol,Antimykotikum)
Itraconazol (Azol, Antimykotikum)
Itraconazol-ratiopharm (= *Itraconazol*, Azol, Antimykotikum)
Itrop (= *Ipratropiumbromid*, Parasympatholytikum)
Ivabradin (Koronarmittel, I_f-Kanal-Hemmer)
Ixoten (= *Trofosfamid*, Stickstofflost-Analogon, Onkologikum)

J

Jatrosom N (= *Tranylcypromin*, MAO-Hemmer, Antidepressivum)
Jelliproct (= *Fluocinonid* + *Lidocain*, Hämorrhoidalmittel)
Jenacard (= *Isosorbiddinitrat*, Koronarmittel, Vasodilatator)
Jenapurinol (= *Allopurinol*, Xanthin-Oxidase-Inhibitor, Gichtmittel)
Jenoxifen (= *Tamoxifen*, Antiöstrogen)
Jodthyrox (= *T4* + *Kaliumiodid*, Schilddrüsenhormon)
Jonosteril (Vollelektrolytlösung)
Jonosteril HD 5 (Halbelektrolytlösung)
Jonosteril Na 100 (Zweidrittelelektrolytlösung)
Junik (= *Beclometason*, inhalatives Kortikoid)
Junizac (= *Ranitidin*, H2-Blocker, Ulkustherapeutikum)
Jurnista (= *Hydromorphon*, Opioid-Agonist, Analgetikum)
Jutabloc (= *Metoprololtartrat*, Betablocker, Antihypertensivum)
Jutacor Comp (= *Captopril* + *Hydrochlorothiazid*, Kombination ACE-Hemmer + Diuretikum)
Jutalar (= *Doxazosin*, Alphablocker, Antihypertensivum)
Jutapress (= *Nitrendipin*, Kalziumantagonist, Antihypertensivum)
Jutaxan (= *Enalapril*, ACE-Hemmer, Antihypertensivum)
Juvental (= *Atenolol*, Betablocker, Antihypertensivum)

K

K_1 (Vitamin K)
Kaletra (= *Lopinavir* + *Ritonavir*, HIV-Virustatika)
Kalinor (= *Kalium*, Mineralstoff)

Kalinor ret. P (= *Kalium*, Mineralstoff)
Kalitrans (= *Kalium*, Mineralstoff)
Kalium (Mineralstoff)
Kalium Verla (= *Kalium*, Mineralstoff)
Kalium-Canrenoat-ratiopharm (= *Kaliumcanrenoat*, Aldosteronantagonist, Diuretikum)
Kaliumcanrenoat (Aldosteronantagonist, Diuretikum)
Kaliumchlorid (Mineralstoff)
Kaliumchlorid 7.45 (= *Kaliumchlorid*, Mineralstoff)
Kalium-Natrium-Hydrogencitrat (Urolithiasismittel)
Kalma (= *Tryptophan*, Antidepressivum)
Kalymin (= *Pyridostigmin*, Cholinergikum)
Kalziumglukonat/Kalziumsaccharat (Mineralstoff)
Kalzium-Ion (Mineralstoff)
Kanavit (= *Phytomenadion*, Vitamin K)
Kapanol (= *Morphin*, Opioid-Agonist, Analgetikum)
Karil (= *Calcitonin*, Kalziumstoffwechselregulator)
Karvea (= *Irbesartan*, Angiotensin-II-Blocker, Antihypertensivum)
Karvezide (= *Irbesartan* + *Hydrochlorothiazid*, Angiotensin-II-Blocker + Diuretikum, Antihypertensivum)
Katadolon (= *Flupirtin*, zentrales Muskelrelaxanz)
Keimax (= *Ceftibuten*, Oralcephalosporin, Antibiotikum)
Keltican N (= *Uridin* + *Cytidin*, ZNS-Medikament)
Kentera (= *Oxybutynin*, Urospasmolytikum)
Kepinol (= *Trimethoprim* + *Sulfamethoxazol*, Sulfonamid-Kombination, Antibiotikum)
Kepivance (= *Palifermin*, Wachstumsfaktor)
Keppra (= *Levetiracetam*, Antiepileptikum)
Kerlone (= *Betaxolol*, Betablocker, Antihypertensivum)
Keta Hameln (= *Ketamin*, Injektionsnarkotikum, Nichtbarbiturat)
Ketamin (Injektionsnarkotikum, Nichtbarbiturat)
Ketamin Deltaselect (= *Ketamin*, Injektionsnarkotikum, Nichtbarbiturat)
Ketamin-ratiopharm (= *Ketamin*, Injektionsnarkotikum, Nichtbarbiturat)
Ketanest-S (= *Esketamin*, Injektionsnarkotikum, Nichtbarbiturat)
Ketek (= *Telithromycin*, Makrolid, Antibiotikum)
Ketoconazol (Azol, Antimykotikum)
Ketof (= *Ketotifen*, Mastzellstabilisator, Antiallergikum)
Ketofex (= *Ketotifen*, Mastzellstabilisator, Antiallergikum)
Ketoprofen (Propionsäurederivat, NSAR, Analgetikum)
Ketoprofen-ratiopharm (= *Ketoprofen*, Propionsäurederivat, NSAR, Analgetikum)
Ketotifen (Mastzellstabilisator, Antiallergikum)
Ketotifen-ratiopharm (= *Ketotifen*, Mastzellstabilisator, Antiallergikum)
Kevatril (= *Granisetron*, Serotoninantagonist)
Kineret (= *Anakinra*, Immunsuppressivum)
Kinzal komb (= *Telmisartan* + *Hydrochlorothiazid*, Angiotensin-II-Blocker + Diuretikum, Antihypertensivum)
Kinzal mono (= *Telmisartan*, Angiotensin-II-Blocker, Antihypertensivum)
Kirim (= *Bromocriptin*, Dopaminagonist, Antiparkinsonmittel)
Kirim (= *Bromocriptin*, Prolactinhemmer)
Kivexa (= *Abacavir* + *Lamivudin*, HIV-Virustatikum)
Klacid (= *Clarithromycin*, Makrolid, Antibiotikum)
Klean Prep (= *Macrogol* + *Na2SO4* + *NaHCO3* + NaCl + KCl, Darmlavage-Lösung)

Kliogest N (= *Estradiol* + *Norethisteron*, Östrogen + Gestagen, Hormone)
Klismacort (= *Prednisolon*, Glukokortikoid)
Kohle Hevert (= *Carbo* medicinalis, Antidiarrhoikum)
Kohle Pulvis (= *Carbo* medicinalis, Antidiarrhoikum)
Kompensan (= *Al-Na-Carbonat*-dihydroxid, Antazidum)
Konakion (= *Phytomenadion*, Vitamin K)
Kreon (= *Pankreatin*, Verdauungsenzym)

L

Lacidipin (Kalziumantagonist, Antihypertensivum)
Lactocur (= *Lactulose*, Laxanz)
Lactulose (Laxanz)
Lactulose-ratiopharm (= *Lactulose*, Laxanz)
Lafol (= *Folsäure*)
Lamictal (= *Lamotrigin*, Antiepileptikum)
Lamisil (= *Terbinafin*, Antimykotikum)
Lamivudin (3TC, HIV-Virustatikum)
Lamo Tad (= *Lamotrigin*, Antiepileptikum)
Lamotriax (= *Lamotrigin*, Antiepileptikum)
Lamotrigin (Antidepressivum)
Lamotrigin (Antiepileptikum)
Lamotrigin Hexal (= *Lamotrigin*, Antiepileptikum)
Lamotrigin-ratiopharm (= *Lamotrigin*, Antiepileptikum)
Lamra (= *Diazepam*, Benzodiazepin, Sedativum)
Lanicor (= *Digoxin*, Digitalisglykosid)
Lanitop (= *Metildigoxin*, Digitalisglykosid)
Lanreotid (regulatorisches Peptid)
Lansoprazol (Protonenpumpenblocker, Ulkustherapeutikum)
Lansoprazol Hexal (= *Lansoprazol*, Protonenpumpenblocker, Ulkustherapeutikum)
Lansoprazol Sandoz (= *Lansoprazol*, Protonenpumpenblocker, Ulkustherapeutikum)
Lansox (= *Lansoprazol*, Protonenpumpenblocker, Ulkustherapeutikum)
Lantarel (= *Methotrexat*, internes Antipsoriatikum, Rheuma-Basistherapeutikum)
Lantus (= *Insulin* Glargin, langwirksames Insulin, Antidiabetikum)
Lanzor (= *Lansoprazol*, Protonenpumpenblocker, Ulkustherapeutikum)
L-Arginin-Hydrochlorid 21 (= *Argininhydrochlorid*, Alkalosetherapeutikum)
Lariam (= *Mefloquin*, Antimalariamittel)
Laronidase (Orphan Drug)
Larylin Husten-Stiller (= *Dropropizin*, Antitussivum)
Lasix (= *Furosemid*, Schleifendiuretikum)
Laubeel (= *Lorazepam*, Benzodiazepin, Sedativum)
Laxans-ratiopharm (= *Bisacodyl*, Laxanz)
Laxoberal (= *Natriumpicosulfat*, Laxanz)
Laxofalk (= *Macrogol*, Laxanz)
L-Dopa + *Benserazid* (Dopaminergikum, Antiparkinsonmittel)
L-Dopa + *Carbidopa* (Dopaminergikum, Antiparkinsonmittel)
L-Dopa + *Carbidopa* + *Entacapon* (Dopaminergikum, Antiparkinsonmittel)
Lebic (= *Baclofen*, zentrales Muskelrelaxanz)
Lefax (= *Simeticon*, Karminativum)
Leflunomid (Rheuma-Basistherapeutikum)
Leios (= *Ethinylestradiol*/Levonorgestrel, Kontrazeptivum)
Lendormin (= *Brotizolam*, Benzodiazepin, Sedativum)
Lenograstim (G-CSF, Wachstumsfaktor)
Lenoxin (= *Digoxin*, Digitalisglykosid)
Lepirudin (direkter Thrombininhibitor, Gerinnungsmittel)
Leponex (= *Clozapin*, Neuroleptikum)
Leptilan (= *Valproinsäure*, Antiepileptikum, Nichtbarbiturat)

Lercanidipin (Kalziumantagonist, Antihypertensivum)
Letrozol (Antiöstrogen)
Leukeran (= *Chlorambucil*, Stickstofflost-Analogon, Onkologikum)
Leukovorin (= *Folinsäure*, antineoplastisches Mittel, Onkologikum)
Leuprorelin (LH-RH-Agonist)
Leustatin (= *Cladribin*, Antimetabolit, Onkologikum)
Levemir (= *Insulindetemir*, langwirksames Insulin, Antidiabetikum)
Levetiracetam (Antiepileptikum)
Levitra (= *Vardenafil*, bei erektiler Dysfunktion)
Levium (= *Levomepromazin*, Neuroleptikum)
Levobupivacain (Lokalanästhetikum)
Levocabastin (Antiallergikum, Rhinologikum)
Levocetirizin (Antihistaminikum, Antiallergikum)
Levodopa-ratiopharm comp (= *L-Dopa* + Carbidopa, Dopaminergikum, Antiparkinsonmittel)
Levofloxacin (Fluorochinolon, Antibiotikum)
Levogynon (= *Levonorgestrel*, Postkoitalpill)
Levomepromazin (Neuroleptikum)
Levomepromazin Neuraxph (= *Levomepromazin*, Neuroleptikum)
Levomethadon (Opioid-Agonist, Analgetikum)
Levonorgestrel (Kontrazeptivum, Minipille)
Levonorgestrel (Postkoitalpill)
Levopar (= *L-Dopa* + Benserazid, Dopaminergikum, Antiparkinsonmittel)
Levothyroxin (T_4, Schilddrüsenhormon)
Lexotanil (= *Bromazepam*, Benzodiazepin, Sedativum)
LHRH Ferring (= *Gonadorelin*, LHRH, endokrinologisches Diagnostikum)
Librium (= *Chlordiazepoxid*, Benzodiazepin, Sedativum)
Licain (= *Lidocain*, Lokalanästhetikum)
Lidocain (Klasse-Ib-Antiarrhythmikum, Lokalanästhetikum, Hämorrhoidalmittel)
Lidoposterine (= *Lidocain*, Hämorrhoidalmittel)
Likuden M (= *Griseofulvin*, Antimykotikum)
Limptar N (= *Chininsulfat*, Muskelrelaxanz)
Lindoxyl (= *Ambroxol*, Mukolytikum)
Linezolid (Oxazolidinon, Antibiotikum)
Lioresal (= *Baclofen*, zentr. Muskelrelaxanz)
Liothyronin (T_3, Schilddrüsenhormon)
Lipanthyl (= *Fenofibrat*, Clofibrinsäurederivat, Lipidsenker)
Lipidil (= *Fenofibrat*, Clofibrinsäurederivat, Lipidsenker)
Lipocol (= *Colestyramin*, Anionenaustauscher, Lipidsenker)
Lipofundin 20 (Fettlösung)
Lipo-Merz (= *Etofibrat*, Clofibrinsäurederivat, Lipidsenker)
Liponsäure-ratiopharm (= *Alpha-Liponsäure*, ZNS-Medikament (= *Alpha-Liponsäure*, ZNS-Medikament)
Lipotalon (= *Dexamethason*, Glukokortikoid)
Lipovenös MCT 20 (Fettlösung)
Lipox Bezafibrat (= *Bezafibrat*, Clofibrinsäurederivat, Lipidsenker)
Liquemin N (= *Heparin*, unfraktioniertes Heparin, Gerinnungsmittel)
Lisi (= *Lisinopril*, ACE-Hemmer, Antihypertensivum)
Lisi Lich (= *Lisinopril*, ACE-Hemmer, Antihypertensivum)
Lisibeta Comp (= *Lisinopril* + *Hydrochlorothiazid*, Kombination ACE-Hemmer + Diuretikum)
Lisigamma (= *Lisinopril*, ACE-Hemmer, Antihypertensivum)
Lisihexal (= *Lisinopril*, ACE-Hemmer, Antihypertensivum)
Lisino (= *Loratadin*, Antihistaminikum, Antiallergikum)

Lisinopril (ACE-Hemmer, Antihypertensivum)
Lisinopril-ratiopharm (= *Lisinopril*, ACE-Hemmer, Antihypertensivum)
Liskantin (= *Primidon*, Antiepileptikum, Barbiturat)
Lisodura (= *Lisinopril*, ACE-Hemmer, Antihypertensivum)
Lisurid (Dopaminagonist, Antiparkinsonmittel, Prolactinhemmer)
LITAK (= *Cladribin*, Antimetabolit, Onkologikum)
Litalir (= *Hydroxycarbamid*, antineoplastisches Mittel, Onkologikum)
Lithiofor (= *Lithiumsulfat*, Antimanikum)
Lithium Apogepha (= *Lithiumkarbonat*, Antimanikum)
Lithiumacetat (Antimanikum)
Lithiumkarbonat (Antimanikum)
Lithiumsulfat (Antimanikum)
Lithofalk (= *Cheno-* + *Ursodeoxycholsäure*, zur Auflösung von Gallensteinen)
Livial (= *Tibolon*, synthetisches Steroid, Hormon)
Liviella (= *Tibolon*, synthetisches Steroid, Hormon)
Livocab (= *Levocabastin*, Antiallergikum, Rhinologikum)
Lobivon (= *Nebivolol*, Betablocker, Antihypertensivum)
Locol (= *Fluvastatin*, CSE-Hemmer, Lipidsenker)
Loftan (= *Salbutamol*, systemisches $Beta_2$-Sympathomimetikum, Bronchodilatator)
Lomir (= *Isradipin*, Kalziumantagonist, Antihypertensivum)
Lomir Sro (= *Isradipin*, Kalziumantagonist, Antihypertensivum)
Lomustin (Nitrosoharnstoff, Onkologikum)
Lonarid (= *Paracetamol* + *Codein*, Analgetika-Kombination)
Longasteril 40 kochsalzhaltig (= *Dextran*, Plasmaersatzmittel)
Longasteril 70 (= *Dextran*, Plasmaersatzmittel)
Lonolox (= *Minoxidil*, direkter Vasodilatator, Antihypertensivum)
Lopalind (= *Loperamid*, Antidiarrhoikum)
Lopedium (= *Loperamid*, Antidiarrhoikum)
Loperamid (Antidiarrhoikum)
Loperamid-ratiopharm (= *Loperamid*, Antidiarrhoikum)
Lopinavir + *Ritonavir* (HIV-Virustatika)
Lopirin (= *Captopril*, ACE-Hemmer, Antihypertensivum)
Lopresor (= *Metoprololtartrat*, Betablocker, Antihypertensivum)
Loracarbef (Oralcephalosporin, Antibiotikum)
Lorafem (= *Loracarbef*, Oralcephalosporin, Antibiotikum)
Loralerg (= *Loratadin*, Antihistaminikum, Antiallergikum)
Lorano (= *Loratadin*, Antihistaminikum, Antiallergikum)
Loratadin (Antihistaminikum, Antiallergikum)
Loratadura (= *Loratadin*, Antihistaminikum, Antiallergikum)
Loravis (= *Loratadin*, Antihistaminikum, Antiallergikum)
Lorazepam (Benzodiazepin, Sedativum)
Lorazepam neuraxph (= *Lorazepam*, Benzodiazepin, Sedativum)
Loretam (= *Lormetazepam*, Benzodiazepin, Sedativum)
Lormetazepam (Benzodiazepin, Sedativum)
Lormetazepam-ratiopharm (= *Lormetazepam*, Benzodiazepin, Sedativum)
Lornoxicam (Oxicam, NSAR, Analgetikum)
Lorzaar (= *Losartan*, Angiotensin-II-Blocker, Antihypertensivum)
Lorzaar plus (= *Losartan* + *Hydrochlorothiazid*, Angiotensin-II-Blocker + Diuretikum, Antihypertensivum)

Losartan (Angiotensin-II-Blocker, Antihypertensivum)
Lösferron (= *Eisen*, Antianämikum)
Lovabeta (= *Lovastatin*, CSE-Hemmer, Lipidsenker)
Lovahexal (= *Lovastatin*, CSE-Hemmer, Lipidsenker)
Lovastatin (CSE-Hemmer, Lipidsenker)
Lovastatin-ratiopharm (= *Lovastatin*, CSE-Hemmer, Lipidsenker)
Lovelle (= *Ethinylestradiol*/Desogestrel, Kontrazeptivum)
L-Polamidon (= *Levomethadon*, Opioid-Agonist, Analgetikum)
L-Thyroxin (= *Levothyroxin*, T_4, Schilddrüsenhormon)
L-Tryptophan-ratiopharm (= *Tryptophan*, Antidepressivum)
Ludiomil (= *Maprotilin*, $Alpha_2$-Rezeptor-Antagonist, Antidepressivum)
Luminal (= *Phenobarbital*, Antiepileptikum, Barbiturat)
Luminaletten (= *Phenobarbital*, Antiepileptikum, Barbiturat)
Lynestrenol (Gestagen, Hormon)
Lyogen (= *Fluphenazin*, Neuroleptikum)
Lyorodin (= *Fluphenazin*, Neuroleptikum)
Lyrica (= *Pregabalin*, Antiepileptikum)
Lyrinel Uno (= *Oxybutynin*, Urospasmolytikum)
Lysodren (= *Mitotan*, antineoplastisches Mittel, Onkologikum)
Lysthenon (= *Suxamethonium*, depolarisierendes Muskelrelaxanz)

M

Maalox 70 (= *Mg-hydroxid* + Al-oxid, Antazidum)
Maaloxan (= *Mg-hydroxid* + Al-oxid, Antazidum)
MabCampath (= *Alemtuzumab*, antineoplastische Antikörper, Onkologikum)
MabThera (= *Rituximab*, antineoplastische Antikörper, Onkologikum)
Macrodex 6 (= *Dextran*, Plasmaersatzmittel)
Macrogol (Laxanz)
Macrogol + Na_2SO_4 + $NaHCO_3$ + $NaCl$ + KCl (Darmlavage-Lösung)
Macrogol + $NaCl$ + $NaHCO_3$ + KCl (Laxanz)
Macrogol + $NaHCO_3$ + $NaCl$ + KCl (Darmlavage-Lösung)
Madopar (= *L-Dopa* + Benserazid, Dopaminergikum, Antiparkinsonmittel)
Magaldrat (Antazidum)
Magaldrat-ratiopharm (= *Magaldrat*, Antazidum)
Magastron (= *Magaldrat*, Antazidum)
Magium (= *Magnesium*, Mineralstoff)
Magna (= *Glimepirid*, Sulfonylharnstoff, orales Antidiabetikum)
Magnesiocard (= *Magnesium*, Mineralstoff)
Magnesium (Mineralstoff)
Magnesium Diasporal (= *Magnesium*, Mineralstoff)
Magnesium-ratiopharm (= *Magnesium*, Mineralstoff)
Magnesium Verla (= *Magnesium*, Mineralstoff)
Magnetrans forte (= *Magnesium*, Mineralstoff)
Malarone (= *Proguanil* + *Atovaquon*, Antimalariamittel)
Malarone junior (= *Proguanil* + *Atovaquon*, Antimalariamittel)
Manidipin (Kalziumantagonist, Antihypertensivum)
Maninil (= *Glibenclamid*, Sulfonylharnstoff, orales Antidiabetikum)
Mannit (= *Mannitol*, osmotisches Diuretikum)
Mannitol (= *Mannitol*, osmotisches Diuretikum)
Mannitol (internes Glaukommittel, osmotisches Diuretikum)

Mannitol 20 (= *Mannitol*, internes Glaukommittel)
Manyper (= *Diltiazem*, Kalziumantagonist, Antihypertensivum)
Maotil (= *Selegilin*, MAO-B-Hemmer, Antiparkinsonmittel)
Mapox (= *Aciclovir*, Virustatikum, Herpes-Präparat)
Maprolu (= *Maprotilin*, Alpha-2-Rezeptor-Antagonist, Antidepressivum)
Maprotilin (Alpha-2-Rezeptor-Antagonist, Antidepressivum)
Maprotilin ct (= *Maprotilin*, Alpha-2-Rezeptor-Antagonist, Antidepressivum)
Maprotilin-ratiopharm (= *Maprotilin*, Alpha-2-Rezeptor-Antagonist, Antidepressivum)
Marax (= *Magaldrat*, Antazidum)
Marcumar (= *Phenprocoumon*, Cumarinderivat, Gerinnungsmittel)
Marcuphen (= *Phenprocoumon*, Cumarinderivat, Gerinnungsmittel)
Mareen (= *Doxepin*, NSMRI, Antidepressivum)
Marvelon (= *Ethinylestradiol*/Desogestrel, Kontrazeptivum)
Mastu S (= *Bufexamac* + *Bismut* + *Titan* + Lidocain, Hämorrhoidalmittel)
Matrifen (= *Fentanyl*, Opioid-Agonist, Analgetikum)
Mavid (= *Clarithromycin*, Makrolid, Antibiotikum)
Maxalt (= *Rizatriptan*, Triptan, Migränemittel)
Maxipime (= *Cefepim*, Cephalosporin, Antibiotikum)
MCP Hexal (= *Metoclopramid*, motilitätssteigerndes Mittel)
MCP-ratiopharm (= *Metoclopramid*, motilitätssteigerndes Mittel)
M-dolor (= *Morphin*, Opioid-Agonist, Analgetikum)
Meaverin (= *Mepivacain*, Lokalanästhetikum)
Mebemerck (= *Mebeverin*, Spasmolytikum)
Mebendazol (Anthelminthikum)
Mebeverin (Spasmolytikum)
Meclozin (Antiemetikum, Antivertiginosum)
Medactin (= *Estramustin*, antineoplastisches Mittel, Onkologikum)
Medazepam (Benzodiazepin, Sedativum)
Medazepam AWD (= *Medazepam*, Benzodiazepin, Sedativum)
Mediabet (= *Metformin*, Biguanid, orales Antidiabetikum)
Medikinet (= *Methylphenidat*, Psychoanaleptikum)
Medivitan N (= *Vitamin-Kombination*)
Medivitan N Neuro (= *Vitamin* B1 + B6)
Medrate (= *Methylprednisolon*, Glukokortikoid)
Medrogeston (Gestagen, Hormon)
Medroxyprogesteronacetat (Gestagen, Hormon)
Medroxyprogesteronacetat (Kontrazeptivum)
Mefloquin (Antimalariamittel)
Mefoxitin (= *Cefoxitin*, Cephalosporin, Antibiotikum)
Mefrusid (Benzothiadiazin, Diuretikum)
Megacillin oral (= *Penicillin*V, Phenoxymethylpenicillin, Oralpenicillin, Antibiotikum)
Megalac Almasilat (= *Almasilat*, Antazidum)
Megestat (= *Megestrolacetat*, Gestagen, Hormon)
Megestrolacetat (Gestagen, Hormon)
Meglucon (= *Metformin*, Biguanid, orales Antidiabetikum)
Meladinine (= *Methoxsalen*, internes Antipsoriatikum)
Melneurin (= *Melperon*, Neuroleptikum)
Meloxicam (Oxicam, NSAR, Analgetikum)
Meloxicam-ratiopharm (= *Meloxicam* (Oxicam, NSAR, Analgetikum)
Melperon (Neuroleptikum)

Melperon-ratiopharm (= *Melperon*, Neuroleptikum)
Melphalan (Stickstofflost-Analogon, Onkologikum)
Memantin (Antidementivum)
Mephenesin (zentrales Muskelrelaxanz)
Mepihexal (= *Mepivacain*, Lokalanästhetikum)
Mepindolol (Betablocker, Antihypertensivum)
Mepivacain (Lokalanästhetikum)
Meprolol comp (= *Metoprololtartrat* + *Hydrchlorothiazid*, Betablocker + Diuretikum, Antihypertensivum)
Meproxam (= *Oxazepam*, Benzodiazepin, Sedativum)
Meptazinol (Opioid-Agonist/-Antagonist, Analgetikum)
Meptid (= *Meptazinol*, Opioid-Agonist/-Antagonist, Analgetikum)
Mercaptopurin (Antimetabolit, Onkologikum)
Meresa (= *Sulpirid*, Neuroleptikum)
Merigest (= *Estradiol* + *Norethisteron*, Östrogen + Gestagen, Hormone)
Merimono (= *Estradiol*, Östrogen, Hormon)
Meronem (= *Meropenem*, Carbapenem, Antibiotikum)
Meropenem (Carbapenem, Antibiotikum)
Mesalazin (= 5-ASA, schwer resorbierbares Antiphlogistikum)
Mescorit (= *Metformin*, Biguanid, orales Antidiabetikum)
Mestinon (= *Pyridostigmin*, Cholinergikum)
Mesuximid (Antiepileptikum, Nichtbarbiturat)
Metalcaptase (= *Penicillamin*, Rheuma-Basistherapeutikum)
Metalyse (Tenecteplase, Fibrinolytikum)
Metamizol (Pyrazolonderivat, NSAR, Analgetikum)
Metamizol Hexal (= *Metamizol*, Pyrazolonderivat, NSAR, Analgetikum)
Metamucil (= *Plantago* ovata, Flohsamen, Laxanz)
Meteozym (= *Pankreatin* + *Simeticon*, Karminativum + Verdauungsenzym)
Metex (= *Methotrexat*, internes Antipsoriatikum, Rheuma-Basistherapeutikum)
Metformin (Biguanid, orales Antidiabetikum)
Metformin Dura (= *Metformin*, Biguanid, orales Antidiabetikum)
Metformin-ratiopharm (= *Metformin*, Biguanid, orales Antidiabetikum)
Methicillin (Penicillin, Antibiotikum)
Methionin (Urolithiasismittel)
Methionin Stada (= *Methionin*, Urolithiasismittel)
Methiotrans (= *Methionin*, Urolithiasismittel)
Methizol (= *Thiamazol*, Thyreostatikum)
Methocarbamol (zentrales Muskelrelaxanz)
Methohexital (Injektionsnarkotikum, Barbiturat)
Methotrexat (Antimetabolit, Onkologikum, Rheuma-Basistherapeutikum, internes Antipsoriatikum)
Methotrexat Lederle (= *Methotrexat*, Antimetabolit, Onkologikum)
Methotrexat medac (= *Methotrexat*, Antimetabolit, Onkologikum)
Methotrexat-biosyn liquid (= *Methotrexat*, Antimetabolit, Onkologikum)
Methotrexat-Gry (= *Methotrexat*, Antimetabolit, Onkologikum)
Methoxsalen (internes Antipsoriatikum)
Methyldopa Stada (= *Alpha-Methyldopa*, zentraler Alpha-2-Agonist, Antihypertensivum)
Methylphenidat (Psychoanaleptikum)
Methylphenidat Hexal (= *Methylphenidat*, Psychoanaleptikum)
Methylprednisolon (Glukokortikoid)

Metildigoxin (Digitalisglykoside)
Metixen (zentrales Anticholinergikum, Antiparkinsonmittel)
Metoclopramid (motilitätssteigerndes Mittel)
Metohexal (= *Metoprololtartrat*, Betablocker, Antihypertensivum)
Metohexal comp (= *Metoprololtartrat + Hydrchlorothiazid*, Betablocker + Diuretikum, Antihypertensivum)
Metohexal-Succ (= *Metoprololsuccinat*, Betablocker, Antihypertensivum)
Metoprolol-ratiopharm comp (= *Metoprololtartrat + Hydrchlorothiazid*, Betablocker + Diuretikum, Antihypertensivum)
Metoprolol-ratiopharm (= *Metoprololtartrat*, Betablocker, Antihypertensivum)
Metoprololsuccinat (Betablocker, Antihypertensivum)
Metoprololsuccinat + Hydrochlorothiazid (Betablocker + Diuretikum, Antihypertensivum)
Metoprololtartrat (Betablocker, Antihypertensivum)
Metoprololtartrat + Hydrchlorothiazid (Betablocker + Diuretikum, Antihypertensivum)
Meto-Succinat Sandoz (= *Metoprololsuccinat*, Betablocker, Antihypertensivum)
Metronidazol (Nitroimidazol, Antibiotikum)
Metronidazol Deltaselect (= *Metronidazol*, Nitroimidazol, Antibiotikum)
Metronidazol Fresenius (= *Metronidazol*, Nitroimidazol, Antibiotikum)
Metronidazol-ratiopharm (= *Metronidazol*, Nitroimidazol, Antibiotikum)
Metronour (= *Metronidazol*, Nitroimidazol, Antibiotikum)
Metypred (= *Methylprednisolon*, Glukokortikoid)
Mevacor (= *Lovastatin*, CSE-Hemmer, Lipidsenker)
Mevalotin protect (= *Pravastatin*, CSE-Hemmer, Lipidsenker)
Mevinacor (= *Lovastatin*, CSE-Hemmer, Lipidsenker)
Mexiletin (Klasse-Ib-Antiarrhythmikum)
Mexitil (= *Mexiletin*, Klasse-Ib-Antiarrhythmikum)
Mezlocillin (Breitbandpenicillin, Antibiotikum)
Mg 5-Longoral (= *Magnesium*, Mineralstoff)
Mg-hydroxid + Al-oxid (Antazidum)
Miacalcic (= *Calcitonin*, Kalziumstoffwechselregulator)
Mianeurin (= *Mianserin*, Alpha-2-Rezeptor-Antagonist, Antidepressivum)
Mianserin (Alpha-2-Rezeptor-Antagonist, Antidepressivum)
Mianserin Neuraxph (= *Mianserin*, Alpha-2-Rezeptor-Antagonist, Antidepressivum)
Mianserin-ratiopharm (= *Mianserin*, Alpha-2-Rezeptor-Antagonist, Antidepressivum)
Micardis (= *Telmisartan*, Angiotensin-II-Blocker, Antihypertensivum)
Micardis plus (= *Telmisartan + Hydrochlorothiazid*, Angiotensin-II-Blocker + Diuretikum, Antihypertensivum)
Microgynon 21 (= *Ethinylestradiol/* Levonorgestrel, Kontrazeptivum)
Microlut (= *Levonorgestrel*, Kontrazeptivum, Minipille)
Mictonetten (= *Propiverin*, Urospasmolytikum)
Mictonorm (= *Propiverin*, Urospasmolytikum)
Midazolam (Benzodiazepin, Sedativum)
Midazolam Deltaselect (= *Midazolam*, Benzodiazepin, Sedativum)
Midazolam Hexal (= *Midazolam*, Benzodiazepin, Sedativum)

Midazolam-ratiopharm (= *Midazolam*, Benzodiazepin, Sedativum)
Midodrin (Sympathomimetikum)
Mifegyne (= *Mifepriston*, RU 486, Antigestagen)
Mifepriston (RU 486, Antigestagen)
Miflonide (= *Budesonid*, inhalatives Kortikoid)
Miglitol (Alpha-Glukosidase-Inhibitor, orales Antidiabetikum)
Miglustat (Orphan Drug)
Migräne-Kranit (= *Phenazon*, Pyrazolonderivat, NSAR, Analgetikum)
Migränerton (= *Paracetamol* + *Metoclopramid*, Analgetika-Kombination)
Mikro-30 (= *Levonorgestrel*, Kontrazeptivum, Minipille)
Milrinon (Phosphodiesterasehemmer)
Miltefosin (antineoplastisches Mittel, Onkologikum)
Miltex (= *Miltefosin*, antineoplastisches Mittel, Onkologikum)
Minakne (= *Minocyclin*, Tetracyclin, internes Aknemittel, Antibiotikum)
Miniasal (= *Acetylsalicylsäure*, ASS, Thrombozytenaggregationshemmer)
Minipress (= *Prazosin*, Alphablocker, Antihypertensivum)
Minirin (= *Desmopressin*, Hypophysenhinterlappenhormon)
Minisiston (= *Ethinylestradiol*/ Levonorgestrel, Kontrazeptivum)
Minoclir (= *Minocyclin*, Tetracyclin, Antibiotikum)
Minocyclin (Tetracyclin, Antibiotikum, internes Aknemittel)
Minocyclin-ratiopharm (= *Minocyclin*, Tetracyclin, Antibiotikum, int. Aknemittel)
Minoxidil (direkter Vasodilatator, Antihypertensivum)
Minoxidil (Haarwuchsmittel)
Minulet (= *Ethinylestradiol*/Gestoden, Kontrazeptivum)
Miranova (= *Ethinylestradiol*, Levonorgestrel, Kontrazeptivum)
Mirapexin (= *Pramipexol*, Dopaminagonist, Antiparkinsonmittel)
Mirena (= *Intrauterinpessar* mit Levonorgestrel, Kontrazeptivum)
Mirfudorm (= *Oxazepam*, Benzodiazepin, Sedativum)
Mirtazapin (Antidepressivum)
Mirtazapin Stada (= *Mirtazapin*, Antidepressivum)
Mirtazelon (= *Mirtazapin*, Antidepressivum)
Mirtazza (= *Mirtazapin*, Antidepressivum)
Misoprostol (Schleimhautprotektivum)
Mitem (= *Mitomycin*, zytotoxisches Antibiotikum, Onkologikum)
Mito-extra (= *Mitomycin*, zytotoxisches Antibiotikum, Onkologikum)
Mito-medac (= *Mitomycin*, zytotoxisches Antibiotikum, Onkologikum)
Mitomycin (zytotoxisches Antibiotikum, Onkologikum)
Mitomycin Hexal (= *Mitomycin*, zytotoxisches Antibiotikum, Onkologikum)
Mitomycin medac (= *Mitomycin*, zytotoxisches Antibiotikum, Onkologikum)
Mitotan (antineoplastisches Mittel, Onkologikum)
Mitoxantron (zytotoxisches Antibiotikum, Onkologikum)
Mitoxantron Hexal (= *Mitoxantron*, zytotoxisches Antibiotikum, Onkologikum)
Mitoxantron-GRY (= *Mitoxantron*, zytotoxisches Antibiotikum, Onkologikum)
Mivacron (= *Mivacurium*, stabilisierendes Muskelrelaxanz)
Mivacurium (stabilisierend. Muskelrelaxanz)
Mizolastin (Antihistaminikum, Antiallergikum)

Mizollen (= *Mizolastin*, Antihistaminikum, Antiallergikum)
M-long (= *Morphin*, Opioid-Agonist, Analgetikum)
Mobec (= *Meloxicam* (Oxicam, NSAR, Analgetikum)
Mobic (= *Meloxicam* (Oxicam, NSAR, Analgetikum)
Mobiforton N (= *Tetrazepam*, zentrales Muskelrelaxanz)
Mobloc (= *Felodipin* + *Metoprololsuccinat*, Kalziumantagonist-Kombination, Antihypertensivum)
Moclobemid (MAO-Hemmer, Antidepressivum)
Moclobemid Hexal (= *Moclobemid*, MAO-Hemmer, Antidepressivum)
Moclodura (= *Moclobemid*, MAO-Hemmer, Antidepressivum)
Modafinil (Psychoanaleptikum)
Modip (= *Felodipin*, Kalziumantagonist, Antihypertensivum)
Moduretik (= *Amilorid* + *Hydrochlorothiazid*, Diuretika-Kombination)
Moexipril (ACE-Hemmer, Antihypertensivum)
Mogadan (= *Nitrazepam*, Benzodiazepin, Sedativum)
Molevac (= *Pyrvinium*, Anthelminthikum)
Molsibeta (= *Molsidomin*, Koronarmittel, Vasodilatator)
Molsidomin (Koronarmittel, Vasodilatator)
Molsidomin-ratiopharm (= *Molsidomin*, Koronarmittel, Vasodilatator)
Molsihexal (= *Molsidomin*, Koronarmittel, Vasodilatator)
Mometason (inhalatives Kortikoid)
Mono Demetrin (= *Prazepam*, Benzodiazepin, Sedativum)
Mono Migränin (= *Phenazon*, Pyrazolonderivat, NSAR, Analgetikum)
Mono-Embolex (= *Certoparin*, niedermolekulares Heparin, Gerinnungsmittel)
Mono-Mack (= *Isosorbidmononitrat*, Koronarmittel, Vasodilatator)
Monomycin (= *Erythromycin*, Makrolid, Antibiotikum)
Mononine (= *Aantihämophiles* Globulin B, Gerinnungsfaktor)
MonoStep (= *Ethinylestradiol/* Levonorgestrel, Kontrazeptivum)
Monotard (= *Insulin-Zink-Kristallsuspension*, langwirksames Insulin, Antidiabetikum)
Montelukast (Leukotrienrezeptorantagonist, Antiallergikum)
Monuril (= *Fosfomycin*, Antibiotikum)
Morphin (Opioid-Agonist, Analgetikum)
Morphin Merck (= *Morphin*, Opioid-Agonist, Analgetikum)
Motens (= *Lacidipin*, Kalziumantagonist, Antihypertensivum)
Motilium (= *Domperidon*, motilitätssteigerndes Mittel)
Motivone (= *Fluoxetin*, SSRI, Antidepressivum)
Movalis (= *Meloxicam* (Oxicam, NSAR, Analgetikum)
Movergan (= *Selegilin*, MAO-B-Hemmer, Antiparkinsonmittel)
Movicol (= *Macrogol* + *NaCl* + *NaHCO3* + KCl, Laxanz)
Movicol Junior (= *Macrogol* + *NaCl* + *NaHCO3* + KCl, Laxanz)
Moxifloxacin (Fluorochinolon, Antibiotikum)
Moxocard (= *Moxonidin*, zentraler Alpha-2-Agonist, Antihypertensivum)
Moxonidin (Zentraler Alpha-2-Agonist, Antihypertensivum)
Moxonidin Hexal (= *Moxonidin*, zentraler Alpha-2-Agonist, Antihypertensivum)
MPA GYN 5 (= *Medroxyprogesteronacetat*, Gestagen, Hormon)
MPA Hexal (= *Medroxyprogesteronacetat*, Gestagen, Hormon)

MSI (= *Morphin*, Opioid-Agonist, Analgetikum)
MSR (= *Morphin*, Opioid-Agonist, Analgetikum)
MST (= *Morphin*, Opioid-Agonist, Analgetikum)
MTX Hexal (= *Methotrexat*, Antimetabolit, Onkologikum)
MTX Hexal (= *Methotrexat*, internes Antipsoriatikum)
MTX Hexal (= *Methotrexat*, Rheuma-Basistherapeutikum)
Mucosolvan (= *Ambroxol*, Mukolytikum)
Multiload Cu 250, 375 (= *Intrauterinpessar* mit Kupfer, Kontrazeptivum)
Multisafe Cu (= *Intrauterinpessar* mit Kupfer, Kontrazeptivum)
Multosin (= *Estramustin*, antineoplastisches Mittel, Onkologikum)
Multum (= *Chlordiazepoxid*, Benzodiazepin, Sedativum)
Munobal (= *Felodipin*, Kalziumantagonist, Antihypertensivum)
Muromonab-CD3 (Immunsuppressivum)
Musaril (= *Tetrazepam*, zentrales Muskelrelaxanz)
Muse (= *Alprostadil*, bei erektiler Dysfunktion)
Myambutol (= *Ethambutol*, EMB, Tuberkulostatikum)
Mycobutin (= *Rifabutin*, Tuberkulostatikum)
Mycophenolatmofetil (Immunsuppressivum)
Mycophenolatnatrium (Immunsuppressivum)
Mydocalm (= *Tolperison*, zentrales Muskelrelaxanz)
Myfortic (= *Mycophenolatnatrium*, Immunsuppressivum)
Mykundex (= *Nystatin*, Antimykotikum)
Mylepsinum (= *Primidon*, Antiepileptikum, Barbiturat)
Myleran (= *Busulfan*, Alkylsulfonat, Onkologikum)
Myocet (= *Doxorubicin* liposomal, zytotoxisches Antibiotikum, Onkologikum)
Myoson (= *Pridinol*, zentrales Muskelrelaxanz)
Myospasmal (= *Tetrazepam*, zentrales Muskelrelaxanz)

N

NAC-ratiopharm (= *ACC*, Acetylcystein, Mukolytikum)
NaCl 0,9 (Kaliumfreie Lösung)
Nacom (= *L-Dopa* + Carbidopa, Dopaminergikum, Antiparkinsonmittel)
Nadroparin (niedermolekulares Heparin, Gerinnungsmittel)
Nafti-ratiopharm (= *Naftidrofuryl*, durchblutungsförderndes Mittel)
Naftidrofuryl (durchblutungsförderndes Mittel)
Naftilong (= *Naftidrofuryl*, durchblutungsförderndes Mittel)
Naglazyme (= *Galsulfase*, Orphan Drug)
Nalidin (= *Tilidin* + *Naloxon*, Opioid-Analgetika-Kombination)
Naloxon (Opioid-Antagonist)
Naloxon Deltaselect (= *Naloxon*, Opioid-Antagonist)
Naloxon Inresa (= *Naloxon*, Opioid-Antagonist)
Naloxon-ratiopharm (= *Naloxon*, Opioid-Antagonist)
Naltrexon (Opioid-Antagonist)
Nandrolon (Anabolikum))
Naphazolin (Sympathomimetikum, Rhinologikum)
Naprocutan (= *Naproxen*, Propionsäurederivat, NSAR, Analgetikum)
Naproxen (Propionsäurederivat, NSAR, Analgetikum)

Naproxen ct (= *Naproxen*, Propionsäurederivat, NSAR, Analgetikum)
Naramig (= *Naratriptan*, Triptan, Migränemittel)
Naratriptan (Triptan, Migränemittel)
Narcaricin (= *Benzbromaron*, Urikosurikum, Gichtmittel)
Naropin (= *Ropivacain*, Lokalanästhetikum)
Nasan (= *Xylometazolin*, Sympathomimetikum, Rhinologikum)
Nasengel/-spray-ratiopharm (= *Xylometazolin*, Sympathomimetikum, Rhinologikum)
Nasentropfen-ratiopharm (= *Xylometazolin*, Sympathomimetikum, Rhinologikum)
Nasivin (= *Oxymetazolin*, Sympathomimetikum, Rhinologikum)
Natamycin (Antimykotikum)
Nateglinid (Glinid, orales Antidiabetikum)
Natil (= *Cyclandelat*, Antidementivum)
Natil N (= *Flunarizin* ZNS-Medikament)
Natrilix (= *Indapamid*, Benzothiadiazin, Diuretikum)
Natriumaurothiomalat (Rheuma-Basistherapeutikum)
Natriumdihydrogenphosphat (Neutralisierungslösung bei Verätzung)
Natriumhydrogenkarbonat (Azidosetherapeutikum)
Natriumhydrogenkarbonat 4.2 (= *Natriumhydrogenkarbonat*, Azidosetherapeutikum)
Natriumhydrogenkarbonat 8.4 (= *Natriumhydrogenkarbonat*, Azidosetherapeutikum)
Natriumperchlorat (Thyreostatikum)
Natriumpicosulfat (Laxanz)
Navelbine (= *Vinorelbin*, Vinca-Alkaloid, Onkologikum)
Navoban (= *Tropisetron*, Serotoninantagonist)
Nebido (= *Testosteronundecanoat*, Androgen, Sexualhormon)
Nebilet (= *Nebivolol*, Betablocker, Antihypertensivum)
Nebivolol (Betablocker, Antihypertensivum)
Nedocromil (Antiallergikum, Rhinologikum)
Nedolon P (= *Paracetamol* + *Codein*, Analgetika-Kombination)
Nelfinavir (NFV, HIV-Virustatikum)
Nemexin (= *Naltrexon*, Opioid-Antagonist)
Neocarbo (= *Carboplatin*, Platin-haltige Verbindung, Onkologikum)
Neo-Eunomin (= *Ethinylestradiol*/ Chlormadinon, Kontrazeptivum)
Neofluor (= *Fluorouracil*, 5-FU, Antimetabolit, Onkologikum)
Neogama (= *Sulpirid*, Neuroleptikum)
Neo-Gilurytmal (= *Prajmaliumbitartrat*, Klasse-Ia-Antiarrhythmikum)
NeoRecormon (= *Epoetin* beta, Erythropoetin, Antianämikum)
Neostigmin (= *Neostigmin*, Cholinergikum)
Neostigmin (Cholinergikum)
Neotaxan (= *Paclitaxel*, Taxan, Onkologikum)
Neo-Thyreostat (= *Carbimazol*, Thyreostatikum)
Neotigason (= *Acitretin*, internes Antipsoriatikum)
Neotri (= *Triamteren* + *Xipamid*, Diuretika-Kombination)
NeoTussan (= *Dextromethorphan*, Antitussivum)
Nephral (= *Triamteren* + *Hydrochlorothiazid*, Diuretika-Kombination)
Nephrotect (Aminosäurelösung)
Nepresol (= *Dihydralazin*, direkter Vasodilatator, Antihypertensivum)
Netilmicin (Aminoglykosid, Antibiotikum)
Neulasta (= *Pegfilgrastim*, G-CSF, Wachstumsfaktor)

Neupogen (= *Filgrastim*, G-CSF, Wachstumsfaktor)
Neupro (= *Rotigotin*, Dopaminagonist, Antiparkinsonmittel)
Neuralgin (= *ASS* + *Paracetamol* + *Coffein*, Analgetika-Kombination)
Neurium (= *Alpha-Liponsäure*, ZNS-Medikament)
Neuro-ratiopharm N (= *Vitamin* B1 + B6)
NeuroBloc (= *Clostridium-botulinum-Toxin* Typ B, Muskelrelaxanz)
Neurocil (= *Levomepromazin*, Neuroleptikum)
Neurolytril (= *Diazepam*, Benzodiazepin, Sedativum)
Neurontin (= *Gabapentin*, Antiepileptikum)
Neurotrat S forte (= *Vitamin* B1 + B6)
Nevirapin (NVP, HIV-Virustatikum)
Nexavar (= *Sorafenib*, antineoplastisches Mittel, Onkologikum)
Nexium (= *Esomeprazol*, Protonenpumpenblocker, Ulkustherapeutikum)
Nexium Mups (= *Esomeprazol*, Protonenpumpenblocker, Ulkustherapeutikum)
Niaspan (= *Nicotinsäure*, Nikotinsäurederivat, Lipidsenker)
Nicardipin (Kalziumantagonist, Antihypertensivum)
Nicergolin (Antidementivum)
Nicergolin neuraxph (= *Nicergolin*, Antidementivum)
Nicerium (= *Nicergolin*, Antidementivum)
Niclosamid (Anthelminthikum)
Nicolip (= *Inositolnicotinat*, Nikotinsäurederivat, Lipidsenker)
Nicotinsäure (Nikotinsäurederivat, Lipidsenker)
Nifedipin (Kalziumantagonist, Antihypertensivum)
Nifehexal (= *Nifedipin*, Kalziumantagonist, Antihypertensivum)
Nifurantin (= *Nitrofurantoin*, Antibiotikum)
Nifuretten (= *Nitrofurantoin*, Antibiotikum)
Nilvadipin (Kalziumantagonist, Antihypertensivum)
Nimbex (= *Cisatracurium*, stabilisierendes Muskelrelaxanz)
Nimodipin (Antidementivum)
Nimodipin Hexal (= *Nimodipin*, Antidementivum)
Nimotop (= *Nimodipin*, Antidementivum)
Nimustin (Nitrosoharnstoff, Onkologikum)
Nipent (= *Pentostatin*, antineoplastisches Mittel, Onkologikum)
Nipolept (= *Zotepin*, Neuroleptikum)
Nipruss (= *Nitroprussid-Na*, direkter Vasodilatator, Antihypertensivum)
Nirason N (= *Pentaerithrityltetranitrat*, Koronarmittel, Vasodilatator)
Nisoldipin (Kalziumantagonist, Antihypertensivum)
Nitisinon (Orphan Drug)
Nitrangin (= *Glyceroltrinitrat*, Nitroglycerin, Koronarmittel, Vasodilatator)
Nitrazepam (Benzodiazepin, Sedativum)
Nitrendimerck (= *Nitrendipin*, Kalziumantagonist, Antihypertensivum)
Nitrendipin (Kalziumantagonist, Antihypertensivum)
Nitrendipin-ratiopharm (= *Nitrendipin*, Kalziumantagonist, Antihypertensivum)
Nitrepress (= *Nitrendipin*, Kalziumantagonist, Antihypertensivum)
Nitroderm (= *Glyceroltrinitrat*, Nitroglycerin, Koronarmittel, Vasodilatator)
Nitrofurantoin (Antibiotikum)
Nitrofurantoin retard-ratiopharm (= *Nitrofurantoin*, Antibiotikum)
Nitrolingual (= *Glyceroltrinitrat*, Nitroglycerin, Koronarmittel, Vasodilatator)

Nitroprussid-Na (direkter Vasodilatator, Antihypertensivum)
Nitrosorbon (= *Isosorbiddinitrat*, Koronarmittel, Vasodilatator)
Nivadil (= *Nilvadipin*, Kalziumantagonist, Antihypertensivum)
Nizatidin (H2-Blocker, Ulkustherapeutikum)
Nizax (= *Nizatidin*, H2-Blocker, Ulkustherapeutikum)
Nizoral (= *Ketoconazol*, Azol, Antimykotikum)
Noctamid (= *Lormetazepam*, Benzodiazepin, Sedativum)
Nocutil (= *Desmopressin*, Hypophysenhinterlappenhormon)
Nolvadex (= *Tamoxifen*, Antiöstrogen)
Nootrop (= *Piracetam*, Antidementivum)
Norcuron (= *Vecuronium*, stabilisierendes Muskelrelaxanz)
Norepinephrin (Noradrenalin, Sympathomimetikum)
Norethisteron (Gestagen, Hormon)
Norethisteron Jenapharm (= *Norethisteron*, Gestagen, Hormon)
Norethisteronenantat (Kontrazeptivum)
Norflex (= *Orphenadrin*, zentrales Muskelrelaxanz)
Norflohexal (= *Norfloxacin*, Fluorochinolon, Antibiotikum)
Norflosal (= *Norfloxacin*, Fluorochinolon, Antibiotikum)
Norfloxacin (Fluorochinolon, Antibiotikum)
Norfloxacin-ratiopharm (= *Norfloxacin*, Fluorochinolon, Antibiotikum)
Norfluxx (= *Norfloxacin*, Fluorochinolon, Antibiotikum)
Noristerat (= *Norethisteronenantat*, Kontrazeptivum)
Norkotral Tema (= *Temazepam*, Benzodiazepin, Sedativum
Normabrain (= *Piracetam*, Antidementivum)
Normalip Pro (= *Fenofibrat*, Clofibrinsäurederivat, Lipidsenker)
Normoc (= *Bromazepam*, Benzodiazepin, Sedativum)
Normofundin G5 (Zweidrittelelektrolytlösung)
Normofundin OP (Halbelektrolytlösung)
Normosang (= *Hämin*, Orphan Drug)
Norpace S (= *Disopyramid*, Klasse-Ia-Antiarrhythmikum)
Norprolac (= *Quinagolid*, Prolactinhemmer)
Nortrilen (= *Nortriptylin*, NSMRI, Antidepressivum)
Nortriptylin (NSMRI, Antidepressivum)
Norvasc (= *Amlodipin*, Kalziumantagonist, Antihypertensivum)
Norvir (= *Ritonavir*, RTV, HIV-Virustatikum)
Noscapin (Antitussivum)
Nova T (= *Intrauterinpessar* mit Kupfer, Kontrazeptivum)
Novalgin (= *Metamizol*, Pyrazolonderivat, NSAR, Analgetikum)
Novaminsulfon-ratiopharm (= *Metamizol*, Pyrazolonderivat, NSAR, Analgetikum)
Novanox (= *Nitrazepam*, Benzodiazepin, Sedativum)
Novantron (= *Mitoxantron*, zytotoxisches Antibiotikum, Onkologikum)
Novastep (= *Ethinylestradiol*/ Levonorgestrel, Kontrazeptivum)
Novial (= *Ethinylestradiol*/Desogestrel, Kontrazeptivum)
Novodigal (= *Beta-Acetyldigoxin*, Digitalisglykosid)
Novomix (= *Insulin* Aspart/ Intermediärinsulin, Insulin-Kombination)
Novonorm (= *Repaglinid*, Glinid, orales Antidiabetikum)
Novoprotect (= *Amitriptylin*, NSMRI, Antidepressivum)
Novopulmon (= *Budesonid*, inhal. Kortikoid)
NovoRapid (= *Insulin* Aspart, schnellwirksames Insulin, Antidiabetikum)
NovoSeven (= *Eptacog* alpha, Gerinnungsfaktor)

Novothyral (= *T4* + *T3*, Schilddrüsenhormon)
Noxafil (= *Posaconazol*, Azol, Antimykotikum)
NPH-Insulin (intermediärwirksames Insulin, Antidiabetikum)
Nutriflex combi (Aminosäurelösung)
Nuvaring (= *Ethinylestradiol* + *Etonogestrel*, Kontrazeptivum)
Nystatin (Antimykotikum)
Nystatin Stada (= *Nystatin*, Antimykotikum)

O

Obsidan (= *Propranolol*, Betablocker, Antihypertensivum)
Obstinol M (= *Paraffin*, Laxanz)
Octanyne (= *Aantihämophiles* Globulin B, Gerinnungsfaktor)
Octaplex (= *Prothrombinkomplex*, F II, VII, IX, X, Gerinnungsfaktoren)
Octostim (= *Desmopressin*, Hypophysenhinterlappenhormon)
Octreotid (regulatorisches Peptid)
OeKolp (= *Estradiol*, Östrogen, Hormon)
Oflohexal (= *Ofloxacin*, Fluorochinolon, Antibiotikum)
Oflox ct (= *Ofloxacin*, Fluorochinolon, Antibiotikum)
Ofloxacin (Fluorochinolon, Antibiotikum)
Ofloxacin-ratiopharm (= *Ofloxacin*, Fluorochinolon, Antibiotikum)
Ogostal (= *Capreomycin*, Tuberkulostatikum)
Olanzapin (Neuroleptikum)
Olmesartan (Angiotensin-II-Blocker, Antihypertensivum)
Olmetec (= *Olmesartan*, Angiotensin-II-Blocker, Antihypertensivum)
Olmetec plus (= *Olmesartan* + *Hydrochlorothiazid*, Angiotensin-II-Blocker + Diuretikum, Antihypertensivum)
Olsalazin (schwer resorbierbares Antiphlogistikum)
Ölsäure-Polypeptid-Kondensat (Otologikum)
Olynth (= *Xylometazolin*, Sympathomimetikum, Rhinologikum)
Omacor (= *Omega-3-Säurenethylester*, Lipidsenker)
Omalizumab (bei obstruktiven Atemwegserkrankungen)
Omega-3-Säurenethylester (Lipidsenker)
Omep (= *Omeprazol*, Protonenpumpenblocker, Ulkustherapeutikum)
Omeprazol (Protonenpumpenblocker, Ulkustherapeutikum)
Omeprazol Dura (= *Omeprazol*, Protonenpumpenblocker, Ulkustherapeutikum)
Omeprazol-ratiopharm NT (= *Omeprazol*, Protonenpumpenblocker, Ulkustherapeutikum)
Omnic Ocas (= *Tamsulosin*, Prostatamittel)
Oncofolic (= *Folinsäure*, antineoplastisches Mittel, Onkologikum)
Ondansetron (Serotoninantagonist)
Ondansetron Hexal (= *Ondansetron*, Serotoninantagonist)
Ondansetron-ratiopharm (= *Ondansetron*, Serotoninantagonist)
Onealpha (= *Alfacalcidol*, Vitamin D)
Onkocristin (= *Vincristin*, Vinca-Alkaloid, Onkologikum)
Onkodox (= *Doxorubicin*, zytotoxisches Antibiotikum, Onkologikum)
Onkofluor (= *Fluorouracil*, 5-FU, Antimetabolit, Onkologikum)
Onkoposid (= *Etoposid*, Podophyllotoxin-Derivat, Onkologikum)
Onkotrone (= *Mitoxantron*, zytotoxisches Antibiotikum, Onkologikum)
Onkoxantron (= *Mitoxantron*, zytotoxisches Antibiotikum, Onkologikum)

Onymax (= *Terbinafin*, Antimykotikum)
Opatanol (= *Mannitol*, internes Glaukommittel)
Opipramol (Antidepressivum)
Opipramol Neuraxph (= *Opipramol*, Antidepressivum)
Optalidon N (= *Propyphenazon* + *Coffein*, Analgetika-Kombination)
Optidorm (= *Zopiclon*, Sedativum)
Optipect Kodein (= *Codein*, Antitussivum)
Optruma (= *Raloxifen*, Östrogenrezeptor-Modulator)
Orap (= *Pimozid*, Neuroleptikum)
Orciprenalin (Sympathomimetikum)
Orciprenalin (systemisches $Beta_2$-Sympathomimetikum, Bronchodilatator)
Orelox (= *Cefpodoxim-Proxetil*, Oralcephalosporin, Antibiotikum)
Orfadin (= *Nitisinon*, Orphan Drug)
Orfiril (= *Valproinsäure*, Antiepileptikum, Nichtbarbiturat)
Orgametril (= *Lynestrenol*, Gestagen, Hormon)
Orgaran (= *Danaparoid*, Heparinoid, Gerinnungsmittel)
Orlistat (Lipasehemmer, Abmagerungsmittel)
Orphenadrin (zentrales Muskelrelaxanz)
Orphol (= *Dihydroergotoxin*, Antidementivum)
Orthoclone OKT (= *Muromonab-CD3*, Immunsuppressivum)
Ortoton (= *Methocarbamol*, zentrales Muskelrelaxanz)
Orudis (= *Ketoprofen*, Propionsäurederivat, NSAR, Analgetikum)
Oseltamivir (Virustatikum)
Osmil (= *Estradiol* + *Medroxyprogesteron*; Östrogen + Gestagen, Hormone)
Osmofundin (= *Mannitol*, osmotisches Diuretikum)
Osmosteril (= *Mannitol*, osmotisches Diuretikum)
Osnervan (= *Procyclidin*, zentrales Anticholinergikum, Antiparkinsonmittel)
Ospamox (= *Amoxicillin*, Breitbandpenicillin, Antibiotikum)
Ospolot (= *Sultiam*, Antiepileptikum)
Ospur D3 (= *Colecalciferol*, Vitamin D)
Ossofortin D (= *Colecalciferol* + *Kalziumkarbonat*, Vitamin D)
Ossofortin forte (= *Colecalciferol* + *Kalziumkarbonat*, Vitamin D)
Ostac (= *Clodronsäure*, Bisphosphonat, Kalziumstoffwechselregulator)
Ostostabil (= *Calcitonin*, Kalziumstoffwechselregulator)
Osyrol (= *Spironolacton*, Aldosteronantagonist, Diuretikum)
Osyrol-Lasix (= *Spironolacton* + *Furosemid*, Diuretika-Kombination)
Otalgan (= *Phenazon* + *Procain*, Otologikum)
Otobacid N (= *Dexamethason* + *Cinchocain*, Otologikum)
O-trexat (= *Methotrexat*, Antimetabolit, Onkologikum)
Otriven (= *Xylometazolin*, Sympathomimetikum, Rhinologikum)
Ovastat (= *Treosulfan*, Alkylsulfonat, Onkologikum)
Ovestin (= *Estradiol*, Östrogen, Hormon)
Oviol (= *Ethinylestradiol*/Desogestrel, Kontrazeptivum)
Ovoresta M (= *Ethinylestradiol*/Lynestrenol (Kontrazeptivum)
Oxacillin (Penicillin, Antibiotikum)
Oxaliplatin (Platinhaltige Verbindung, Onkologikum)
Oxazepam (Benzodiazepin, Sedativum)
Oxazepam-ratiopharm (= *Oxazepam*, Benzodiazepin, Sedativum)
Oxcarbazepin (Antiepileptikum)
Oxilofrin (Sympathomimetikum)
Oxis (= *Formoterol*, inhalatives $Beta_2$-Sympathomimetikum, Bronchodilatator)

Oxprenolol (Betablocker, Antihypertensivum)
Oxybuton (= *Oxybutynin*, Urospasmolytikum)
Oxybutynin (Urospasmolytikum)
Oxybutynin-ratiopharm (= *Oxybutynin*, Urospasmolytikum)
Oxycodon (Opioid-Agonist, Analgetikum)
Oxygesic (= *Oxycodon*, Opioid-Agonist, Analgetikum)
Oxymedin (= *Oxybutynin*, Urospasmolytikum)
Oxymetazolin (Sympathomimetikum, Rhinologikum)
Oxytocin (Hypophysenhinterlappenhormon, Weheninduktor)
Oxytocin Carino (= *Oxytocin*, Weheninduktor)
Oxytocin Hexal (= *Oxytocin*, Weheninduktor)
Ozym (= *Pankreatin*, Verdauungsenzym)

P

Paclitaxel (Taxan, Onkologikum)
Paclitaxel Hexal (= *Paclitaxel*, Taxan, Onkologikum)
Paedialgon (= *Paracetamol*, Acetaminophen, Anilinderivat, NSAR, Analgetikum)
Paediathrocin (= *Erythromycin*, Makrolid, Antibiotikum)
Painbreak (= *Morphin*, Opioid-Agonist, Analgetikum)
Palifermin (Wachstumsfaktor)
Palladon (= *Hydromorphon*, Opioid-Agonist, Analgetikum)
Palonosetron (Serotoninantagonist)
Paludrine (= *Proguanil*, Antimalariamittel)
Pamidron Hexal (= *Pamidronsäure*, Bisphosphonat, Kalziumstoffwechselregulator)
Pamidronat Mayne (= *Pamidronsäure*, Bisphosphonat, Kalziumstoffwechselregulator)
Pamidronsäure (Bisphosphonat, Kalziumstoffwechselregulator)
Pamifos (= *Pamidronsäure*, Bisphosphonat, Kalziumstoffwechselregulator)
Pancuronium (stabilisierendes Muskelrelaxanz)
Pancuronium Deltaselect (= *Pancuronium*, stabilisierendes Muskelrelaxanz)
Pancuronium-ratiopharm (= *Pancuronium*, stabilisierendes Muskelrelaxanz)
Pangrol (= *Pankreatin*, Verdauungsenzym)
Pankreatin (Verdauungsenzym)
Pankreatin Mikro-ratiopharm (= *Pankreatin*, Verdauungsenzym)
Pankreon (= *Pankreatin*, Verdauungsenzym)
Panoral (= *Cefaclor*, Oralcephalosporin, Antibiotikum)
Panretin (= *Alitretinoin*, antineoplastisches Mittel, Onkologikum)
Pantolax (= *Suxamethonium*, depolarisierendes Muskelrelaxanz)
Pantoprazol (Protonenpumpenblocker, Ulkustherapeutikum)
Pantorc (= *Pantoprazol*, Protonenpumpenblocker, Ulkustherapeutikum)
Pantozol (= *Pantoprazol*, Protonenpumpenblocker, Ulkustherapeutikum)
Panzytrat (= *Pankreatin*, Verdauungsenzym)
Paraaminosalicylsäure (Tuberkulostatikum)
Paracefan (= *Clonidin*, Alkoholentwöhnungsmittel)
Paracetamol (Acetaminophen, Anilinderivat, NSAR, Analgetikum)
Paracetamol Hexal (= *Paracetamol*, Acetaminophen, Anilinderivat, NSAR, Analgetikum)
Paracetamol-ratiopharm (= *Paracetamol*, Acetaminophen, Anilinderivat, NSAR, Analgetikum)
Paracodin (= *Dihydrocodein*, Antitussivum)
Paraffin (Laxanz)

Paraxin (= *Chloramphenicol*, Antibiotikum)
Parecoxib (Coxib, NSAR, Analgetikum)
Paricalcitol (Vitamin D)
Pariet (= *Rabeprazol*, Protonenpumpenblocker, Ulkustherapeutikum)
Parkinsan (= *Budipin*, Antiparkinsonmittel)
Parkopan (= *Trihexphenidyl*, zentrales Anticholinergikum, Antiparkinsonmittel)
Parkotil (= *Pergolid*, Dopaminagonist, Antiparkinsonmittel)
Parlodel (= *Bromocriptin*, Dopaminagonist, Antiparkinsonmittel, Prolactinhemmer)
Paromomycin (Aminoglykosid, Antibiotikum)
Paroxalon (= *Paroxetin*, SSRI, Antidepressivum)
Paroxat (= *Paroxetin*, SSRI, Antidepressivum)
Paroxetin (SSRI, Antidepressivum)
Paroxetin-ratiopharm (= *Paroxetin*, SSRI, Antidepressivum)
Partusisten (= *Fenoterol*, Wehenhemmer)
PAS (= *Paraaminosalicylsäure*, Tuberkulostatikum)
Pasconeural Injectopas (= *Procain*, Lokalanästhetikum)
Paspertin (= *Metoclopramid*, motilitätssteigerndes Mittel)
Paxene (= *Paclitaxel*, Taxan, Onkologikum)
Pegasys (= *Peginterferon* alfa-2a, Interferon)
Pegfilgrastim (G-CSF, Wachstumsfaktor)
Peginterferon alfa-2a (Interferon)
Peginterferon alfa-2b (Interferon)
PegIntron (= *Peginterferon* alfa-2b, Interferon)
Pegvisomant (Wachstumshormon-Rezeptorantagonist)
Pemetrexed (Antimetabolit, Onkologikum)
Pemolin (Psychoanaleptikum)
Penbutolol (Betablocker, Antihypertensivum)
Pendysin (= *Benzylpenicillin-Benzathin*, Penicillin, Antibiotikum)
Penhexal (= *PenicillinV*, Phenoxymethylpenicillin, Oralpenicillin, Antibiotikum)
Penicill. Grünenthal (= *PenicillinG*, Benzylpenicillin, Antibiotikum)
Penicillamin (Rheuma-Basistherapeutikum)
Penicillin G (= *PenicillinG*, Benzylpenicillin, Antibiotikum)
Penicillin G (Benzylpenicillin, Antibiotikum)
Penicillin V (Phenoxymethylpenicillin, Oralpenicillin, Antibiotikum)
Penicillin V-ratiopharm (= *PenicillinV*, Phenoxymethylpenicillin, Oralpenicillin, Antibiotikum)
Pentacarinat (= *Pentamidin*, Antibiotikum)
Pentaerithrityltetranitrat (Koronarmittel, Vasodilatator)
Pentalong (= *Pentaerithrityltetranitrat*, Koronarmittel, Vasodilatator)
Pentamidin (Antibiotikum)
Pentasa (= *Mesalazin*, 5-ASA, schwer resorbierbares Antiphlogistikum)
Pentohexal (= *Pentoxifyllin*, durchblutungsförderndes Mittel)
Pento-Puren (= *Pentoxifyllin*, durchblutungsförderndes Mittel)
Pentostatin (antineoplastisches Mittel, Onkologikum)
Pentoxifyllin (durchblutungsförderndes Mittel)
Pentoxyverin (Antitussivum)
Pepdul (= *Famotidin*, H2-Blocker, Ulkustherapeutikum)
Peran (= *Acemetacin*, Essigsäurederivat, NSAR, Analgetikum)
Perazin (Neuroleptikum)
Perazin Neuraxph (= *Perazin*, Neuroleptikum)
Perenterol (= *Saccharomyces* boulardii, Antidiarrhoikum)
Perfalgan (= *Paracetamol*, Acetaminophen, Anilinderivat, NSAR, Analgetikum)

Perfan (= *Enoximon*, Phosphodiesterasehemmer)
Pergolid (Dopaminagonist, Antiparkinsonmittel)
Pergolid Hexal (= *Pergolid*, Dopaminagonist, Antiparkinsonmittel)
Pergolid Stada (= *Pergolid*, Dopaminagonist, Antiparkinsonmittel)
Periamin X (Aminosäurelösung)
Perindopril (ACE-Hemmer, Antihypertensivum)
Perlinganit (= *Glyceroltrinitrat*, Nitroglycerin, Koronarmittel, Vasodilatator)
Perocur (= *Saccharomyces* boulardii, Antidiarrhoikum)
Perphenazin (Neuroleptikum)
Perphenazin Neuraxph (= *Perphenazin*, Neuroleptikum)
Peteha (= *Protionamid*, PTH, Tuberkulostatikum)
Pethidin (Opioid-Agonist, Analgetikum)
Pethidin Hameln (= *Pethidin*, Opioid-Agonist, Analgetikum)
Petibelle (= *Ethinylestradiol*/Drospirenon, Kontrazeptivum)
Petinutin (= *Mesuximid*, Antiepileptikum, Nichtbarbiturat)
Petnidan (= *Ethosuximid*, Antiepileptikum, Nichtbarbiturat)
Petylyl (= *Desipramin*, NSMRI, Antidepressivum)
Phenazon (Pyrazolonderivat, NSAR, Analgetikum)
Phenazon + Procain (Otologikum)
Phenhydan (= *Ajmalin*, Klasse-Ib-Antiarrhythmikum)
Phenhydan (= *Phenytoin*, Antiepileptikum, Nichtbarbiturat)
Phenobarbital (Antiepileptikum, Barbiturat)
Phenoxybenzamin (Alphablocker, Antihypertensivum)
Phenpro-ratiopharm (= *Phenprocoumon*, Cumarinderivat, Gerinnungsmittel)
Phenprocoumon (Cumarinderivat, Gerinnungsmittel)
Phenprogamma (= *Phenprocoumon*, Cumarinderivat, Gerinnungsmittel)
Phenylbutazon (Pyrazolonderivat, NSAR, Analgetikum)
Phenylpropanolamin (zentral wirksames Abmagerungsmittel)
Phenytoin (Antiepileptikum, Nichtbarbiturat)
Phenytoin (Klasse-Ib-Antiarrhythmikum)
Phenytoin AWD (= *Phenytoin*, Antiepileptikum, Nichtbarbiturat)
Pholdyston (= *Etilefrin*, Sympathomimetikum)
Phosphonorm (= *Aluminiumchloridhydroxid-Komplex*, Phosphatbinder)
Physiotens (= *Moxonidin*, zentraler Alpha-2-Agonist, Antihypertensivum)
Phytomenadion (Vitamin K)
Pidilat (= *Nifedipin*, Kalziumantagonist, Antihypertensivum)
Pimafucin (= *Natamycin*, Antimykotikum)
Pimozid (Neuroleptikum)
Pindolol (Betablocker, Antihypertensivum)
Pioglitazon (Insulinsensitizer, orales Antidiabetikum)
Pipamperon (Neuroleptikum)
Pipamperon Neuraxph (= Pipamperon, Neuroleptikum)
Pipemidsäure (Gyrasehemmer, Antibiotikum)
Piperacillin (Breitbandpenicillin, Antibiotikum)
Piperacillin Curasan (= *Piperacillin*, Breitbandpenicillin, Antibiotikum)
Piperacillin Fresenius (= *Piperacillin*, Breitbandpenicillin, Antibiotikum)
Piperacillin Hexal (= *Piperacillin*, Breitbandpenicillin, Antibiotikum)

Piperacillin-ratiopharm (= *Piperacillin*, Breitbandpenicillin, Antibiotikum)
Piracebral (= *Piracetam*, Antidementivum)
Piracetam (Antidementivum)
Piracetam-ratiopharm (= *Piracetam*, Antidementivum)
Pirenzepin (Schleimhautprotektivum)
Pirenzepin-ratiopharm (= *Pirenzepin*, Schleimhautprotektivum)
Piretanid (Schleifendiuretikum)
Piretanid 1A (= *Piretanid*, Schleifendiuretikum)
Piretanid Hexal (= *Piretanid*, Schleifendiuretikum)
Piritramid (Opioid-Agonist, Analgetikum)
Pirocutan (= *Piroxicam*, Oxicam, NSAR, Analgetikum)
Pirorheum (= *Piroxicam*, Oxicam, NSAR, Analgetikum)
Piroxicam (Oxicam, NSAR, Analgetikum)
Piroxicam-ratiopharm (= *Piroxicam*, Oxicam, NSAR, Analgetikum)
Pitressin (= *Argipressin*, Hypophysenhinterlappenhormon)
PK-Merz (= *Amantadin*, Glutamatrezeptorantagonist, Antiparkinsonmittel)
Plantago ovata (Flohsamen) + Sennoside (Laxanz)
Plantago ovata (Flohsamen, Laxanz)
Planum (= *Temazepam*, Benzodiazepin, Sedativum)
Plasmasteril (= *Stärkederivat*, Plasmaersatzmittel)
Plastulen N (= *Folsäure + Eisen*)
Plavix (= *Clopidogrel*, Thrombozytenaggregationshemmer)
Pleon RA (= *Sulfasalazin*, Rheuma-Basistherapeutikum)
Podomexef (= *Cefpodoxim-Proxetil*, Oralcephalosporin, Antibiotikum)
Polaronil (= *Dexchlorpheniramin*, Antihistaminikum, Antiallergikum)
Policresulen + Cinchocain (Hämorrhoidalmittel)
Polymyxin B + Bacitracin + Hydrocortison (Otologika-Kombination)
Polyspectran HC (= *Polymyxin* B + Bacitracin + Hydrocortison, Otologika-Kombination)
Polysulfonsäure (Kationenaustauscher)
Posaconazol (Azol, Antimykotikum)
Postadoxin N (= *Meclozin*, Antiemetikum, Antivertiginosum)
Posterisan Corte (= *Hydrocortison*, Hämorrhoidalmittel)
Prajmaliumbitartrat (Klasse-Ia-Antiarrhythmikum)
Pramino (= *Ethinylestradiol*/Norgestimat, Kontrazeptivum)
Pramipexol (Dopaminagonist, Antiparkinsonmittel)
Pravasin protect (= *Pravastatin*, CSE-Hemmer, Lipidsenker)
Pravastatin (CSE-Hemmer, Lipidsenker)
Pravastatin ct (= *Pravastatin*, CSE-Hemmer, Lipidsenker)
Pravastatin Hexal (= *Pravastatin*, CSE-Hemmer, Lipidsenker)
Pravidel (= *Bromocriptin*, Dopaminagonist, Antiparkinsonmittel, Prolactinhemmer)
Praxiten (= *Oxazepam*, Benzodiazepin, Sedativum)
Prazepam (Benzodiazepin, Sedativum)
Praziquantel (Anthelminthikum)
Prazosin (Alphablocker, Antihypertensivum)
Prazosin-ratiopharm (= *Prazosin*, Alphablocker, Antihypertensivum)
Prectal (= *Prednisolon*, Glukokortikoid)
Prednihexal (= *Prednisolon*, Glukokortikoid)
Prednisolon (Glukokortikoid)
Prednisolon + Bismut + Zinkoxid (Hämorrhoidalmittel)
Prednisolon Jenaph (= *Prednisolon*, Glukokortikoid)

Prednisolon-ratiopharm (= *Prednisolon*, Glukokortikoid)
Prednisolut (= *Prednisolon*, Glukokortikoid)
Prednison (Glukokortikoid)
Prednison Hexal (= *Prednison*, Glukokortikoid)
Pregabalin (Antiepileptikum)
Prelis (= *Metoprololtartrat*, Betablocker, Antihypertensivum)
Prent (= *Acebutolol*, Betablocker, Antihypertensivum)
Presinol (= *Alpha-Methyldopa*, zentraler Alpha-2-Agonist, Antihypertensivum)
Presomen compositum (= *konj.* Östrogene + Medrogeston, Östrogen + Gestagen, Hormone)
Presomen (Östrogen, Hormon)
Preterax (= *Perindopril* + *Indapamid*, Kombination ACE-Hemmer + Diuretikum)
Pridinol (zentrales Muskelrelaxanz)
Prilace (= *Ramipril* + *Piretanid*, Kombination ACE-Hemmer + Diuretikum)
Prilocain (Lokalanästhetikum)
Primaquin (Antimalariamittel)
Primidon (Antiepileptikum, Barbiturat)
Primidon Holsten (= *Primidon*, Antiepileptikum, Barbiturat)
Primolut-Nor (= *Norethisteron*, Gestagen, Hormon)
Privin (= *Naphazolin*, Sympathomimetikum, Rhinologikum)
Probenecid (= *Probenecid*, Urikosurikum, Gichtmittel)
Probenecid (Urikosurikum, Gichtmittel)
Procain (Lokalanästhetikum)
Procain Deltaselect (= *Procain*, Lokalanästhetikum)
Procoralan (= *Ivabradin*, Koronarmittel, If-Kanal-Hemmer)
Procorum (= *Gallopamil*, Kalziumantagonist, Antihypertensivum)
Procyclidin (zentrales Anticholinergikum, Antiparkinsonmittel)
Procyclo (= *Estradiol* + *Medroxyprogesteron*; Östrogen + Gestagen, Hormone)
Prodolor (= *Naproxen*, Propionsäurederivat, NSAR, Analgetikum)
Profact Depot 2 (= *Buserelin*, LH-RH-Agonist)
Profact Depot 3 (= *Buserelin*, LH-RH-Agonist)
Profact nasal (= *Buserelin*, LH-RH-Agonist)
Profact pro injectione (= *Buserelin*, LH-RH-Agonist)
Progastrit (= *Mg-hydroxid* + Al-oxid, Antazidum)
Progesteron Depot Jenaph (= *Hydroxyprogesteroncaproat*, Gestagen, Hormon)
Proglicem (Diazoxid, Antihypoglykämikum)
Prograf (= *Tacrolimus*, Immunsuppressivum)
Proguanil (Antimalariamittel)
Progynova (= *Estradiol*, Östrogen, Hormon)
Proluton Depot (= *Hydroxyprogesteroncaproat*, Gestagen, Hormon)
Promethazin (Neuroleptikum)
Pronervon T (= *Temazepam*, Benzodiazepin, Sedativum)
Proneurin (= *Promethazin*, Neuroleptikum)
Propafen (= *Propafenon*, Klasse-Ic-Antiarrhythmikum)
Propafenin (= *Chlorpromazin*, Neuroleptikum)
Propafenon (Klasse-Ic-Antiarrhythmikum)
Propafenon-ratiopharm (= *Propafenon*, Klasse-Ic-Antiarrhythmikum)
Propecia (= *Finasterid*, Haarwuchsmittel)
Prophylux (= *Propranolol*, Betablocker, Antihypertensivum)
Propicillin (Oralpenicillin, Antibiotikum)
Propiverin (Urospasmolytikum)
Propofol (Injektionsnarkotikum, Nichtbarbiturat)

Propofol lipuro (= *Propofol*, Injektionsnarkotikum, Nichtbarbiturat)
Propofol-ratiopharm (= *Propofol*, Injektionsnarkotikum, Nichtbarbiturat)
Propra-ratiopharm (= *Propranolol*, Betablocker, Antihypertensivum)
Propranolol (Betablocker, Antihypertensivum)
Propranolol Sandoz (= *Propranolol*, Betablocker, Antihypertensivum)
Propycil (= *Propylthiouracil*, Thyreostatikum)
Propylthiouracil (Thyreostatikum)
Propyphenazon (Pyrazolonderivat, NSAR, Analgetikum)
Proscar (= *Finasterid*, Prostatamittel)
Prostavasin (= *Alprostadil*, durchblutungsförderndes Mittel)
Prostica (= *Flutamid*, Antiandrogen, Sexualhormon)
Protamin Vale (= *Protamin-HCl*, Heparinantidot)
Protamin-HCl (Heparinantidot)
Protaphane (= *Intermediärinsulin*, NPH-Insulin, intermediärwirksames Insulin, Antidiabetikum)
Protein C (Antithrombotikum)
Protelos (= *Strontiumranelat*, Knochenmorphogen)
Prothazin (= *Promethazin*, Neuroleptikum)
Prothil (= *Medrogeston*, Gestagen, Hormon)
Prothipendyl (Neuroleptikum)
Prothrombinkomplex (F II, VII, IX, X, Gerinnungsfaktoren)
Prothromplex (= *Prothrombinkomplex*, F II, VII, IX, X, Gerinnungsfaktoren)
Prothyrid (= *T4 + T3*, Schilddrüsenhormon)
Protionamid (PTH, Tuberkulostatikum)
Protirelin (TRH, endokrinologisches Diagnostikum)
Provas (= *Valsartan*, Angiotensin-II-Blocker, Antihypertensivum)
Provas 160 maxx (= *Valsartan + Hydrochlorothiazid*, Angiotensin-II-Blocker + Diuretikum, Antihypertensivum)
Provas comp (= *Valsartan + Hydrochlorothiazid*, Angiotensin-II-Blocker + Diuretikum, Antihypertensivum)
Proxen (= *Naproxen*, Propionsäurederivat, NSAR, Analgetikum)
Prozac (= *Fluoxetin*, SSRI, Antidepressivum)
Pryleugan (= *Imipramin*, NSMRI, Antidepressivum)
Pulmicort (= *Budesonid*, inhalat. Kortikoid)
Puri-Nethol (= *Mercaptopurin*, Antimetabolit, Onkologikum)
Pyrafat (= *Pyrazinamid*, PZA, Tuberkulostatikum)
Pyrantel (Anthelminthikum)
Pyrazinamid (= *Pyrazinamid*, PZA, Tuberkulostatikum)
Pyrazinamid (PZA, Tuberkulostatikum)
Pyrcon (= *Pyrvinium*, Anthelminthikum)
Pyridostigmin (Cholinergikum)
Pyridoxin (Vitamin B6)
Pyrilax (= *Bisacodyl*, Laxanz)
Pyrimethamin (Antibiotikum)
Pyrvinium (Anthelminthikum)
PZA Hefa (= *Pyrazinamid*, PZA, Tuberkulostatikum)

Q

Quadropril (= *Spirapril*, ACE-Hemmer, Antihypertensivum)
Quantalan (= *Colestyramin*, Anionenaustauscher, Lipidsenker)
Quensyl (= *Hydroxychloroquinsulfat*, Rheuma-Basistherapeutikum)
Querto (= *Carvedilol*, Betablocker, Antihypertensivum)
Quetiapin (Neuroleptikum)
Quilonum (= *Lithiumacetat*, Antimanikum)
Quilonum retard (= *Lithiumkarbonat*, Antimanikum)

Quinagolid (Prolactinhemmer)
Quinaplus Stada (= *Quinapril* + *Hydrochlorothiazid*, Kombination ACE-Hemmer + Diuretikum)
Quinapril (ACE-Hemmer, Antihypertensivum)
Quinapril Beta (= *Quinapril*, ACE-Hemmer, Antihypertensivum)
Quinapril Hexal (= *Quinapril*, ACE-Hemmer, Antihypertensivum)
Quinapril Stada (= *Quinapril*, ACE-Hemmer, Antihypertensivum)
Quinupristin + Dalfopristin (Streptogramin, Antibiotikum)
Qvar (= *Beclometason*, inhalatives Kortikoid)

R

Rabeprazol (Protonenpumpenblocker, Ulkustherapeutikum)
Racecadotril (Antidiarrhoikum)
Radedorm (= *Nitrazepam*, Benzodiazepin, Sedativum)
Radepur (= *Chlordiazepoxid*, Benzodiazepin, Sedativum)
Ralenova (= *Mitoxantron*, zytotoxisches Antibiotikum, Onkologikum)
Ralofekt (= *Pentoxifyllin*, durchblutungsförderndes Mittel)
Raloxifen (Östrogenrezeptor-Modulator)
Ramicard (= *Ramipril*, ACE-Hemmer, Antihypertensivum)
Ramilich (= *Ramipril*, ACE-Hemmer, Antihypertensivum)
Ramiplus A (= *Ramipril* + *Hydrochlorothiazid*, Kombination ACE-Hemmer + Diuretikum)l
Ramipril (ACE-Hemmer, Antihypertensivum)
Ramipril comp. ct (= *Ramipril* + *Hydrochlorothiazid*, Kombination ACE-Hemmer + Diuretikum)
Ramipril ct (= *Ramipril*, ACE-Hemmer, Antihypertensivum)
Ramipril Hexal (= *Ramipril*, ACE-Hemmer, Antihypertensivum)
Ramipril ratio comp (= *Ramipril* + *Hydrochlorothiazid*, Kombination ACE-Hemmer + Diuretikum)
Ramipril-ratiopharm (= *Ramipril*, ACE-Hemmer, Antihypertensivum)
Rami-Q comp (= *Ramipril* + *Hydrochlorothiazid*, Kombination ACE-Hemmer + Diuretikum)
Ranibeta (= *Ranitidin*, H2-Blocker, Ulkustherapeutikum)
Ranitic (= *Ranitidin*, H2-Blocker, Ulkustherapeutikum)
Ranitidin (H2-Blocker, Ulkustherapeutikum)
Ranitidin-ratiopharm (= *Ranitidin*, H2-Blocker, Ulkustherapeutikum)
Rantudil (= *Acemetacin*, Essigsäurederivat, NSAR, Analgetikum)
Rapamune (= *Sirolimus*, Immunsuppressivum)
Rapifen (= *Alfentanil*, Opioid-Analgetikum)
Rapilysin (= *Reteplase*, Fibrinolytikum)
Raptiva (= *Efalizumab*, internes Antipsoriatikum)
Rasagilin (MAO-B-Hemmer, Antiparkinsonmittel)
Rasburicase (Gichtmittel)
Ratacand plus (= *Candesartan* + *Hydrochlorothiazid*, Angiotensin-II-Blocker + Diuretikum, Antihypertensivum)
Reactine (= *Cetirizin*, Antihistaminikum, Antiallergikum)
Rebetol (= *Ribavirin*, Virustatikum)
Rebif (= *Interferon* beta-1a, Interferon)
Reboxetin (Antidepressivum)
Recatol Mono (= *Phenylpropanolamin*, zentral wirksames Abmagerungsmittel)
Rectodelt (= *Prednison*, Glukokortikoid)
Reductil (= *Sibutramin*, zentral wirksames Abmagerungsmittel)

Refludan (= *Lepirudin*, direkter Thrombininhibitor, Gerinnungsmittel)
Refobacin (= *Gentamicin*, Aminoglykosid, Antibiotikum)
Regaine Frauen (= *Minoxidil*, Haarwuchsmittel)
Regaine Männer (= *Minoxidil*, Haarwuchsmittel)
Regenon (= *Amfepramon*, zentral wirksames Abmagerungsmittel)
Reisegold (= *Dimenhydrinat*, Antiemetikum, Antivertiginosum)
Reisetabletten-ratiopharm (= *Dimenhydrinat*, Antiemetikum, Antivertiginosum)
Rekawan (= *Kalium*, Mineralstoff)
Relefact LHRH (= *Gonadorelin*, LHRH, endokrinologisches Diagnostikum)
Relenza (= *Zanamivir*, Virustatikum)
Relpax (= *Eletriptan*, Triptan, Migränemittel)
Remergil (= *Mirtazapin*, Antidepressivum)
Remeron (= *Mirtazapin*, Antidepressivum)
Remestan (= *Temazepam*, Benzodiazepin, Sedativum)
Remicade (= *Infliximab*, Immunsuppressivum)
Remid (= *Allopurinol*, Xanthin-Oxidase-Inhibitor, Gichtmittel)
Remifentanil (Opioid-Agonist, Analgetikum)
Reminyl (= *Galantamin*, Antidementivum)
Renacor (= *Enalapril* + *Hydrochlorothiazid*, Kombination ACE-Hemmer + Diuretikum)
Renagel (= *Sevelamer*, Phosphatbinder)
Renatriol (= *Calcitriol*, Vitamin D)
Rentibloc (= *Sotalol*, Betablocker, Antihypertensivum, Klasse-III-Antiarrhythmikum)
Rentylin (= *Pentoxifyllin*, durchblutungsförderndes Mittel)
ReoPro (Abciximab, Thrombozytenaggregationshemmer)
Repaglinid (Glinid, orales Antidiabetikum)
Replagal (= *Agalsidase* alfa, Orphan Drug)
Reproterol (systemisches $Beta_2$-Sympathomimetikum, Bronchodilatator)
ReQuip (= *Ropinirol*, Dopaminagonist, Antiparkinsonmittel)
Reserpin + *Clopamid* (antihypertensive Kombination)
Reserpin + *Dihydralazin* + *Hydrochlorothiazid* (antihypertensive Kombination)
Reserpin + *Mefrusid* (antihypertensive Kombination)
Resochin (= *Chloroquin*, Rheuma-Basistherapeutikum)
Resochin (= *Chloroquinphosphat* (Antimalariamittel)
Resonium A (= *Polysulfonsäure*, Kationenaustauscher)
Restex (= *L-Dopa* + Benserazid, Dopaminergikum, Antiparkinsonmittel)
Reteplase (Fibrinolytikum)
Retrovir (= *Zidovudin*, AZT, HIV-Virustatikum)
Revasc (= *Desirudin*, direkter Thrombininhibitor, Gerinnungsmittel)
Revatio (= *Sildenafil*, bei pulmonaler Hypertonie)
Reviparin (niedermolekulares Heparin, Gerinnungsmittel)
Rewodina (= *Diclofenac*, Essigsäurederivat, NSAR, Analgetikum)
Reyataz (= *Atazanavir*, AZV, HIV-Virustatikum)
Rhefluin (= *Amilorid* + *Hydrochlorothiazid*, Diuretika-Kombination)
Rheomacrodex 10% NaCl-frei (= *Dextran*, Plasmaersatzmittel)
Rheothromb (= *Urokinase*, Fibrinolytikum)
Rhinex (= *Tetryzolin*, Sympathomimetikum, Rhinologikum)
Rhinex Nasenspray (= *Naphazolin*, Sympathomimetikum, Rhinologikum)

Rhinospray (= *Tramazolin*, Sympathomimetikum, Rhinologikum)
Riamet (= *Artemether* + *Lumefantrin*, Antimalariamittel)
Ribavirin (Virustatikum)
Ribocarbo-L (= *Carboplatin*, Platin-haltige Verbindung, Onkologikum)
Ribodoxo (= *Doxorubicin*, zytotoxisches Antibiotikum, Onkologikum)
Riboepi (= *Epirubicin*, zytotoxisches Antibiotikum, Onkologikum)
Ribofentanyl (= *Fentanyl*, Opioid-Agonist, Analgetikum)
Ribofluor (= *Fluorouracil*, 5-FU, Antimetabolit, Onkologikum)
Ribomustin (= *Bendamustin*, Stickstofflost-Analogon, Onkologikum)
Riboposid (= *Etoposid*, Podophyllotoxin-Derivat, Onkologikum)
Ribotax (= *Paclitaxel*, Taxan, Onkologikum)
Ridaura (= *Auranofin*, Rheuma-Basistherapeutikum)
Rifa (= *Rifampicin*, RMP, Tuberkulostatikum)
Rifabutin (Tuberkulostatikum)
Rifampicin (RMP, Tuberkulostatikum)
Rifampicin Hefa (= *Rifampicin*, RMP, Tuberkulostatikum)
Rifater (= *Rifampicin* + *Isoniazid* + *Pyrazinamid*, Tuberkulostatika-Kombination)
Rifinah (= *Rifampicin* + *Isoniazid*, Tuberkulostatika-Kombination)
Rifun (= *Pantoprazol*, Protonenpumpenblocker, Ulkustherapeutikum)
Rilex (= *Tetrazepam*, zentrales Muskelrelaxanz)
Rimoc (= *Moclobemid*, MAO-Hemmer, Antidepressivum)
Rimonabant (Cannabinoidrezeptor-antagonist, Abmagerungsmittel)
Ringer-Lactat (Vollelektrolytlösung)
Ringer-Lösung (Vollelektrolytlösung)
Riopan (= *Magaldrat*, Antazidum)
Risedronsäure (Bisphosphonat, Kalziumstoffwechselregulator)
Risperdal (= *Risperidon*, Neuroleptikum)
Risperdal Consta (= *Risperidon*, Neuroleptikum)
Risperidon (Neuroleptikum)
Ritalin (= *Methylphenidat*, Psychoanaleptikum)
Ritonavir (RTV, HIV-Virustatikum)
Rituximab (antineoplastische Antikörper, Onkologikum)
Rivastigmin (Antidementivum)
Rivotril (= *Clonazepan*, Antiepileptikum, Nichtbarbiturat)
Rizatriptan (Triptan, Migränemittel)
Roaccutan (= *Isotretinoin*, internes Aknemittel)
Rocaltrol (= *Calcitriol*, Vitamin D)
Rocephin (= *Ceftriaxon*, Cephalosporin, Antibiotikum)
Rocornal (= *Trapidil*, Koronarmittel, Vasodilatator)
Rocuronium (stabilisierendes Muskelrelaxanz)
Rofatuss (= *Clobutinol*, Antitussivum)
Roferon A (= *Interferon* alfa-2a, Interferon)
Rohypnol (= *Flunitrazepam*, Benzodiazepin, Sedativum)
Ropinirol (Dopaminagonist, Antiparkinsonmittel)
Ropivacain (Lokalanästhetikum)
Rosiglitazon (Insulinsensitizer, orales Antidiabetikum)
Rotigotin (Dopaminagonist, Antiparkinsonmittel)
Roxibeta (= *Roxithromycin*, Makrolid, Antibiotikum)
Roxigrün (= *Roxithromycin*, Makrolid, Antibiotikum)
Roxihexal (= *Roxithromycin*, Makrolid, Antibiotikum)

Roxithromycin (Makrolid, Antibiotikum)
Rubiemen (= *Dimenhydrinat*, Antiemetikum, Antivertiginosum)
Rudotel (= *Medazepam*, Benzodiazepin, Sedativum)
Rulid (= *Roxithromycin*, Makrolid, Antibiotikum)
Rusedal (= *Medazepam*, Benzodiazepin, Sedativum)
Rythmodul (= *Disopyramid*, Klasse-Ia-Antiarrhythmikum)
Rytmonorm (= *Propafenon*, Klasse-Ic-Antiarrhythmikum)

S

sab simplex (= *Simeticon*, Karminativum)
Sabril (= *Vigabatrin*, Antiepileptikum)
Saccharomyces boulardii (Antidiarrhoikum)
Salazopyrine RA (= *Sulfasalazin*, Rheuma-Basistherapeutikum)
Salbuhexal (= *Salbutamol*, inhalatives/systemisches $Beta_2$-Sympathomimetikum, Bronchodilatator)
Salbulair N (= *Salbutamol*, inhalatives $Beta_2$-Sympathomimetikum, Bronchodilatator)
Salbutamol (inhalatives/systemisches $Beta_2$-Sympathomimetikum, Bronchodilatator)
Salbutamol-ratiopharm (= *Salbutamol*, inhalatives $Beta_2$-Sympathomimetikum, Bronchodilatator)
Sali-Adalat (= *Nifedipin* + *Mefrusid*, Kalziumantagonist-Kombination, Antihypertensivum)
Saliprent (= *Acebutolol* + *Mefrusid*, Betablocker + Diuretikum, Antihypertensivum)
Salmeterol (inhalatives $Beta_2$-Sympathomimetikum, Bronchodilatator)
Salofalk (= *Mesalazin*, 5-ASA, schwer resorbierbares Antiphlogistikum)
Salviamin Hepar (Aminosäurelösung)
Salzsäure (Alkalosetherapeutikum)
Sanasthmax (= *Beclometason*, inhalatives Kortikoid)
Sanasthmyl (= *Beclometason*, inhalatives Kortikoid)
Sandimmun (= *Ciclosporin* (internes Antipsoriatikum, Immunsuppressivum)
Sandocal-D (= *Colecalciferol* + *Kalziumkarbonat*, Vitamin D)
Sandoparin Nm (= *Certoparin*, niedermolekulares Heparin, Gerinnungsmittel)
Sandostatin (= *Octreotid*, regulatorisches Peptid)
Sandrena (= *Estradiol*, Östrogen, Hormon)
Santax S (= *Saccharomyces* boulardii, Antidiarrhoikum)
Saquinavir (SQV, HIV-Virustatikum)
Saroten (= *Amitriptylin*, NSMRI, Antidepressivum)
Scandicain (= *Mepivacain*, Lokalanästhetikum)
Schlafsterne (= *Doxylamin*, Sedativum)
SchlafTabs-ratiopharm (= *Doxylamin*, Sedativum)
Scopoderm TTS (= *Scopolamin*, Antiemetikum, Antivertiginosum)
Scopolamin (Antiemetikum, Antivertiginosum)
Sedativum Hevert (= *Diphenhydramin*, Sedativum)
Sedotussin (= *Pentoxyverin*, Antitussivum)
Selectol (= *Celiprolol*, Betablocker, Antihypertensivum)
Selegelin Neuraxph (= *Selegilin*, MAO-B-Hemmer, Antiparkinsonmittel)
Selegilin (MAO-B-Hemmer, Antiparkinsonmittel)
Selegilin-ratiopharm (= *Selegilin*, MAO-B-Hemmer, Antiparkinsonmittel)
Seloken Retard (= *Metoprololsuccinat*, Betablocker, Antihypertensivum)
Sempera (= *Itraconazol*, Azol, Antimykotikum)

Sepram (= *Citalopram*, SSRI, Antidepressivum)
Serag-HAES 10 (= *Stärkederivat*, Plasmaersatzmittel)
Seretide (= *Salmeterol* + *Fluticason*, kombiniertes inhalatives Bronchialtherapeutikum)
Serevent (= *Salmeterol*, inhalatives Beta$_2$-Sympathomimetikum, Bronchodilatator)
Serital (= *Citalopram*, SSRI, Antidepressivum)
Sermion (= *Nicergolin*, Antidementivum)
Seroquel (= *Quetiapin*, Neuroleptikum)
Seroxat (= *Paroxetin*, SSRI, Antidepressivum)
Sertalin Hexal (= *Sertralin*, SSRI, Antidepressivum)
Sertalin Neuraxph (= *Sertralin*, SSRI, Antidepressivum)
Sertralin (SSRI, Antidepressivum)
Sevelamer (Phosphatbinder)
Sevredol (= *Morphin*, Opioid-Agonist, Analgetikum)
Sibelium (= *Flunarizin* ZNS-Medikament)
Sibutramin (zentral wirksames Abmagerungsmittel)
Sicco (= *Indapamid*, Benzothiadiazin, Diuretikum)
Sifrol (= *Pramipexol*, Dopaminagonist, Antiparkinsonmittel)
Sigacalm (= *Oxazepam*, Benzodiazepin, Sedativum)
Sigalip (= *Simvastatin*, CSE-Hemmer, Lipidsenker)
Sigamuc (= *Ambroxol* + *Doxycyclin*, kombiniertes Bronchialtherapeutikum)
Sigaprava (= *Pravastatin*, CSE-Hemmer, Lipidsenker)
Sigaprim (= *Trimethoprim* + *Sulfamethoxazol*, Sulfonamid-Kombination, Antibiotikum)
Sildenafil (bei pulmonaler Hypertonie, bei erektiler Dysfunktion)
Silomat (= *Clobutinol*, Antitussivum)
Simagel (= *Almasilat*, Antazidum)
Simethicon-ratiopharm (= *Simeticon*, Karminativum)
Simeticon (Karminativum)
Simulect (= *Basiliximab*, Immunsuppressivum)
Simvabeta (= *Simvastatin*, CSE-Hemmer, Lipidsenker)
Simvahexal (= *Simvastatin*, CSE-Hemmer, Lipidsenker)
Simvastatin (CSE-Hemmer, Lipidsenker)
Sinemet (= *L-Dopa* + Carbidopa, Dopaminergikum, Antiparkinsonmittel)
Singulair (= *Montelukast*, Leukotrien-rezeptorantagonist, Antiallergikum)
Sinquan (= *Doxepin*, NSMRI, Antidepressivum)
Siofor (= *Metformin*, Biguanid, orales Antidiabetikum)
Siozwo (= *Naphazolin*, Sympathomimetikum, Rhinologikum)
Sirdalud (= *Tizanidin*, zentrales Muskelrelaxanz)
Sirolimus (Immunsuppressivum)
Siros (= *Itraconazol*, Azol, Antimykotikum)
Sirtal (= *Carbamazepin*, Antiepileptikum, Nichtbarbiturat)
Sisare (= *Estradiol* + *Medroxyprogesteron*; Östrogen + Gestagen, Hormone)
Sisare (= *Estradiol*, Östrogen, Hormon)
Sitosterin (Phytosterol, Prostatamittel)
Sitosterin Prostata (= *Sitosterin*, Phytosterol, Prostatamittel)
Skelid (= *Tiludronsäure*, Bisphosphonat, Kalziumstoffwechselregulator)
Skid (= *Minocyclin*, Tetracyclin, Antibiotikum, internes Aknemittel)
Smektit (Antidiarrhoikum)
Sobelin (= *Clindamycin*, Lincosamid, Antibiotikum)
Sodormwell (= *Diphenhydramin*, Sedativum)

Solian (= *Amisulprid*, Neuroleptikum)
Solifenacin (Urospasmolytikum)
Solosin (= *Theophyllin*, Methylxanthin, Bronchodilatator)
Solu-Decortin (= *Prednisolon*, Glukokortikoid)
Solugastril (= *Al-oxid* + Kalziumkarbonat, Antazidum)
Solvex (= *Reboxetin*, Antidepressivum)
Somagerol (= *Lorazepam*, Benzodiazepin, Sedativum)
Somatorelin (GHRH, endokrinologisches Diagnostikum)
Somatostatin (regulatorisches Peptid)
Somatostatin Curamed (= *Somatostatin*, regulatorisches Peptid)
Somatostatin Ferring (= *Somatostatin*, regulatorisches Peptid)
Somatostatin Hexal (= *Somatostatin*, regulatorisches Peptid)
Somatuline Autogel (= *Lanreotid* (regulatorisches Peptid)
Somavert (= *Pegvisomant*, Wachstumshormon-Rezeptorantagonist)
Somnosan (= *Zopiclon*, Sedativum)
Somsanit (= *4-Hydroxybuttersäure*, Injektionsnarkotikum, Nichtbarbiturat)
Sonata (= *Zaleplon*, Sedativum)
Sorafenib (antineoplastisches Mittel, Onkologikum)
Sorbisterit (= *Polysulfonsäure*, Kationenaustauscher)
Sorbitol (osmotisches Diuretikum)
Sormodren (= *Bornaprin*, zentrales Anticholinergikum, Antiparkinsonmittel)
Sortis (= *Atorvastatin*, CSE-Hemmer, Lipidsenker)
Sostril (= *Ranitidin*, H2-Blocker, Ulkustherapeutikum)
Sotahexal (= *Sotalol*, Betablocker, Antihypertensivum, Klasse-III-Antiarrhythmikum)
Sotalex (= *Sotalol*, Betablocker, Antihypertensivum, Klasse-III-Antiarrhythmikum)
Sotalol (Betablocker, Antihypertensivum, Klasse-III-Antiarrhythmikum)
Sotalol-ratiopharm (= *Sotalol*, Betablocker, Antihypertensivum, Klasse-III-Antiarrhythmikum)
Spasman Scop (= *Butylscopolamin*, Spasmolytikum)
Spasmex (= *Trospiumchlorid*, Urospasmolytikum)
Spasmolyt (= *Trospiumchlorid*, Urospasmolytikum)
Spasmo-Mucosolvan (= *Ambroxol* + *Clenbuterol*, kombiniertes Bronchialtherapeutikum)
Spasmo-Rhoival (= *Trospiumchlorid*, Urospasmolytikum)
Spasmo-Urgenin TC (= *Trospiumchlorid*, Urospasmolytikum)
Spasuret (= *Flavoxat*, Urospasmolytikum)
Spectinomycin (Antibiotikum)
Spirapril (ACE-Hemmer, Antihypertensivum)
Spiriva (= *Tiotropiumbromid*, Anticholinergikum, Bronchodilatator)
Spiro comp (= *Spironolacton* + *Furosemid*, Diuretika-Kombination)
Spiro D (= *Spironolacton* + *Furosemid*, Diuretika-Kombination)
Spironolacton (Aldosteronantagonist, Diuretikum)
Spironolacton-ratiopharm (= *Spironolacton*, Aldosteronantagonist, Diuretikum)
Spiropent (= *Clenbuterol*, systemisches Beta$_2$-Sympathomimetikum, Bronchodilatator)
Spizef (= *Cefotiam*, Cephalosporin, Antibiotikum)
Spondylon (= *Ketoprofen*, Propionsäurederivat, NSAR, Analgetikum)

Stalevo (= *L-Dopa* + Carbidopa + Entacapon; Dopaminergikum, Antiparkinsonmittel)
Stangyl (= *Trimipramin*, NSMRI, Antidepressivum)
Stanilo (= *Spectinomycin*, Antibiotikum)
Staphylex (= *Flucloxacillin*, Penicillin, Antibiotikum)
Starlix (= *Nateglinid*, Glinid, orales Antidiabetikum)
Staurodorm Neu (= *Flurazepam*, Benzodiazepin, Sedativum)
Stavudin (D4T, HIV-Virustatikum)
Stediril 30 (= *Ethinylestradiol/* Levonorgestrel, Kontrazeptivum)
Sterofundin (Vollelektrolytlösung)
Stesolid (= *Diazepam*, Benzodiazepin, Sedativum)
Stillacor (= *Beta-Acetyldigoxin*, Digitalisglykosid)
Stilnox (= *Zolpidem*, Sedativum)
Strattera (= *Atomoxetin*, Psychoanaleptikum)
Streptase (= *Streptokinase*, Fibrinolytikum)
Strepto-Fatol (= *Streptomycin*, SM, Tuberkulostatikum)
Strepto-Hefa (= *Streptomycin*, SM, Tuberkulostatikum)
Streptokinase (Fibrinolytikum)
Streptomycin (SM, Tuberkulostatikum)
Striant (= *Testosteronundecanoat*, Androgen, Sexualhormon)
Striaton (= *L-Dopa* + Carbidopa, Dopaminergikum, Antiparkinsonmittel)
Strontiumranelat (Knochenmorphogen)
Subutex (= *Buprenorphin*, Opioid-Agonist/-Antagonist, Analgetikum)
Succinylcholin Deltaselect (= *Suxamethonium*, depolarisierendes Muskelrelaxanz)
Sucrabest (= *Sucralfat*, Schleimhautprotektivum)
Sucralfat (Schleimhautprotektivum)
Sucralfat-ratiopharm (= *Sucralfat*, Schleimhautprotektivum)
Sufenta (= *Sufentanil*, Opioid-Analgetikum)
Sufentan Hameln (= *Sufentanil*, Opioid-Analgetikum)
Sufentanil (Opioid-Analgetikum)
Sufentanil-ratiopharm (= *Sufentanil*, Opioid-Analgetikum)
Sulbactam (Betalactamaseinhibitor, Antibiotikum)
Sulfadiazin (Sulfonamid, Antibiotikum)
Sulfadiazin-Heyl (= *Sulfadiazin*, Sulfonamid, Antibiotikum)
Sulfasalazin (Rheuma-Basistherapeutikum, schwer resorbierbares Antiphlogistikum)
Sulfasalazin Hexal (= *Sulfasalazin*, schwer resorbierbares Antiphlogistikum)
Sulfasalazin Heyl (= *Sulfasalazin*, schwer resorbierbares Antiphlogistikum)
Sulpirid (Neuroleptikum)
Sulpirid ct (= *Sulpirid*, Neuroleptikum)
Sulpirid-ratiopharm (= *Sulpirid*, Neuroleptikum)
Sultamicillin (Antibiotika-Kombination)
Sultanol (= *Salbutamol*, inhalatives $Beta_2$-Sympathomimetikum, Bronchodilatator)
Sultiam (Antiepileptikum)
Sumatriptan (Triptan, Migränemittel)
Sumatriptan 1A (= *Sumatriptan*, Triptan, Migränemittel)
Sumatriptan CT (= *Sumatriptan*, Triptan, Migränemittel)
Sumatriptan Hexal (= *Sumatriptan*, Triptan, Migränemittel)
Sumatriptan-ratiopharm (= *Sumatriptan*, Triptan, Migränemittel)
Superpep (= *Dimenhydrinat*, Antiemetikum, Antivertiginosum)
Supracyclin (= *Doxycyclin*, Tetracyclin, Antibiotikum)
Suprarenin (= *Epinephrin*, Sympathomimetikum)

Supraviran (= *Aciclovir*, Virustatikum, Herpes-Präparat)
Suprax (= *Cefixim*, Oralcephalosporin, Antibiotikum)
Suprecur (= *Buserelin*, LH-RH-Agonist)
Surfont (= *Mebendazol*, Anthelminthikum)
Surgam (= *Tiaprofensäure*, Propionsäurederivat, NSAR, Analgetikum)
Surmontil (= *Trimipramin*, NSMRI, Antidepressivum)
Sustiva (= *Efavirenz*, EFV, HIV-Virustatikum)
Suxamethonium (depolarisierendes Muskelrelaxanz)
Suxilep (= *Ethosuximid*, Antiepileptikum, Nichtbarbiturat)
Symbicort (= *Formoterol* + *Budesonid*, kombiniertes inhalatives Bronchialtherapeutikum)
Sympal (= *Dexketoprofen*, Propionsäurederivat, NSAR, Analgetikum)
Synacthen (= *Tetracosactid*, ACTH, endokrinologisches Diagnostikum)
Synercid (= *Quinupristin* + *Dalfopristin*, Streptogramin, Antibiotikum)
Syneudon (= *Amitriptylin*, NSMRI, Antidepressivum)
Synphasec (= *Ethinylestradiol/* Norethisteron, Kontrazeptivum)
Syntestan (= *Cloprednol*, Glukokortikoid)
Syntocinon (= *Oxytocin*, Weheninduktor)
Syrea (= *Hydroxycarbamid*, antineoplastisches Mittel, Onkologikum)

T

T_4 + *Kaliumiodid* (Schilddrüsenhormon)
$T_4 + T_3$ (Schilddrüsenhormon)
Tachmalcor (= *Detajmiumbitartrat*, Klasse-Ia-Antiarrhythmikum)
Tachydaron (= *Amiodaron*, Klasse-III-Antiarrhythmikum)
Tachystin (= *Dihydrotachysterol*, Vitamin D)
Tacrolimus (Immunsuppressivum)
Tadalafil (bei erektiler Dysfunktion)
Tadin (= *Tamsulosin*, Prostatamittel)
Tafil (= *Alprazolam*, Benzodiazepin, Sedativum)
Tagamet (= *Cimetidin*, H2-Blocker, Ulkustherapeutikum)
Tagonis (= *Paroxetin*, SSRI, Antidepressivum)
Takus (= *Ceruletid*, motilitätssteigerndes Mittel)
Talcid (= *Hydrotalcit*, Antazidum)
Talinolol (Betablocker, Antihypertensivum)
talvosilen (= *Paracetamol* + *Codein*, Analgetika-Kombination)
Tambocor (= *Flecainid*, Klasse-Ic-Antiarrhythmikum)
Tamiflu (= *Oseltamivir*, Virustatikum)
Tamox Teva (= *Tamoxifen*, Antiöstrogen)
Tamoxifen (Antiöstrogen)
Tamoxifen Hexal (= *Tamoxifen*, Antiöstrogen)
Tamoxifen-ratiopharm (= *Tamoxifen*, Antiöstrogen)
Tamsulosin (Prostatamittel)
Tamsulosin Beta (= *Tamsulosin*, Prostatamittel)
Tanatril (= *Imidapril*, ACE-Hemmer, Antihypertensivum)
Tarceva (= *Erlotinib*, antineoplastisches Mittel, Onkologikum)
Tardocillin (= *Benzylpenicillin-Benzathin*, Penicillin, Antibiotikum)
Targocid (= *Teicoplanin*, Glykopeptid, Antibiotikum)
Targretin (= *Bexaroten*, antineoplastisches Mittel, Onkologikum)
Tarivid (= *Ofloxacin*, Fluorochinolon, Antibiotikum)
Tarka (= *Verapamil* + *Trandolapril*, Kalziumantagonist-Kombination, Antihypertensivum)
Tauredon (= *Natriumaurothiomalat*, Rheuma-Basistherapeutikum)

Tavanic (= *Levofloxacin*, Fluorochinolon, Antibiotikum)
Tavegil (= *Clemastin*, Antihistaminikum, Antiallergikum)
Tavor (= *Lorazepam*, Benzodiazepin, Sedativum)
Taxilan (= *Perazin* (Neuroleptikum)
Taxol (= *Paclitaxel*, Taxan, Onkologikum)
Taxotere (= *Docetaxel*, Taxan, Onkologikum)
Tazobac (= *Piperacillin* + *Tazobactam*, Antibiotika-Kombination)
Tazobactam (Betalactamaseinhibitor, Antibiotikum)
Tbl. 400mg (= *Hymecromon*, Spasmolytikum)
Tebesium (= *Isoniazid* + *Pyridoxin*, Tuberkulostatika-Kombination)
Tebesium Duo (= *Rifampicin* + *Isoniazid*, Tuberkulostatika-Kombination)
Tebesium Trio (= *Rifampicin* + *Isoniazid* + *Pyrazinamid*, Tuberkulostatika-Kombination)
Tebesium-s (= *Isoniazid*, INH, Tuberkulostatikum)
Tefilin (= *Tetracyclin*, Antibiotikum)
Tegafur (Antimetabolit, Onkologikum)
Tegretal (= *Carbamazepin*, Antiepileptikum, Nichtbarbiturat)
Teicoplanin (Glykopeptid, Antibiotikum)
Telfast (= *Fexofenadin*, Antihistaminikum, Antiallergikum)
Telithromycin (Makrolid, Antibiotikum)
Telmisartan (Angiotensin-II-Blocker, Antihypertensivum)
Telos (= *Lornoxicam*, Oxicam, NSAR, Analgetikum)
Telzir (= *Fosamprenavir*, FPV, HIV-Virustatikum)
Temazep ct (= *Temazepam*, Benzodiazepin, Sedativum)
Temazepam (Benzodiazepin, Sedativum)
Temgesic (= *Buprenorphin*, Opioid-Agonist/-Antagonist, Analgetikum)
Temodal (= *Temozolomid*, alkylierendes Mittel, Onkologikum)
Temozolomid (alkylierendes Mittel, Onkologikum)
Tenecteplase (Fibrinolytikum)
Teneretic (= *Atenolol* + *Chlortalidon*, Betablocker + Diuretikum, Antihypertensivum)
Teniposid (Podophyllotoxin-Derivat, Onkologikum)
Tenofovir (TDF, HIV-Virustatikum)
Tenormin (= *Atenolol*, Betablocker, Antihypertensivum)
Tensiomin (= *Captopril*, ACE-Hemmer, Antihypertensivum)
Tensobon (= *Captopril*, ACE-Hemmer, Antihypertensivum)
Tensobon comp (= *Captopril* + *Hydrochlorothiazid*, Kombination ACE-Hemmer + Diuretikum)
Tensoflux (= *Amilorid* + *Bendroflumethiazid*, Diuretika-Kombination)
Tensostad (= *Captopril*, ACE-Hemmer, Antihypertensivum)
Tenuate (= *Amfepramon*, zentral wirksames Abmagerungsmittel)
Teranar (= *Terazosin*, Prostatamittel)
Terazosin (Alphablocker, Antihypertensivum)
Terazosin (Prostatamittel)
Terazosin Hexal (= *Terazosin*, Prostatamittel)
Terazosin Stada (= *Terazosin*, Alphablocker, Antihypertensivum)
Terbinafin (Antimykotikum)
Terbinafin Hexal (= *Terbinafin*, Antimykotikum)
Terbinafin Sandoz (= *Terbinafin*, Antimykotikum)
Terbul (= *Terbutalin*, systemisches Beta$_2$-Sympathomimetikum, Bronchodilatator)

Terbutalin (inhalatives/systemisches Beta$_2$-Sympathomimetikum, Bronchodilatator)
Terbutalin-ratiopharm (= *Terbutalin*, systemisches Beta$_2$-Sympathomimetikum, Bronchodilatator)
Terfenadin (Antihistaminikum, Antiallergikum)
Terfenadin Al (= *Terfenadin*, Antihistaminikum, Antiallergikum)
Teriparatid (Parathormon)
Terlipressin (Hypophysenhinterlappenhormon)
Tesoprel (= *Bromperidol*, Neuroleptikum)
Testogel (= *Testosteron*, Androgen, Sexualhormon)
Testosteron (Androgen, Sexualhormon)
Testosteron-Depot (= *Testosteron*, Androgen, Sexualhormon)
Testoviron-Depot (= *Testosteron*, Androgen, Sexualhormon)
Tetracosactid (ACTH, endokrinologisches Diagnostikum)
Tetracyclin (Tetracyclin, Antibiotikum)
Tetracyclin Heyl (= *Tetracyclin*, Antibiotikum)
Tetracyclin Wolff (= *Tetracyclin*, Antibiotikum)
Tetramdura (= *Tetrazepam*, zentrales Muskelrelaxanz)
Tetrazepam (zentrales Muskelrelaxanz)
Tetrazepam Neuraxph (= *Tetrazepam*, zentrales Muskelrelaxanz)
Tetrazepam-ratiopharm (= *Tetrazepam*, zentrales Muskelrelaxanz)
Tetrilin (= *Tetryzolin*, Sympathomimetikum, Rhinologikum)
Tetryzolin (Sympathomimetikum, Rhinologikum)
Tevanate (= *Alendronsäure*, Bisphosphonat, Kalziumstoffwechselregulator)
Teveten Mono (= *Eprosartan*, Angiotensin-II-Blocker, Antihypertensivum)
Teveten plus (= *Eprosartan* + *Hydrochlorothiazid*, Angiotensin-II-Blocker + Diuretikum, Antihypertensivum)
Tham Koehler 3M (= *Trometamol*, Azidosetherapeutikum)
Theodrenalin (Sympathomimetikum)
Theophyllin (Methylxanthin, Bronchodilatator)
Theophyllin Eda-ratiopharm (= *Aminophyllin*, Methylxanthin, Bronchodilatator)
Theophyllin-ratiopharm (= *Theophyllin*, Methylxanthin, Bronchodilatator)
Thevier (= *Levothyroxin*, T4, Schilddrüsenhormon)
Thiamazol (Thyreostatikum)
Thiamazol Henning (= *Thiamazol*, Thyreostatikum)
Thiamazol Hexal (= *Thiamazol*, Thyreostatikum)
Thiamin (Vitamin B1)
Thioctacid (= *Alpha-Liponsäure*, ZNS-Medikament)
Thioguanin-GSK (= *Tioguanin*, Antimetabolit, Onkologikum)
Thiopental (Injektionsnarkotikum, Barbiturat)
Thiopental Nycomed (= *Thiopental*, Injektionsnarkotikum, Barbiturat)
Thioridazin (Neuroleptikum)
Thioridazin Neuraxph (= *Thioridazin*, Neuroleptikum)
Thomaeamin n 15% mit E-lyten (Aminosäurelösung)
Thomaedex 60 (= *Dextran*, Plasmaersatzmittel)
Thomaegelin 4 (= *Gelatinederivat*, Plasmaersatzmittel)
Thomaejonin (Vollelektrolytlösung)
Thomaejonin HX5 (Halbelektrolytlösung)
Thomaejonin OP (Zweidrittelelektrolytlösung)

Thomaemannit (= *Mannitol*, osmotisches Diuretikum)
Thomapyrin (= *ASS* + *Paracetamol* + *Coffein*, Analgetika-Kombination)
Thomasin (= *Etilefrin*, Sympathomimetikum)
Thombran (= *Trazodon*, Antidepressivum)
Thybon (= *Liothyronin*, T3, Schilddrüsenhormon)
Thyroliberin (= *Protirelin*, TRH, endokrinologisches Diagnostikum)
Thyronajod (= *T4* + *Kaliumiodid*, Schilddrüsenhormon)
Thyrotardin-inject (= *Liothyronin*, T3, Schilddrüsenhormon)
Thyrozol (= *Thiamazol*, Thyreostatikum)
Tiagabin (Antiepileptikum)
Tial (= *Tramadol*, Opioid-Analgetika-Kombination)
Tiamon (= *Dihydrocodein*, Antitussivum)
Tiaprid (ZNS-Medikament)
Tiaprid Neuraxph (= *Tiaprid*, ZNS-Medikament)
Tiapridal (= *Tiaprid*, ZNS-Medikament)
Tiapridex (= *Tiaprid*, ZNS-Medikament)
Tiaprofensäure (Propionsäurederivat, NSAR, Analgetikum)
Tibolon (synthetisches Steroid, Hormon)
Ticlopidin (Thrombozytenaggregationshemmer)
Ticlopidin Beta (= *Ticlopidin*, Thrombozytenaggregationshemmer)
Ticlopidin-ratiopharm (= *Ticlopidin*, Thrombozytenaggregationshemmer)
Tigecyclin (Glycylcyclin, Antibiotikum)
Tiklyd (= *Ticlopidin*, Thrombozytenaggregationshemmer)
Tilicomp 1A (= *Tilidin* + *Naloxon*, Opioid-Analgetika-Kombination)
Tilidin + *Naloxon* (Opioid-Analgetika-Kombination)
Tilidin Hexal Comp (= *Tilidin* + *Naloxon*, Opioid-Analgetika-Kombination)
Tiludronsäure (Bisphosphonat, Kalziumstoffwechselregulator)
Timonil (= *Carbamazepin*, Antiepileptikum, Nichtbarbiturat)
Timox (= *Oxcarbazepin*, Antiepileptikum)
Tinzaparin (niedermolekulares Heparin, Gerinnungsmittel)
Tioguanin (Antimetabolit, Onkologikum)
Tiorfan (= *Racecadotril*, Antidiarrhoikum)
Tiotropiumbromid (Anticholinergikum, Bronchodilatator)
Tipranavir (TPV, HIV-Virustatikum)
Tirofiban (Thrombozytenaggregationshemmer)
Titretta (= *Propyphenazon* + *Codein*, Analgetika-Kombination)
Titretta Schmerztabletten (= *Propyphenazon* + *Codein*, Analgetika-Kombination)
Tizanidin (zentrales Muskelrelaxanz)
Tobi (= *Tobramycin*, Aminoglykosid, Antibiotikum)
Tobra-cell (= *Tobramycin*, Aminoglykosid, Antibiotikum)
Tobramycin (Aminoglykosid, Antibiotikum)
Tofranil (= *Imipramin*, NSMRI, Antidepressivum)
Tolid (= *Lorazepam*, Benzodiazepin, Sedativum)
Tolperison (zentrales Muskelrelaxanz)
Tolterodin (Urospasmolytikum)
Tolvin (= *Mianserin*, Alpha-2-Rezeptor-Antagonist, Antidepressivum)
Toniform (= *L-Dopa* + Carbidopa, Dopaminergikum, Antiparkinsonmittel)
Topamax (= *Topiramat*, Antiepileptikum)
Topamax Migräne (= *Topiramat*, Migränemittel)
Topiramat (Antiepileptikum, Migränemittel)
Topotecan (antineoplastisches Mittel, Onkologikum)
Toracard (= *Torasemid*, Schleifendiuretikum)

Torasemid (Schleifendiuretikum)
Torasemid Hexal (= *Torasemid*, Schleifendiuretikum)
Torem (= *Torasemid*, Schleifendiuretikum)
Toremifen (Antiöstrogen)
Tracleer (= *Bosentan*, bei pulmonaler Hypertonie)
Tracrium (= *Atracurium*, stabilisierendes Muskelrelaxanz)
Tractocile (= *Atosiban*, Wehenhemmer)
Tradon (= *Pemolin*, Psychoanaleptikum)
Tramadol (Opioid-Analgetika-Kombination)
Tramadol-ratiopharm (= *Tramadol*, Opioid-Analgetika-Kombination)
Tramadolor (= *Tramadol*, Opioid-Analgetika-Kombination)
Tramal (= *Tramadol*, Opioid-Analgetika-Kombination)
Tramazolin (Sympathomimetikum, Rhinologikum)
Trancolong (= *Flupirtin*, zentrales Muskelrelaxanz)
Trancopal Dolo (= *Flupirtin*, zentrales Muskelrelaxanz)
Trandolapril (ACE-Hemmer, Antihypertensivum)
Tranexamsäure (Antifibrinolytikum)
Transtec Pro (= *Buprenorphin*, Opioid-Agonist/-Antagonist, Analgetikum)
Tranxilium (= *Dikaliumclorazepat*, Benzodiazepin, Sedativum)
Tranylcypromin (MAO-Hemmer, Antidepressivum)
Trapanal (= *Thiopental*, Injektionsnarkotikum, Barbiturat)
Trapidil (Koronarmittel, Vasodilatator)
Trasicor (= *Oxprenolol*, Betablocker, Antihypertensivum)
Trastuzumab (antineoplastische Antikörper, Onkologikum)
Trasylol (= *Aprotinin*, Antifibrinolytikum)
Travex (= *Tramadol*, Opioid-Analgetika-Kombination)
Trazodon (Antidepressivum)
Trazodon Hexal (= *Trazodon*, Antidepressivum)
Trazodon Neuraxph (= *Trazodon*, Antidepressivum)
Tredalat (= *Nifedipin* + *Acebutolol*, Kalziumantagonist-Kombination, Antihypertensivum)
Tregor (= *Amantadin*, Glutamatrezeptorantagonist, Antiparkinsonmittel)
Tremaril (= *Metixen*, zentrales Anticholinergikum, Antiparkinsonmittel)
Tremarit (= *Metixen*, zentrales Anticholinergikum, Antiparkinsonmittel)
Trenantone (= *Leuprorelin*, LH-RH-Agonist)
Trental (= *Pentoxifyllin*, durchblutungsförderndes Mittel)
Treosulfan (Alkylsulfonat, Onkologikum)
Tretinoin (antineoplastisches Mittel, Onkologikum)
Trevilor (= *Venlafaxin*, Antidepressivum)
TRH Ferring (= *Protirelin*, TRH, endokrinologisches Diagnostikum)
Tri Thiazid (= *Triamteren* + *Hydrochlorothiazid*, Diuretika-Kombination)
Triamcinolon (Glukokortikoid)
Triamhexal (= *Triamcinolon*, Glukokortikoid)
Triampur comp (= *Triamteren* + *Hydrochlorothiazid*, Diuretika-Kombination)
Triamteren (kaliumsparendes Diuretikum)
Triarese (= *Triamteren* + *Hydrochlorothiazid*, Diuretika-Kombination)
Triastonal (= *Sitosterin*, Phytosterol, Prostatamittel)
Triazolam (Benzodiazepin, Sedativum)
Triette (= *Ethinylestradiol*/Levonorgestrel, Kontrazeptivum)
Trigoa (= *Ethinylestradiol*/Levonorgestrel, Kontrazeptivum)

Trihexphenidyl (zentrales Anticholinergikum, Antiparkinsonmittel)
Trijodthyronin (= *Liothyronin*, T_3, Schilddrüsenhormon)
Trileptal (= *Oxcarbazepin*, Antiepileptikum)
Trimethoprim (Sulfonamid, Antibiotikum)
Trimethoprim + Sulfamethoxazol (Sulfonamid-Kombination, Antibiotikum)
Trimineurin (= *Trimipramin*, NSMRI, Antidepressivum)
Trimipramin (NSMRI, Antidepressivum)
Trimipramin Neuraxph (= *Trimipramin*, NSMRI, Antidepressivum)
Triniton (= *Reserpin + Dihydralazin + Hydrochlorothiazid*, antihypertensive Kombination)
Trinordiol (= *Ethinylestradiol/ Levonorgestrel*, Kontrazeptivum)
TriNovum (= *Ethinylestradiol/* Norethisteron, Kontrazeptivum)
Triquilar (= *Ethinylestradiol*/Levonorgestrel, Kontrazeptivum)
TRIS 36.34 (= *Trometamol*, Azidosetherapeutikum)
Trisequens (= *Estradiol + Norethisteron*, Östrogen + Gestagen, Hormone)
Trisiston (= *Ethinylestradiol*/Levonorgestrel, Kontrazeptivum)
Trizivir (= *Lamivudin + Zidovudin + Abacavir*, HIV-Virustatika)
Trofosfamid (Stickstofflost-Analogon, Onkologikum)
Trometamol (Azidosetherapeutikum)
Tropisetron (Serotoninantagonist)
Trospi (= *Trospiumchlorid*, Urospasmolytikum)
Trospiumchlorid (Urospasmolytikum)
Truvada (= *Emtricitabin + Tenofovir*, HIV-Virustatikum)
Truxal (= *Chlorprothixen*, Neuroleptikum)
Tryasol (= *Codein*, Antitussivum)
Tryptophan (Antidepressivum)
Tulobuterol (systemisches $Beta_2$-Sympathomimetikum, Bronchodilatator)
Turfa (= *Triamteren + Hydrochlorothiazid*, Diuretika-Kombination)
Turimycin (= *Clindamycin*, Lincosamid, Antibiotikum)
Tussed (= *Clobutinol*, Antitussivum)
Tutofusin (Vollelektrolytlösung)
Tutofusin G5 (Vollelektrolytlösung)
Tutofusin H G5 (Halbelektrolytlösung)
Tutofusin NS X (Kaliumfreie Lösung)
Tutofusin OPG (Zweidrittelelektrolytlösung)
Tutofusin OPX (Zweidrittelelektrolytlösung)
Tygacil (= *Tigecyclin*, Glycylcyclin, Antibiotikum)

U

Ubretid (= *Distigmin*, Cholinergikum)
UDC (= *Ursodeoxycholsäure*, zur Auflösung von Gallensteinen)
Udicil (= *Cytarabin*, Antimetabolit, Onkologikum)
UDICIL CS (= *Cytarabin*, Antimetabolit, Onkologikum)
Udima (= *Minocyclin*, Tetracyclin, Antibiotikum, internes Aknemittel)
Udrik (= *Trandolapril*, ACE-Hemmer, Antihypertensivum)
UFT Hartkapseln (= *Tegafur*, Antimetabolit, Onkologikum)
Ulcogant (= *Sucralfat*, Schleimhautprotektivum)
Ulnor (= *Omeprazol*, Protonenpumpenblocker, Ulkustherapeutikum)
Ultiva (= *Remifentanil*, Opioid-Analgetikum)
Ultracarbon (= *Carbo* medicinalis, Antidot)
Ultralan (= *Fluocortolon*, Glukokortikoid)
Ultreon (= *Azithromycin*, Makrolid, Antibiotikum)
Unacid PD (= *Sultamicillin*, Antibiotika-Kombination)

Unat (= *Torasemid*, Schleifendiuretikum)
Unimax (= *Felodipin + Ramipril*, Kalziumantagonist-Kombination, Antihypertensivum)
Uniphyllin (= *Theophyllin*, Methylxanthin, Bronchodilatator)
Uno-Enantone (= *Leuprorelin*, LH-RH-Agonist)
Unofem (= *Levonorgestrel*, Postkoitalpill)
Uralyt-U (= *Kalium-Natrium-Hydrogencitrat*, Urolithiasismittel)
Urapidil (Alphablocker, Antihypertensivum)
Urapidil Pharmore (= *Urapidil*, Alphablocker, Antihypertensivum)
Urbason (= *Methylprednisolon*, Glukokortikoid)
Urem (= *Ibuprofen*, Propionsäurederivat, NSAR, Analgetikum)
Uribenz (= *Allopurinol*, Xanthin-Oxidase-Inhibitor, Gichtmittel)
Uridin + Cytidin (ZNS-Medikament)
Urion (= *Alfuzosin*, Prostatamittel)
Urokinase (Fibrinolytikum)
Urokinase medac (= *Urokinase*, Fibrinolytikum)
Urol Methin (= *Methionin*, Urolithiasismittel)
Uro-Tablinen (= *Nitrofurantoin*, Antibiotikum)
Uroxatral (= *Alfuzosin*, Prostatamittel)
Urso (= *Ursodeoxycholsäure*, zur Auflösung von Gallensteinen)
Urso Mix forte (= *Cheno- + Ursodeoxycholsäure*, zur Auflösung von Gallensteinen)
Ursochol (= *Ursodeoxycholsäure*, zur Auflösung von Gallensteinen)
Ursodeoxycholsäure (zur Auflösung von Gallensteinen)
Ursofalk (= *Ursodeoxycholsäure*, zur Auflösung von Gallensteinen)
Uskan (= *Oxazepam*, Benzodiazepin, Sedativum)

V

Vagimid (= *Metronidazol*, Nitroimidazol, Antibiotikum)
Valaciclovir (Virustatikum, Herpes-Präparat)
Valcyte (= *Valganciclovir* (Virustatikum, CMV-Präparat)
Valette (= *Ethinylestradiol*/Dienogest, Kontrazeptivum)
Valganciclovir (Virustatikum, CMV-Präparat)
Valiquid (= *Diazepam*, Benzodiazepin, Sedativum)
Valium (= *Diazepam*, Benzodiazepin, Sedativum)
Valocordin-diazepam (= *Diazepam*, Benzodiazepin, Sedativum)
Valoron N (= *Tilidin + Naloxon*, Opioid-Analgetika-Kombination)
Valproat Hexal (= *Valproinsäure*, Antiepileptikum, Nichtbarbiturat)
Valproinsäure (Antiepileptikum, Nichtbarbiturat)
Valsartan (Angiotensin-II-Blocker, Antihypertensivum)
Valtrex (= *Valaciclovir*, Virustatikum, Herpes-Präparat)
Vanco Cell (= *Vancomycin*, Glykopeptid, Antibiotikum)
Vancomycin (Glykopeptid, Antibiotikum)
Vancomycin Abbott (= *Vancomycin*, Glykopeptid, Antibiotikum)
Vancomycin Enterocaps (= *Vancomycin*, Glykopeptid, Antibiotikum)
Vancomycin-ratiopharm (= *Vancomycin*, Glykopeptid, Antibiotikum)
Vardenafil (bei erektiler Dysfunktion)
Vascal (= *Isradipin*, Kalziumantagonist, Antihypertensivum)
Vascal uno (= *Isradipin*, Kalziumantagonist, Antihypertensivum)
Vasomotal (= *Betahistin*, Antiemetikum, Antivertiginosum)
Vasosan (= *Colestyramin*, Anionenaustauscher, Lipidsenker)

Vecuronium (stabilisierendes Muskelrelaxanz)
Vecuronium Inresa (= *Vecuronium*, stabilisierendes Muskelrelaxanz)
Velcade (= *Bortezomib*, antineoplastisches Mittel, Onkologikum)
Velosulin (= *Insulin* normal, Altinsulin, kurzwirksames Insulin, Antidiabetikum)
Venlafaxin (Antidepressivum)
Venofer (= *Eisen*, Antianämikum)
Ventavis (= *Iloprost*, durchblutungsförderndes Mittel)
Ventilastin (= *Salbutamol*, inhalatives $Beta_2$-Sympathomimetikum, Bronchodilatator)
Ventolair (= *Beclometason*, inhalatives Kortikoid)
Vepesid (= *Etoposid*, Podophyllotoxin-Derivat, Onkologikum)
Verahexal (= *Verapamil*, Kalziumantagonist, Antihypertensivum)
Veramex (= *Verapamil*, Kalziumantagonist, Antihypertensivum)
Verapamil (Kalziumantagonist, Antihypertensivum)
Verapamil-ratiopharm (= *Verapamil*, Kalziumantagonist, Antihypertensivum)
Veratide (= *Verapamil* + *Hydrochlorothiazid* + *Triamteren*, Kalziumantagonist-Kombination, Antihypertensivum)
Vergentan (= *Alizaprid*, Antiemetikum, Antivertiginosum)
Vermox (= *Mebendazol*, Anthelminthikum)
Verospiron (= *Spironolacton*, Aldosteronantagonist, Diuretikum)
Vertigo-Vomex (= *Dimenhydrinat*, Antiemetikum, Antivertiginosum)
Vesanoid (= *Tretinoin*, antineoplastisches Mittel, Onkologikum)
Vesdil (= *Ramipril*, ACE-Hemmer, Antihypertensivum)
Vesikur (= *Solifenacin*, Urospasmolytikum)
VFEND (= *Voriconazol*, Azol, Antimykotikum)
Viagra (= *Sildenafil*, bei erektiler Dysfunktion)
Viani (= *Salmeterol* + *Fluticason*, kombiniertes inhalatives Bronchialtherapeutikum)
Videx (= *Didanosin*, DDI, HIV-Virustatikum)
Vigabatrin (Antiepileptikum)
Vigantol (= *Colecalciferol*, Vitamin D)
Vigantoletten (= *Colecalciferol*, Vitamin D)
Vigil (= *Modafinil*, Psychoanaleptikum)
Viloxazin (Antidepressivum)
Vinblastin (Vinca-Alkaloid, Onkologikum)
Vinblastin 10 HEXAL (= *Vinblastin*, Vinca-Alkaloid, Onkologikum)
Vinblastinsulfat-GRY (= *Vinblastin*, Vinca-Alkaloid, Onkologikum)
Vincristin (Vinca-Alkaloid, Onkologikum)
Vincristin liq Lilly (= *Vincristin*, Vinca-Alkaloid, Onkologikum)
Vincristin Medac (= *Vincristin*, Vinca-Alkaloid, Onkologikum)
Vincristin-biosyn (= *Vincristin*, Vinca-Alkaloid, Onkologikum)
Vincristinsulfat Hexal (= *Vincristin*, Vinca-Alkaloid, Onkologikum)
Vincristinsulfat-Gry (= *Vincristin*, Vinca-Alkaloid, Onkologikum)
Vindesin (Vinca-Alkaloid, Onkologikum)
Vinorelbin (Vinca-Alkaloid, Onkologikum)
Viracept (= *Nelfinavir*, NFV, HIV-Virustatikum)
Viramune (= *Nevirapin*, NVP, HIV-Virustatikum)
Virazole (= *Ribavirin*, Virustatikum)
Viread (= *Tenofovir*, TDF, HIV-Virustatikum)
Viridal (= *Alprostadil*, bei erektiler Dysfunktion)
Virilit (= *Cyproteronacetat*, Antiandrogen, Sexualhormon)
Virzin (= *Aciclovir*, Virustatikum, Herpes-Präparat)

Visken (= *Pindolol*, Betablocker, Antihypertensivum)
Vistide (= *Cidofovir*, Virustatikum, CMV-Präparat)
Vitaferro (= *Eisen*, Antianämikum)
Vitamin B1-ratiopharm (= *Thiamin*, Vitamin B1)
Vitamin B12-ratiopharm (= *Cyanocobalamin*, Vitamin B12)
Vitamin B6-ratiopharm (= *Pyridoxin*, Vitamin B6)
Vitamin C Loges (= *Ascorbinsäure*, Vitamin C)
Vitamin D3 Hevert (= *Colecalciferol*, Vitamin D)
Vivalan (= *Viloxazin*, Antidepressivum)
Vividrin (= *Cromoglicinsäure*, Antiallergikum, Rhinologikum)
VM 26-Bristol (= *Teniposid*, Podophyllotoxin-Derivat, Onkologikum)
Volmac (= *Salbutamol*, systemisches Beta$_2$-Sympathomimetikum, Bronchodilatator)
Volon (= *Triamcinolon*, Glukokortikoid)
Volon A (= *Triamcinolon*, Glukokortikoid)
Voltaren (= *Diclofenac*, Essigsäurederivat, NSAR, Analgetikum)
Vomacur (= *Dimenhydrinat*, Antiemetikum, Antivertiginosum)
Vomex A (= *Dimenhydrinat*, Antiemetikum, Antivertiginosum)
Voriconazol (Azol, Antimykotikum)
Vorina (= *Folinsäure*, antineoplastisches Mittel, Onkologikum)
Votum (= *Olmesartan*, Angiotensin-II-Blocker, Antihypertensivum)
Votum plus (= *Olmesartan* + *Hydrochlorothiazid*, Angiotensin-II-Blocker + Diuretikum, Antihypertensivum)

W

Warfarin (Cumarinderivat, Gerinnungsmittel)
Weimerquin (= *Chloroquin*, Rheuma-Basistherapeutikum, Antimalariamittel)
Wellvone (= *Atovaquon*, Antibiotikum)
Wick Sinex (= *Oxymetazolin*, Sympathomimetikum, Rhinologikum)
Wydora (= *Indoramin*, Alphablocker, Antihypertensivum)

X

Xagrid (= *Anagrelid*, antineoplastisches Mittel, Onkologikum)
Xanax (= *Alprazolam*, Benzodiazepin, Sedativum)
Xanef (= *Enalapril*, ACE-Hemmer, Antihypertensivum)
Xatral (= *Alfuzosin*, Prostatamittel)
Xefo (= *Lornoxicam*, Oxicam, NSAR, Analgetikum)
Xeloda (= *Capecitabin*, Antimetabolit, Onkologikum)
Xenical (= *Orlistat*, Lipasehemmer, Abmagerungsmittel)
Xeomin (= *Clostridium-botulinum-Toxin* Typ A, Muskelrelaxanz)
Xigris (= *Drotrecogin* alfa, Antithrombotikum)
Xilopar (= *Selegilin*, MAO-B-Hemmer, Antiparkinsonmittel)
Ximovan (= *Zopiclon*, Sedativum)
Xipa Tad (= *Xipamid*, Benzothiadiazin, Diuretikum)
Xipamid (Benzothiadiazin, Diuretikum)
Xipamid Beta (= *Xipamid*, Benzothiadiazin, Diuretikum)
Xipamid Hexal (= *Xipamid*, Benzothiadiazin, Diuretikum)
Xolair (= *Omalizumab*, bei obstruktiven Atemwegserkrankungen)
Xusal (= *Levocetirizin*, Antihistaminikum, Antiallergikum)
Xylocain (= *Lidocain*, Lokalanästhetikum, Klasse-Ib-Antiarrhythmikum)

Xylocitin Cor (= *Lidocain*, Klasse-Ib-Antiarrhythmikum)
Xylometazolin (Sympathomimetikum, Rhinologikum)
Xylonest (= *Prilocain* (Lokalanästhetikum)
Xyrem (= *4-Hydroxybuttersäure*, Natriumoxybat, Antiepileptikum))
Xyzall (= *Levocetirizin*, Antihistaminikum, Antiallergikum)

Y

Yasmin (= *Ethinylestradiol*/Drospirenon, Kontrazeptivum)
Yentreve (= *Duloxetin*, Urologikum)
Yocon-Glenwood (= *Yohimbin*, bei erektiler Dysfunktion)
Yohimbin (bei erektiler Dysfunktion)
Yohimbin-Spiegel (= *Yohimbin*, bei erektiler Dysfunktion)
Yomesan (= *Niclosamid*, Anthelminthikum)

Z

ZacPac (= *Pantoprazol + Amoxicillin + Clarithromycin* (Protonenpumpenblocker + Antibiotikum, Ulkustherapeutikum)
Zaditen (= *Ketotifen*, Mastzellstabilisator, Antiallergikum)
Zalcitabin (DDC, HIV-Virustatikum)
Zaleplon (Sedativum)
Zanamivir (Virustatikum)
Zantic (*Ranitidin*, H2-Blocker, Ulkustherapeutikum)
Zavedos (= *Idarubicin*, zytotoxisches Antibiotikum, Onkologikum)
Zavedos Oral (= *Idarubicin*, zytotoxisches Antibiotikum, Onkologikum)
Zavesca (= *Miglustat*, Orphan Drug)
Zeffix (= *Lamivudin*, 3TC, HIV-Virustatikum)
Zeldox (= *Ziprasidon*, Neuroleptikum)
Zemplar (= *Paricalcitol*, Vitamin D)
Zenapax (= *Daclizumab*, Immunsuppressivum)
Zentropil (= *Phenytoin*, Antiepileptikum, Nichtbarbiturat)
Zerit (= *Stavudin*, D4T, HIV-Virustatikum)
Zetir (= *Cetirizin*, Antihistaminikum, Antiallergikum)
Ziagen (= *Abacavir*, ABC, HIV-Virustatikum)
Zidovudin (AZT, HIV-Virustatikum)
Zienam (= *Imipenem + Cilastatin*, Carbapenem-Kombination, Antibiotikum)
Zinacef (= *Cefuroxim*, Cephalosporin, Antibiotikum)
Zinnat (= *Cefuroxim-Axetil*, Oralcephalosporin, Antibiotikum)
Ziprasidon (Neuroleptikum)
Zithromax (= *Azithromycin*, Makrolid, Antibiotikum)
Zocor (= *Simvastatin*, CSE-Hemmer, Lipidsenker)
Zodin (= *Omega-3-Säurenethylester*, Lipidsenker)
Zofran (= *Ondansetron*, Serotoninantagonist)
Zoladex (= *Goserelin*, LH-RH-Agonist)
Zoldem (= *Zolpidem*, Sedativum)
Zoledronsäure (Bisphosphonat, Kalziumstoffwechselregulator)
Zolim (= *Mizolastin*, Antihistaminikum, Antiallergikum)
Zolmitriptan (Triptan, Migränemittel)
Zoloft (= *Sertralin*, SSRI, Antidepressivum)
Zolpidem (Sedativum)
Zolpidem-ratiopharm (= *Zolpidem*, Sedativum)
Zolpinox (= *Zolpidem*, Sedativum)
Zometa (= *Zoledronsäure*, Bisphosphonat, Kalziumstoffwechselregulator)
Zomig (= *Zolmitriptan*, Triptan, Migränemittel)
Zonegran (= *Zonisamid*, Antiepileptikum)
Zonisamid (Antiepileptikum)

Zop 7.5 (= *Zopiclon*, Sedativum)
Zopiclon (Sedativum)
Zopiclon-ratiopharm (= *Zopiclon*, Sedativum)
Zostex (= *Brivudin*, Virustatikum, Herpes-Präparat)
Zotepin (Neuroleptikum)
Zovirax (= *Aciclovir*, Virustatikum, Herpes-Präparat)
Zuclopenthixol (Neuroleptikum)
Zyban (= *Amfebutamon*, Bupropion, Rauchentwöhnungsmittel)
Zyloric (= *Allopurinol*, Xanthin-Oxidase-Inhibitor, Gichtmittel)
Zymafluor D (= *Colecalciferol* + *Fluorid*; Vitamin D)
Zyprexa (= *Olanzapin*, Neuroleptikum)
Zyrtec (= *Cetirizin*, Antihistaminikum, Antiallergikum)
Zytrim (= *Azathioprin*, Immunsuppressivum)
Zyvoxid (= *Linezolid*, Oxazolidinon, Antibiotikum)

5 Arbeitstechniken

5.1 Intravenöse Injektion/Infusion

Die meisten Notfallmedikamente werden direkt in die Vene/Blutbahn, also intravenös (i.v.) verabreicht. Der Vorteil liegt dabei im sofortigen Wirkungseintritt durch Umgehung des Magen-Darm-Trakts ohne Wirkstoffverluste (100%ige Bioverfügbarkeit). Die Applikation erfolgt in der Regel über einen peripheren oder zentralen Venenzugang, der für weitere Medikamentengaben genutzt werden kann.

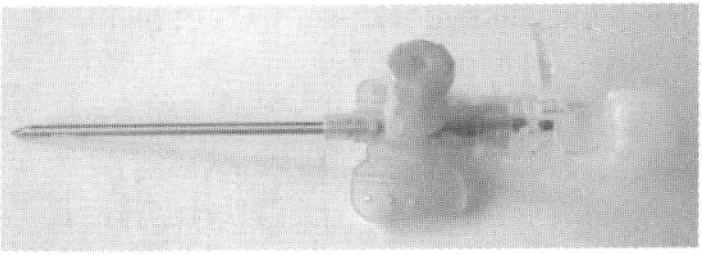

Abb. 12: Venenverweilkanüle mit verschlossenem Injektionsventil und Mandrin

Die Auswahl einer geeigneten Vene erfolgt nach dem Prinzip: "So peripher wie möglich und so zentral wie nötig". Dabei gilt: Je größer der Durchmesser der Venenverweilkanüle, desto größer die zu punktierende Vene und umgekehrt. Großlumige Venenverweilkanülen sind in der Notfallmedizin vor allem zur zügigen Volumensubstitution bei hypovolämischen Schockzuständen erforderlich.

Größen der Venenverweilkanülen

Farbcode (Gauge)	Außendurchmesser (mm)	Stichlänge (mm)	Durchflussrate (ml/min)	Indikation
blau (22)	0,9	25	36	Kleinkinder
rosa (20)	1,1	33	61	Kinder
grün* (18)	1,3	33	103	Erwachsene
grün (18)	1,3	45	96	
weiß (17)	1,5	45	128	
grau (16)	1,7	50	196	Blutverluste/Schock/ Volumenmangel
orange (14)	2,1	50	330	

* mit weißem Ring

Man sollte mit der Punktion am Handrücken beginnen, um bei Fehlpunktionen etc. Alternativzugänge zur Verfügung zu haben. Es eignen sich v.a. Venen, die durch eine Gabelung gut im Unterhautgewebe fixiert sind.
Bei großem Durchmesser der Venenverweilkanülen oder am Handrücken schlecht zu punktierenden Venen bieten sich alternativ die Venen des Unterarms oder der Ellenbeuge zur Punktion an. Die Ellenbeuge stellt in der Regel die schlechteste Alternative dar, da sie Armbewegungen ohne gleichzeitiges Abknicken der Venenverweilkanüle nahezu unmöglich macht.
Bei Punktion am Unterarm oder in der Ellenbeuge ist darauf zu achten, dass die Arteria brachialis in unmittelbarer Umgebung der Kubitalvenen verläuft und hierbei versehentlich punktiert werden kann. **Cave:** intraarterielle Fehlinjektion.

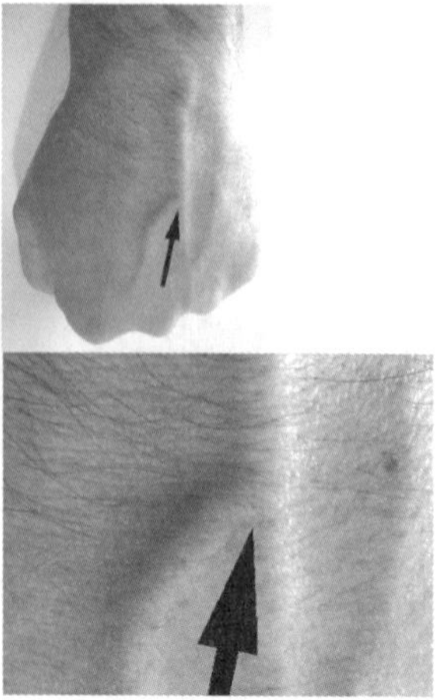

Abb. 13: Gabelung einer Vene am Handrücken mit idealer Punktionsstelle (Pfeil)

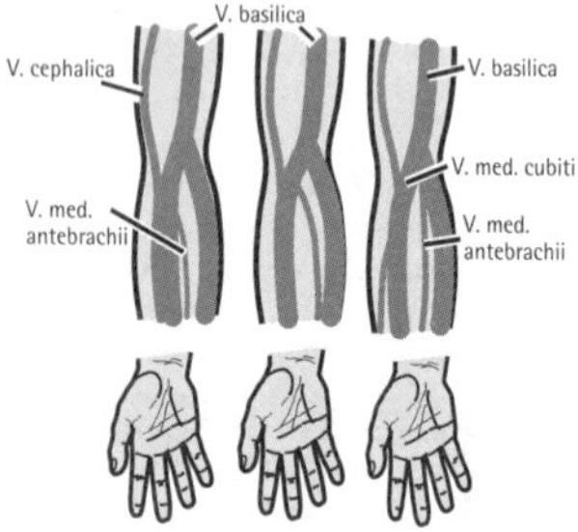

Abb. 14: Schema der Varietäten der Armvenen in der Ellenbeuge

Bei schlechten Venenverhältnissen oder Schockpatienten können in Ausnahmefällen (Cave: Thrombosegefahr) die Venen der unteren Extremität punktiert werden. Auf der Innenseite des Fußgelenks bietet sich vor allem die großkalibrige Vena saphena magna an, die nach Tieflagerung und Stauung des Beins meist gut sichtbar vor dem Innenknöchel hervortritt und dann leicht mit einer großlumigen Venenverweilkanüle punktiert werden kann.
Bei Patienten mit Kreislaufstillstand tritt die im Halsbereich verlaufende Vena jugularis externa durch eine Einflussstauung meist fingerdick hervor und kann dann mit einer großlumigen Venenverweilkanüle leicht punktiert werden. Auch bei Schockpatienten oder Patienten mit schwierigen Venenverhältnissen bietet sich diese Vene zur Punktion an, die sich bei leichter Kopftieflagerung meist gut füllt und dann umso leichter punktiert werden kann.

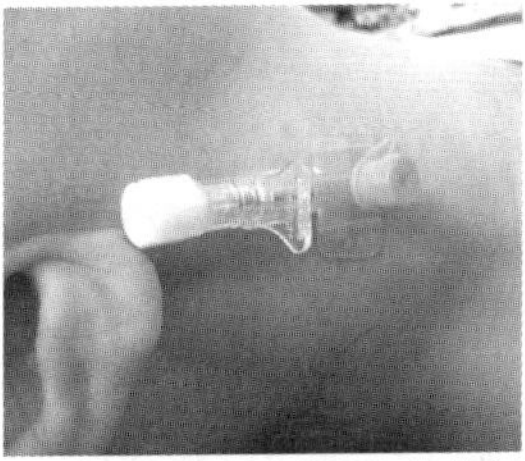

Abb. 15: Venenverweilkanüle in der V. jugularis externa

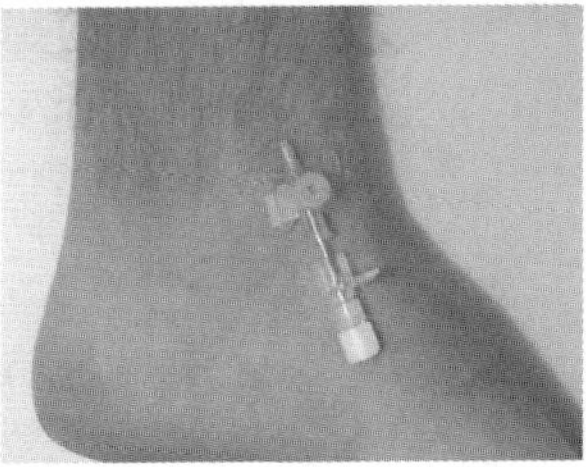

Abb. 16: Venenverweilkanüle in der V. saphena magna

Technik der Anlage einer Venenverweilkanüle

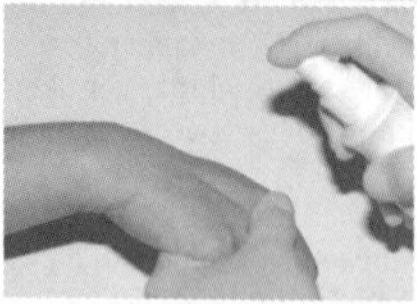

Abb. 17: Schritt 1

- Extremität auswählen und stauen (bei Rechtshändern möglichst links, bei Linkshändern möglichst rechts)
- Vene auswählen (für eine bessere Venenfüllung beklopfen und Extremität tieflagern)
- Punktionsbereich desinfizieren

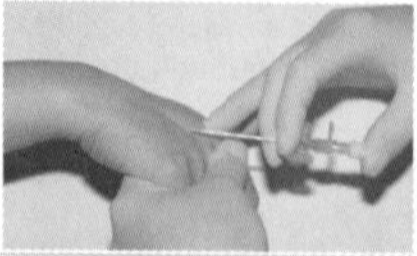

Abb. 18: Schritt 2

- Haut mit dem Daumen spannen und die Vene in einem Winkel von ca. 30° punktieren (bei Punktionserfolg wird Blut im transparenten Griffteil sichtbar)

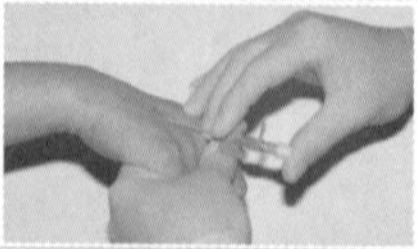

Abb. 19: Schritt 3

- Venenverweilkanüle leicht absenken und ca. 0,5 cm in Venenrichtung vorschieben

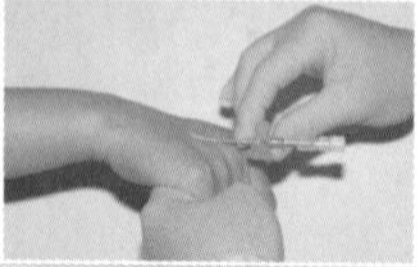

Abb. 20: Schritt 4

- Stahlkanüle ein Stück zurückziehen und Venenverweilkanüle anschließend weiter in das Gefäß vorschieben
- Stauung lösen

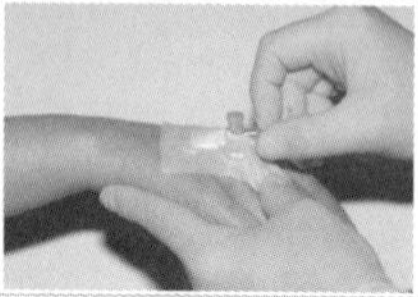

Abb. 21: Schritt 5

- Venenverweilkanüle mit einem Spezialpflaster auf der trockenen Haut fixieren

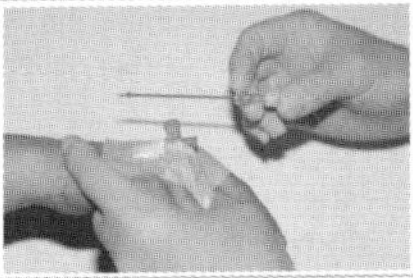

Abb. 22: Schritt 6

- Stahlkanüle entfernen und sicher entsorgen

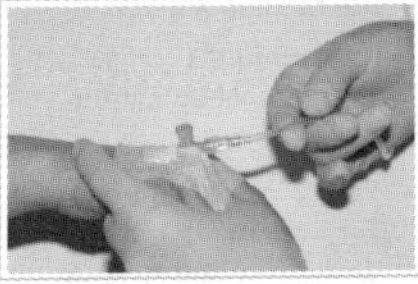

Abb. 23: Schritt 7

- Infusion zum Offenhalten oder zur Volumensubstitution anschließen

Prüfung der korrekten Lage der Venenverweilkanüle	
Entfernung der Stahlkanüle	Blutfluss aus dem Infusionsanschluss belegt die intravasale Lage
Infusion anschließen und zügig einlaufen lassen	Ausbleibende Schwellung und fehlende Schmerzen im Punktionsbereich belegen die korrekte Lage

Problemmanagement		
Venenverweilkanüle lässt sich trotz erfolgreicher Punktion nicht vorschieben	z.B. bei Lage der Kanülenspitze in einer Venenklappe	Stahlkanüle entfernen und Venenverweilkanüle mit aufgesetzter NaCl- 0,9%-Spritze unter Injektion vorschieben
Missglückte Punktion (Hämatombildung oder Schwellung im Punktionsbereich)	Venenverweilkanüle belassen, bis eine andere Vene oder die gleiche Vene im proximalen Verlauf erfolgreich punktiert wurde	

Infusion läuft nicht	Spitze der Venenverweilkan. liegt an der Venenwand an oder in einer Venenklappe	Venenverweilkanüle ein kleines Stück zurückziehen und neu fixieren
	Intraarterielle Lage der Venenverweilkanüle	Venenverweilkanüle entfernen, Druckverband, Mitteilung an den Nachbehandelnden
Schwellung und Schmerzen bei Injektion/ laufender Infusion	Paravasale Lage der Venenverweilkanüle	Infusion/Injektion sofort beenden, neue Kanüle legen
	V.a. intraarterielle Fehlinjektion (Schmerzen oder Verfärbungen im distalen Versorgungsgebiet)	Venenverweilkanüle kennzeichnen und zur weiteren Lokaltherapie in jedem Fall liegenlassen
Schlechte Venenfüllung (z.B. bei Zentralisation) und mehrere erforderliche Venenzugänge	Arm möglichst distal stauen, Handrückenvene mit kleinlumiger Venenverweilkanüle punktieren → Infusion zur Venenfüllung in den gestauten Venenbereich einlaufen lassen, dann mit großlumigen Venenverweilkanülen weitere Venenzugänge im gestauten Bereich schaffen	

5.2 Subkutane Injektion

Eine Vielzahl von Notfallmedikamenten kann auch subkutan (s.c.) in das Unterhautfettgewebe injiziert werden. Einige, wie z.B. Morphin → S. 72 oder Insulin → S. 56, können sowohl intravenös als auch subkutan injiziert werden. Andere Substanzen, wie z.B. Terbutalin→ S. 103 sind ausschließlich für subkutane Anwendung zugelassen.

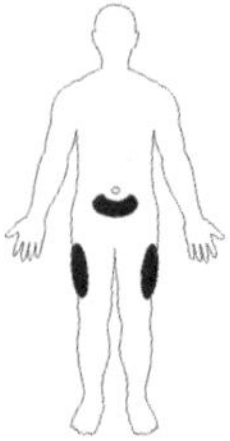

Abb. 24: Bereiche erster Wahl für die Subkutaninjektion

Generell ist bei der subkutanen Injektion mit einem verzögerten Wirkungseintritt zu rechnen; zusätzlich entsteht ein Depoteffekt, von dem der Patient profitieren kann. (Zentralisierte Schockpatienten und Patienten mit Störungen der Hautdurchblutung sollten keine subkutanen Injektionen erhalten, da durch die gestörte Durchblutung die Wirksamkeit des Arzneimittels und vor allem der Zeitpunkt des Wirkungseintritts fraglich ist.)
Zur Injektion werden dünne Kanülen (Größe 22 bis 27 G) verwendet. Die Kanülenlänge ist von der Konstitution des Patienten abhängig (allgemein 12 mm Länge, bei Adipositas bis zu 25 mm Länge möglich). Die Injektion erfolgt in Bereichen mit ausgeprägter Subkutis (z.B. unterhalb des Bauchnabels, seitliche Oberschenkel).

Technik der Subkutaninjektion	
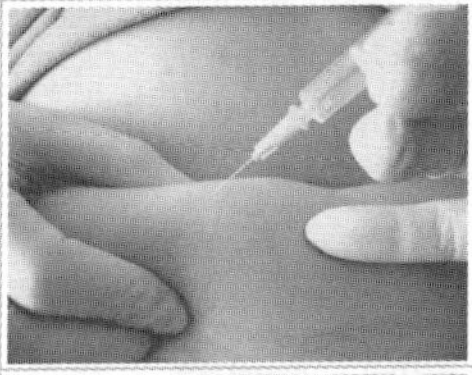	**Abb. 25:** Punktionsbereich desinfizieren, Hautfalte mit Zeigefinger und Daumen anheben
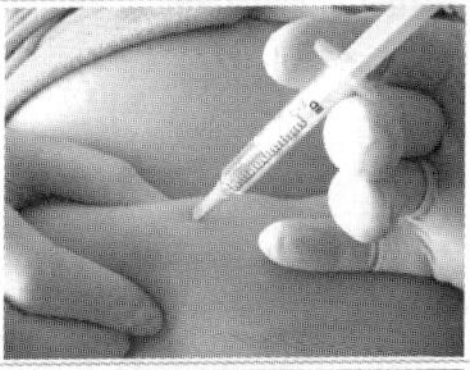	**Abb. 26:** Kanüle in einem steilen bis senkrechten Winkel einstechen, je nach Länge der Kanüle und Ausprägung der Subkutanschicht
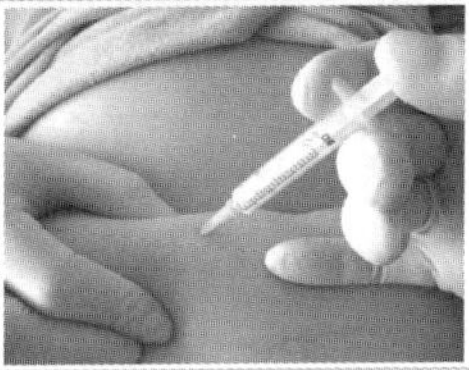	**Abb. 27:** Arzneimittel langsam injizieren, Spritze mit Kanüle entfernen, Punktionsbereich mit einem Tupfer komprimieren (hierbei leichte kreisende Bewegungen ausführen, um die Injektionslösung im Gewebe zu verteilen)

5.3 Endobronchiale Injektion

Falls ein venöser Zugang primär (z.B. im Rahmen einer Reanimation) nicht zur Verfügung steht, kann eine Reihe von Notfallmedikamenten wie z.B. Adrenalin nach erfolgter Intubation auch endrobronchial (e.b.) über den Endotrachealtubus gegeben werden. Der Wirkungseintritt des Pharmakons entspricht hierbei der der intravenösen Gabe.

Technik der endobronchialen Injektion

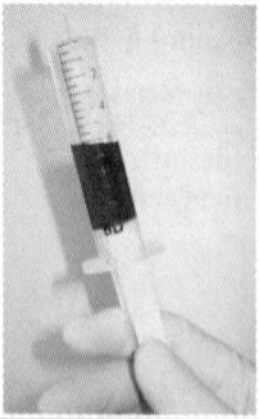

Abb. 28: Zur endobronchialen Applikation bei Erwachsenen wird das Arzneimittel in eine 20 ml Spritze aufgezogen, auf 10 ml Gesamtmenge verdünnt und der Spritzenkonus bis zum Anschlag zurückgezogen.
Aus didaktischen Gründen wurde die Lösung für die Fotos eingefärbt

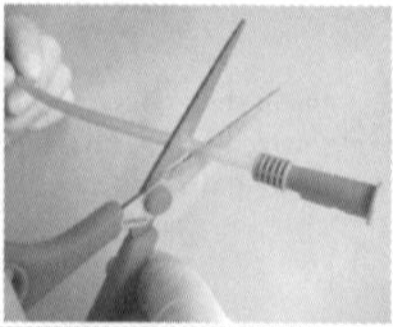

Abb. 29: Im nächsten Schritt wird ein Absaugkatheter des Kalibers 14–16 Charriere (grün bzw. orange) direkt hinter dem Ansatzkonus abgeschnitten.

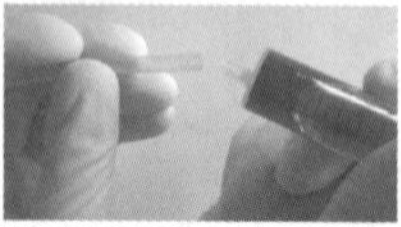

Abb. 30: Zum Abschluss der Vorbereitungen wird nun die vorbereitete Spritze auf den abgeschnittenen Absaugkatheter gesteckt.

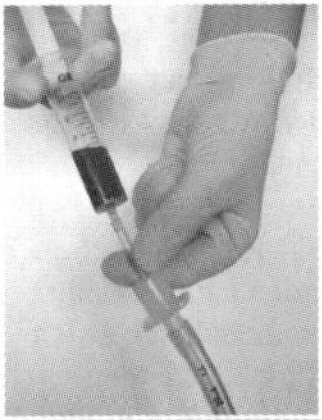

Abb. 31: Katheter mit aufgesetzter Spritze in den Endotrachealtubus einführen (hierbei den Katheter zur Sicherheit unterhalb des Spritzenkonus festhalten)

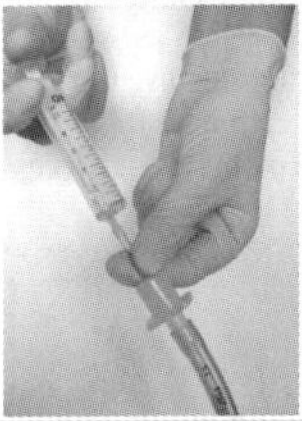

Abb. 32: Lösung inklusive Luftpolster zügig injizieren ⇒ vollständiges Entleeren der Spritze

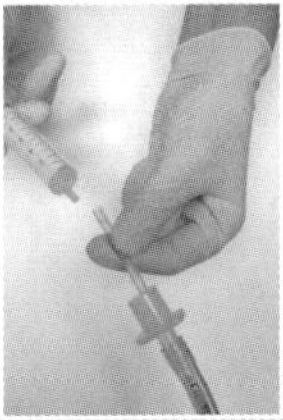

Abb. 33: Spritze vom Katheter lösen (Restvolumen im Katheterlumen läuft ein), Absaugkatheter entfernen, Beatmung fortsetzen

5.4 Intraossäre Injektion/Infusion

Als schnelle Alternative zu einem zentralvenösen Zugang besteht in pädiatrischen Notfall- und Reanimationssituationen auch die Möglichkeit einer intraossären (i.o.) Injektion bzw. Infusion zur Applikation von Notfallmedikamenten.
Insbesondere bei schwierigen Venenverhältnissen im Rahmen eines Schockgeschehens oder bei Dehydratation hat sich diese Form der Applikation, mit der über das Knochenmark ein Zugang zum Gefäßsystem geschaffen werden kann, bewährt. Ein zusätzlicher Vorteil besteht darin, dass andere Reanimationsmaßnahmen durch die kopfferne Applikationstechnik für die Punktion nicht unterbrochen werden müssen. Als Punktionsstelle der ersten Wahl hat sich die proximale Tibiainnenseite durchgesetzt, wobei sich die Punktionsstelle hierbei 1–2 cm distal der Tuberositas tibiae (proximales Ende der vorderen Schienbeinkante) an der anteromedialen Knochenfläche befindet. Um eine Verletzung der empfindlichen Epiphysenfuge zu vermeiden, sollte die Punktion immer in Richtung Fuß (von der Epiphysenfuge weg) durchgeführt werden.

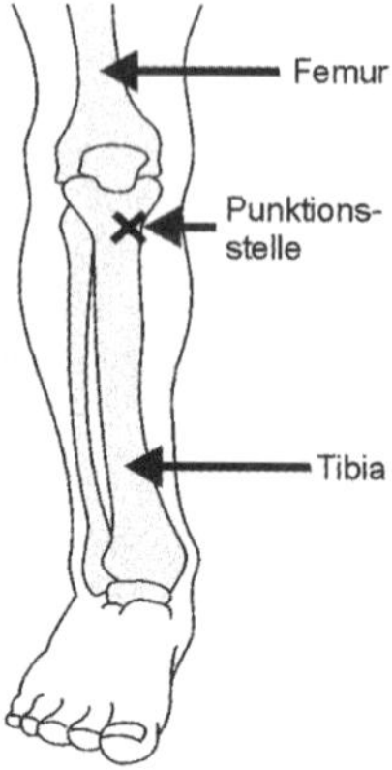

Abb. 34: Punktionsstelle

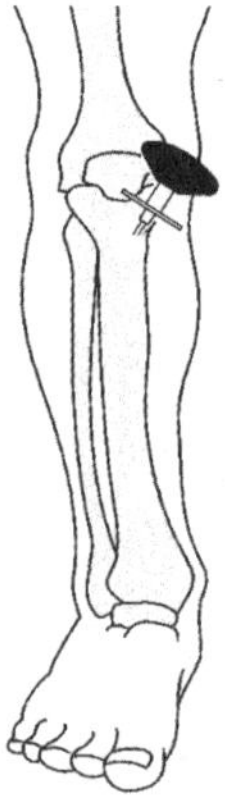

Abb. 35: Intraossäre Kanüle in situ

Technik der intraossären Injektion/Infusion

- Bein leicht angewinkelt mit einem festen Widerlager (z.B. zusammengerollte Tücher) unter dem Kniegelenk lagern.
- Punktionsbereich desinfizieren.
- Punktionsbereich mit einem sterilen Lochtuch abdecken.
- Intraossäre Kanüle am Knauf greifen und 1–2 cm unterhalb des oberen Endes der vorderen Schienbeinkante an der anteromedialen Knochenfläche aufsetzen
- Mit der anderen Hand Haut gespannt halten.
- Intraossäre Kanüle in einem Einstichwinkel von 45° (zur Knochenoberfläche) in Richtung Fuß in den Knochen einbringen. Hierzu Rechts-links-Drehbewegungen unter konstantem achsengerechtem Druck anwenden. Bei einem plötzlich eintretenden Widerstandsverlust hat die Kanüle das Knochenmark erreicht.
- Kanüle mit einer Hand festhalten, Trokar herausdrehen und Kochsalzspritze auf den Injektionsport aufsetzen.
- Bei der abschließenden Lageüberprüfung sollte physiologische Kochsalzlösung leicht injezierbar sein und keine Extravasatbildung an der Punktionsstelle auftreten.

5.5 Inhalative Applikation

Dosieraerosole (DA)

Ein Großteil von Arzneimitteln zur Behandlung von Atemwegserkrankungen wird in Form von Dosieraerosolen zur Inhalation angeboten (p.i. = per inhalationem).
Ein Sprühstoß aus dem Aerosolbehälter entspricht dabei einer exakt definierten Arzneimittelmenge.
Hierbei ist die korrekte Anwendung des Dosieraerosols für den Behandlungserfolg von entscheidender Bedeutung. Sollte das Dosieraerosol längere Zeit nicht benutzt worden sein, empfiehlt es sich, den Behälter kurz zu schütteln und das Aerosol 1–2-mal vor der Anwendung zu betätigen.

Abb. 36: Dosieraerosol

Technik der inhalativen Applikation via Dosieraerosol

- Patienten tief ausatmen lassen.
- Dosieraerosol vom Patienten in die Hand nehmen lassen, hierbei das Mundstück fest mit den Lippen umschließen lassen (s. Abb. unten).
- Patienten bitten, zu Beginn der Inspiration auf den Boden des Dosieraerosols zu drücken, dann tief einzuatmen und den Atem einige Sekunden anzuhalten.
- Patienten bitten, das DA aus dem Mund zu nehmen und langsam auszuatmen.

Zur Vereinfachung der Inhalation bei ungeübten Patienten kann eine Inhalationshilfe, ein sogenannter Spacer verwendet werden.
In diesem wird das Arzneimittel vernebelt. Anschließend dient der Spacer als Reservoir für das Arzneimittel zwischen Auslösung des Hubs und dem Beginn der nächsten Inspiration. Für intubierte Patienten stehen darüber hinaus Konnektoren zur Verfügung, die als Applikationshilfe tubusnah zwischen die Beatmungsschläuche geschaltet werden können.

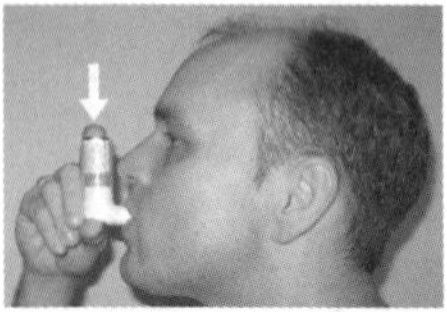

Abb. 37: Anwendung eines Dosieraerosols

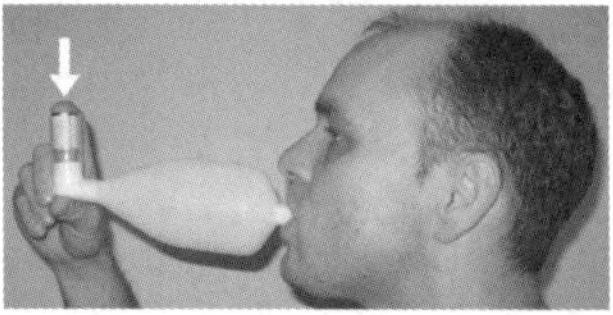

Abb. 38: Anwendung eines DA mit Spacer

Sauerstoffsonden, -brillen oder -masken

Gasförmiger Sauerstoff wird dem Patienten über Sauerstoffsonden, -brillen oder -masken angeboten. Bei guter Nasenatmung kann dem Patienten der Sauerstoff über eine Sauerstoffsonde oder -brille angeboten werden. Bei schwerer Atemnot oder ausschließlicher Mundatmung ist eine Sauerstoffmaske effektiver.

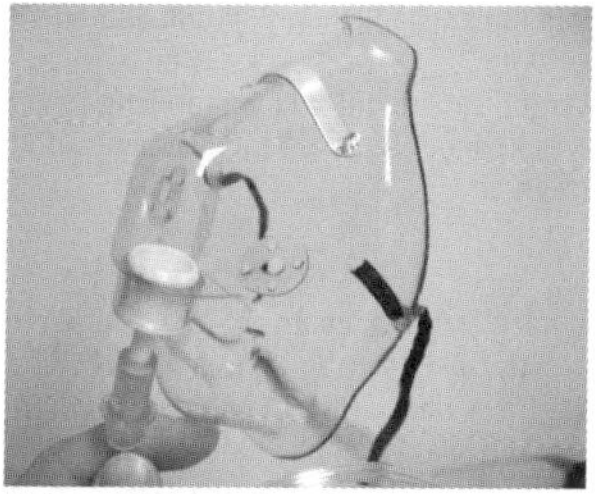

Abb. 39: Sauerstoffmaske

Abb. 40: Sauerstoffbrille

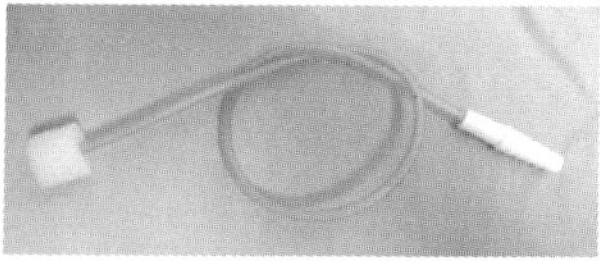

Abb. 41: Sauerstoffsonde

5.6 Orale Applikation

Aufgrund des verzögerten Wirkungseintritts und eventueller Resorptionsverluste werden nur wenige Notfallmedikamente oral (p.o. = per os) verabreicht. Ausgenommen sind Arzneimittel, die ausschließlich für die orale Applikation zugelassen sind (z.B. Clopidogrel → S. 28) oder Antidota, die Giftstoffe im Darm binden (z.B. medizinische Kohle → S. 61) oder in ihrer schädlichen Wirkung abmildern sollen (z.B. Simeticon → S. 100).
Bestimmte Arzneimittel, z.B. Nitroglycerin, werden sublingual (s.l.) verabreicht. Nach Applikation (meist als Kapsel oder Spray) soll der Patient das Medikament unter der Zunge behalten und nicht hinunterschlucken.

5.7 Rektale Applikation

Zäpfchen (z.B. Paracetamol → S. 84) oder Rektiolen (z.B. Diazepam → S. 30) werden in Notfallsituationen häufig bei Kindern angewandt. Die Resorption dieser Mittel erfolgt über die Darmschleimhaut. Rektiolen werden nach Einführen in den Enddarm ausgepresst. Bei kleinen Kindern sollten die Gesäßbacken anschließend etwas zusammengepresst werden, um einen Wiederaustritt der applizierten Flüssigkeit bzw. des Zäpfchens zu verhindern.

6 Dosierungstabellen

Umrechnungstabelle – Wirkstoffgehalt

Umrechnungstabelle zur Bestimmung des Wirkstoffgehaltes bei Lösungen mit prozentualer Konzentrationsangabe.

Gesamtmenge	0,5 ml	1 ml	2 ml	5 ml	10 ml	50 ml
0,1 % (1:1000)	0,5 mg	1 mg	2 mg	5 mg	10 mg	50 mg
0,25 %	1,25 mg	2,5 mg	5 mg	12,5 mg	25 mg	125 mg
0,5 %	2,5 mg	5 mg	10 mg	25 mg	50 mg	250 mg
1 %	5 mg	10 mg	20 mg	50 mg	100 mg	500 mg
2 %	10 mg	20 mg	40 mg	100 mg	200 mg	1 g
5 %	25 mg	50 mg	100 mg	250 mg	500 mg	2,5 g
10 %	50 mg	100 mg	200 mg	500 mg	1 g	5 g
20 %	100 mg	200 mg	400 mg	1 g	2 g	10 g
40 %	200 mg	400 mg	800 mg	2 g	4 g	20 g
50 %	250 mg	500 mg	1 g	2,5 g	5 g	25 g
Gesamtmenge	**100 ml**	**250 ml**	**500 ml**	**750 ml**	**1000 ml**	**2000 ml**
0,1 % (1:1000)	100 mg	250 mg	500 mg	750 mg	1 g	2 g
0,25 %	250 mg	625 mg	1,25 g	1,875 g	2,5 g	5 g
0,5 %	500 mg	1,25 g	2,5 g	3,75 g	5 g	10 g
1 %	1 g	2,5 g	5 g	7,5 g	10 g	20 g
2 %	2 g	5 g	10 g	15 g	20 g	40 g
5 %	5 g	12,5 g	25 g	37,5 g	50 g	100 g
10 %	10 g	25 g	50 g	75 g	100 g	200 g
20 %	20 g	50 g	100 g	150 g	200 g	400 g
40 %	40 g	100 g	200 g	300 g	400 g	800 g
50 %	50 g	125 g	250 g	375 g	500 g	1000 g

Umrechnungstabelle – Konzentrate

Umrechnungstabelle zur Herstellung von Lösungen aus Konzentraten.

Gesamtmenge	100 ml	200 ml	500 ml	1000 ml	2000 ml	5000 ml
0,5 %	0,5 ml	1 ml	2,5 ml	5 ml	10 ml	25 ml
1 %	1 ml	2 ml	5 ml	10 ml	20 ml	50 ml
2 %	2 ml	4 ml	10 ml	20 ml	40 ml	100 ml
3 %	3 ml	6 ml	15 ml	30 ml	60 ml	150 ml
4 %	4 ml	8 ml	20 ml	40 ml	80 ml	200 ml
5 %	5 ml	10 ml	25 ml	50 ml	100 ml	250 ml
10 %	10 ml	20 ml	50 ml	100 ml	200 ml	500 ml
20 %	20 ml	40 ml	100 ml	200 ml	400 ml	1000 ml
30 %	30 ml	60 ml	150 ml	300 ml	600 ml	1500 ml
40 %	40 ml	80 ml	200 ml	400 ml	800 ml	2000 ml
50 %	50 ml	100 ml	250 ml	500 ml	1000 ml	2500 ml

Umrechnungstabelle – Infusionsdauer, tropfengesteuert

Umrechnungstabelle zur Bestimmung der tropfengesteuerten Infusionsdauer.
Voraussetzung 1 ml = 20 Tropfen (gtt.)

Gesamtmenge	50 ml	100 ml	250 ml	500 ml	1000 ml
1 Stunde	17 gtt./min.	33 gtt./min.	83 gtt./min.	165 gtt./min.	330 gtt./min.
2 Stunden	8 gtt./min.	17 gtt./min.	40 gtt./min.	82 gtt./min.	165 gtt./min.
3 Stunden	5 gtt./min.	11 gtt./min.	28 gtt./min.	56 gtt./min.	110 gtt./min.
4 Stunden	4 gtt./min.	8 gtt./min.	20 gtt./min.	42 gtt./min.	83 gtt./min.
5 Stunden	3 gtt./min.	7 gtt./min.	17 gtt./min.	33 gtt./min.	66 gtt./min.
6 Stunden	3 gtt./min.	6 gtt./min.	14 gtt./min.	28 gtt./min.	56 gtt./min.
12 Stunden	2 gtt./min.	3 gtt./min.	7 gtt./min.	14 gtt./min.	28 gtt./min.
24 Stunden	1 gtt./min.	2 gtt./min.	3 gtt./min.	7 gtt./min.	14 gtt./min.

Umrechnungstabelle – Infusionsdauer, pumpengesteuert					
Umrechnungstabelle zur Bestimmung der pumpengesteuerten Infusionsdauer.					
Gesamtmenge	**50 ml**	**100 ml**	**250 ml**	**500 ml**	**1000 ml**
1 Stunde	50 ml/h	100 ml/h	250 ml/h	500 ml/h	1000 ml/h
2 Stunden	25 ml/h	50 ml/h	125 ml/h	250 ml/h	500 ml/h
3 Stunden	16,7 ml/h	33,3 ml/h	83 ml/h	166,7 ml/h	333,3 ml/h
4 Stunden	12,5 ml/h	25 ml/h	62,5 ml/h	125 ml/h	250 ml/h
5 Stunden	10 ml/h	20 ml/h	50 ml/h	100 ml/h	200 ml/h
6 Stunden	8,3 ml/h	16,7 ml/h	41,6 ml/h	83,3 ml/h	166,6 ml/h
7 Stunden	7,1 ml/h	14,3 ml/h	35,7 ml/h	71,4 ml/h	142,9 ml/h
8 Stunden	6,3 ml/h	12,5 ml/h	31,3 ml/h	62,5 ml/h	125 ml/h
9 Stunden	5,6 ml/h	11,1 ml/h	27,8 ml/h	55,5 ml/h	111,1 ml/h
10 Stunden	5,0 ml/h	10 ml/h	25 ml/h	50 ml/h	100 ml/h
11 Stunden	4,5 ml/h	9,1 ml/h	22,7 ml/h	45,5 ml/h	90,9 ml/h
12 Stunden	4,2 ml/h	8,3 ml/h	20,8 ml/h	41,6 ml/h	83,3 ml/h
13 Stunden	3,8 ml/h	7,7 ml/h	19,2 ml/h	38,4 ml/h	76,9 ml/h
14 Stunden	3,6 ml/h	7,1 ml/h	17,8 ml/h	35,7 ml/h	71,4 ml/h
15 Stunden	3,3 ml/h	6,7 ml/h	16,7 ml/h	33,3 ml/h	66,6 ml/h
16 Stunden	3,1 ml/h	6,3 ml/h	15,7 ml/h	31,3 ml/h	62,5 ml/h
17 Stunden	2,9 ml/h	5,9 ml/h	14,8 ml/h	29,4 ml/h	58,9 ml/h
18 Stunden	2,8 ml/h	5,6 ml/h	13,9 ml/h	27,8 ml/h	55,5 ml/h
19 Stunden	2,6 ml/h	5,3 ml/h	13,2 ml/h	26,3 ml/h	52,6 ml/h
20 Stunden	2,5 ml/h	5 ml/h	12,5 ml/h	25 ml/h	50 ml/h
21 Stunden	2,4 ml/h	4,8 ml/h	11,9 ml/h	23,8 ml/h	47,6 ml/h
22 Stunden	2,3 ml/h	4,5 ml/h	11,4 ml/h	22,7 ml/h	45,4 ml/h
23 Stunden	2,2 ml/h	4,3 ml/h	10,9 ml/h	21,7 ml/h	43,4 ml/h
24 Stunden	2,1 ml/h	4,2 ml/h	10,4 ml/h	20,8 ml/h	41,6 ml/h

7 Reanimation

7.1 Reanimationsalgorithmus Neugeborene

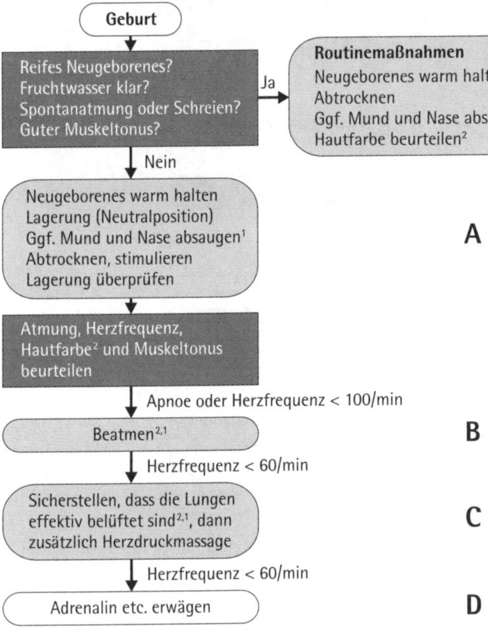

[1] Eine endotracheale Intubation kann auf verschiedenen Stufen des Algorithmus erwogen werden.

[2] Erwägen Sie bei anhaltender Zyanose stets die Gabe von Sauerstoff.

Abb. 1 Reanimationsalgorithmus Neugeborene (ERC)

7.2 Reanimationsalgorithmus Kinder (BLS)

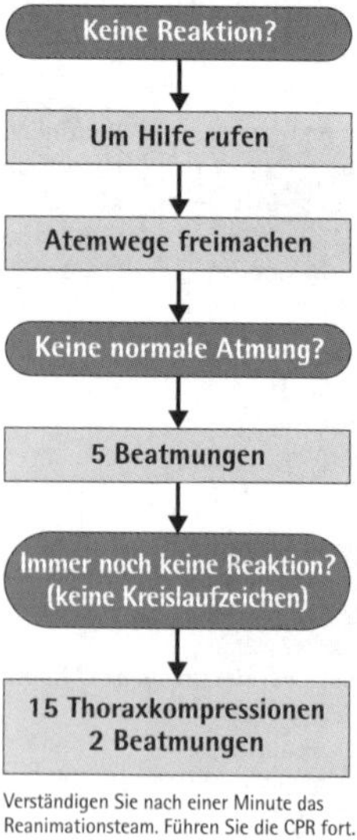

Abb. 2: Lebensrettende Basismaßnahmen bei Kindern für professionelle Helfer (ERC)

7.3 Reanimationsalgorithmus Kinder (ALS)

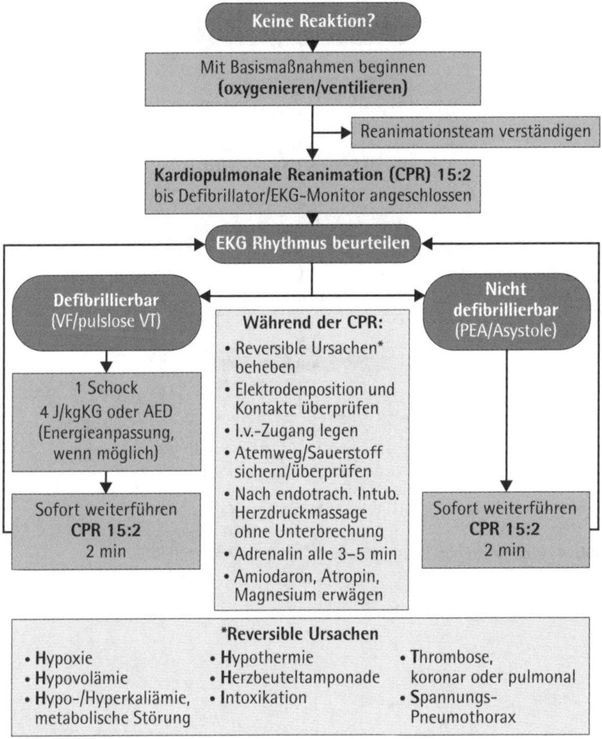

Abb. 3: Erweiterte lebensrettende Maßnahmen bei Kindern (ERC)

7.4 Reanimationsalgorithmus Erwachsene (BLS)

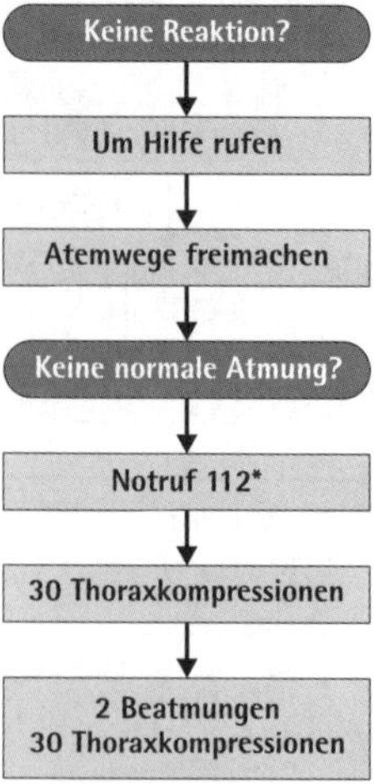

*Nationale Notrufnummer
112 (D), 144 (A/CH)

Abb. 4: Lebensrettende Basismaßnahmen bei Erwachsenen (ERC)

7.5 Reanimationsalgorithmus Erwachsene (ALS)

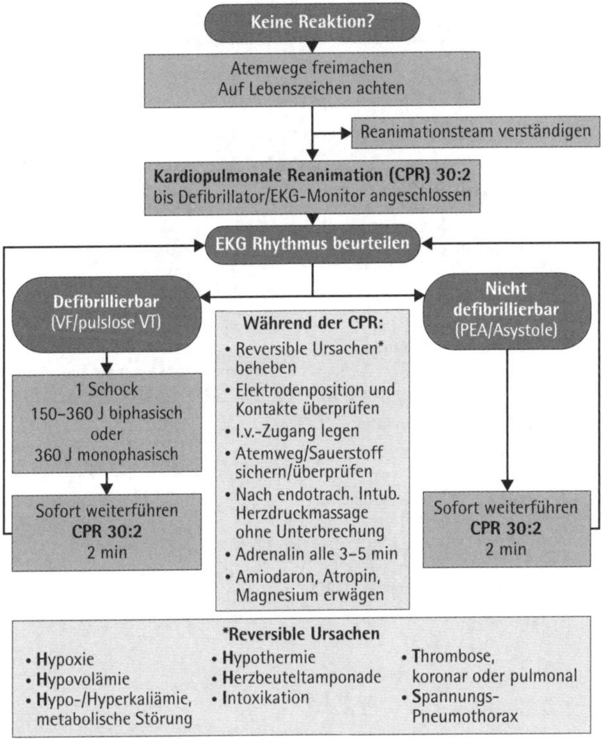

Abb. 5: Universeller Reanimationsalgorithmus für Erwachsene (ERC)

7.6 Reanimationsalgorithmus Klinik

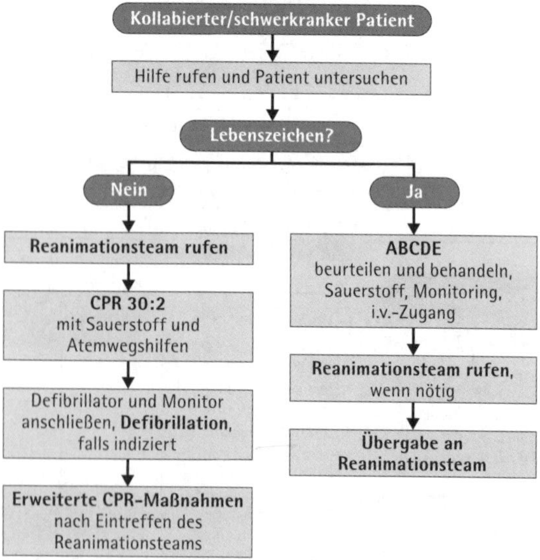

Abb. 6: Innerklinische Reanimation (ERC)

7.7 Reanimationsalgorithmus AED

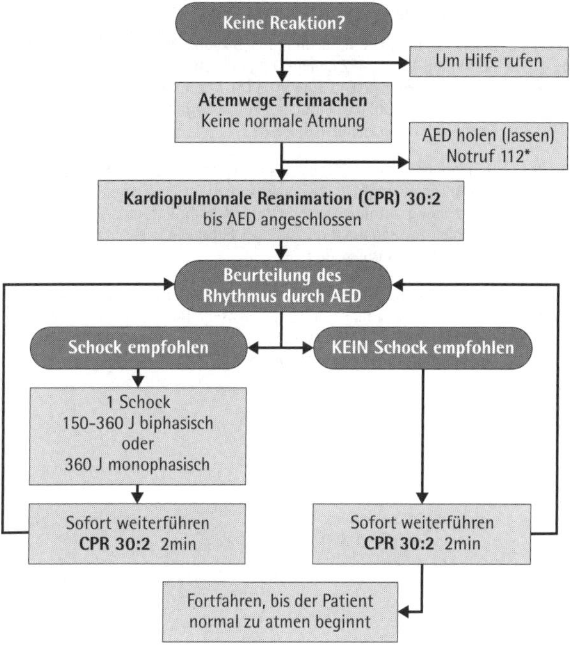

*Nationale Notrufnummer 112 (D), 144 (A/CH)

Abb. 7: Kardiale Reanimation unter Verwendung eines externen automatisierten Defibrillators (AED) (ERC)

7.8 Bildquellennachweis

Sämtliche mit (ERC) gekennzeichneten Algorithmen wurden mit freundlicher Genehmigung von Springer Science and Business Media übernommen.

Abb. 1, Abb. 2, Abb. 3 Biarent D, Bingham R, Richmond S, Maconochie I, Wyllie J, Simpson S, Rodriguez-Nunez A, Zideman D (2006) Lebensrettende Maßnahmen bei Kindern (Paediatric Life Support, PLS). Abschnitt 6 der Leitlinien zur Reanimation 2005 des European Resuscitation Council (2006) Notfall+Rettungsmedizin 9: 90–122

Abb. 5, Abb. 6 Handley AJ, Koster R, Monsieurs K, Perkins GD, Davies S, Bossaert L (2006) Lebensrettende Basismaßnahmen für Erwachsene und Verwendung automatisierter externer Defibrillatoren. Abschnitt 2 der Leitlinien zur Reanimation 2005 des European Resuscitation Council. Notfall+Rettungsmedizin 9: 10–25

Abb. 4, Abb. 7 Nolan JP, Deakin CD, Soar J, Böttiger BW, Smith G (2006) Erweiterte Reanimationsmaßnahmen für Erwachsene (ALS). Abschnitt 4 der Leitlinien zur Reanimation 2005 des European Resuscitation Council. Notfall+Rettungsmedizin 9: 38-80

8 Glossar

Kursiv geschriebene Wörter verweisen auf andere Einträge im Glossar

Absorptionshemmer Arzneimittel, das die Aufnahme (= Absorption) von Stoffen in den Organismus verhindert, z.B. bei Vergiftungen die Aufnahme von Giftstoffen über die Darmschleimhaut → Kohle, medizinische

ACE-Hemmer Arzneimittel, das das Angiotensinkonversionsenzym hemmt und u.a. zur Behandlung von Bluthochdruck eingesetzt wird

ACTH s. *Adrenocorticotropes Hormon*

Adrenergikum Arzneimittel, das auf die Adrenorezeptoren im vegetativen Nervensystem wirkt → Adrenalin, *Sympathomimetikum*

Adrenocorticotropes Hormon (ACTH) im Hypophysenvorderlappen gebildetes Hormon, das hauptsächlich der Anregung der Bildung und Freisetzung von Glukokortikoiden in der Nebennierenrinde dient; Anwendung als *Diagnostikum* zur Diagnosestellung bei Verdacht auf eine Unterfunktion der Nebennierenrinde

Agonist Wirkstoff eines Arzneimittels, der an einem Rezeptor seine Wirkung entfaltet → Morphin, *Opioid-Agonist*; siehe auch *Antagonist*

Aktivkohle Kohle mit vergrößerter Absorptionsoberfläche, die z.B. zur Behandlung von Vergiftungen eingesetzt wird → Kohle, medizinische, *Absorptionshemmer*

Aldosteronantagonist Arzneimittel, das die Wirkung des in der Nebennierenrinde gebildeten Mineralkortikoids Aldosteron hemmt und so zur Regulation des Wasser- und Elektrolythaushalts beiträgt

Alkalosetherapeutikum Arzneimittel zur Behandlung einer metabolischen Alkalose

Alkylanzium (= alkylierendes Mittel) Arzneimittel aus der Gruppe der *Onkologika*, das in das Wachstum von Zellen eingreift, indem es mit dem Erbgut der Zellen reagiert und so die Weitergabe von genetischem Material an die Tochterzelle stört

Allgemeinanästhetikum (= Narkotikum) Arzneimittel, das eine Narkose hervorruft → Etomidat, *Injektionsnarkotikum*

Alpha-1-Rezeptorantagonist (= Alphablocker) Arzneimittel, dessen Wirkstoff sich an die Alpha-1-Adrenorezeptoren anlagert und dort die Wirkung der körpereigenen blutdruckerhöhenden Hormone blockiert; antihypertensive Wirkung

Alpha-2-Rezeptorantagonist (= Alphablocker) Arzneimittel, dessen Wirkstoff sich an die zentralen Alpha-2-Adrenorezeptoren im Gehirn anlagert und die Wirkung des blutdrucksteigernden *Hormons* Noradrenalin hemmt

Alphablocker s. *Alpha-Rezeptorantagonist*

Alpha-Glukosidase-Inhibitor orales *Antidiabetikum*, das das im Darm Zucker aufspaltende Enzym Alpha-Glukosidase hemmt und so einen Blutzuckeranstieg nach der Nahrungsaufnahme verringert

Altinsulin blutzuckersenkendes Hormon (→ Insulin) mit sofortigem Wirkungseintritt zur parenteralen Applikation

Aminoglykosid *Antibiotikum*, das einen fehlerhaften Zellaufbau bei Bakterien verursacht und so deren Vermehrung verhindert

Analgetikum Arzneimittel zur Behandlung von Schmerzen → Morphin, *Opioid-Agonisten*

Analogon Arzneimittel mit funktionell gleichwertigen Eigenschaften wie eine andere chemische Substanz

Anästhetikum Arzneimittel zur Betäubung → Thiopental, Injektions*anästhetikum*

Angiotensin-II-Rezeptorantagonist (=Angiotensin-II-Blocker) Arzneimittel, das die Rezeptoren für das blutdrucksteigernde und gefäßverengende *Hormon* Angiotensin-II blockiert

Anilinderivat chemischer Abkömmling des Amins, das das Enzym Cyclooxygenase hemmt und so die Produktion von schmerz- und fieberverursachenden Prostaglandinen verhindert → Paracetamol, *nichtsteroidales Antirheumatikum*

Anionenaustauscher Arzneimittel, das nach Applikation seine Ionen mit anderen Ionen gleicher Ladung im Körper austauscht, z.B. *Lipidsenker*

Anisolierter Plasminogen-Streptokinase-Aktivatorkomplex (= APSAC) *Fibrinolytikum*, das nichtorganisierte Fibringerinnsel im Körper auflöst, z.B. bei akutem Myokardinfarkt → Anistreplase

Antagonist Wirkstoff eines Arzneimittels, das auf den gleichen Rezeptor wie der Agonist passt, diesen von seinem Rezeptor verdrängt und somit dessen Rezeptorwirkung verhindert → Naloxon, *Opioid-Antagonist* (s.a. *Agonist*)

Antazidum Arzneimittel, das freie Magensäure im Magensaft bindet, ohne die Säureproduktion in der Magenwand zu beeinflussen; s.a. *Ulkustherapeutika*

Anthelminthikum Arzneimittel zur Behandlung von Wurmerkrankungen

Antiallergikum Arzneimittel zur Behandlung von allergischen Reaktionen → Clemastin, *Antihistaminikum*

Antianämikum Arzneimittel zur Behandlung von Blutarmut, z.B. bei akuten oder chronischen Blutverlusten

Antiandrogen Arzneimittel, das die Androgenrezeptoren besetzt und somit die Wirkung der Androgene im Körper abmildert oder verhindert

Antiarrhythmikum Arzneimittel zur Behandlung von Herzrhythmusstörungen → Adenosin, → Amiodaron, → Esmolol

Antiasthmatikum Arzneimittel zur Behandlung von Asthma bronchiale → Reproterol, *Bronchodilatator*

Antibiotikum Arzneimittel zur Behandlung von Infektionen durch Kleinstlebewesen. Wirkung: bakteriostatisch (verhindert die Vermehrung), bakterizid (abtötend) oder bakteriolytisch (Auflösung der Zellwand)

Anticholinergikum Arzneimittel, das die Wirkung des Neurotransmitters Acetylcholin und somit das

parasympathische Nervensystem hemmt → Atropin, *Parasympatholytikum*
Antidementivum Arzneimittel zur Linderung der Demenz
Antidepressivum Arzneimittel zur Linderung von Depressionen
Antidiabetikum Arzneimittel zur Behandlung von Diabetes mellitus → Insulin
Antidiarrhoikum Arzneimittel zur symptomatischen Behandlung von Durchfallerkrankungen; z.B. durch Aufnahme von Bakteriengiften als häufiger Auslöser von Durchfällen (→ Kohle, medizinische) oder durch Verlangsamung der Darmperistaltik
Antidot Gegengift zur Behandlung von Intoxikationen
→ Dimercaptopropansulfonat, → Naloxon
Antiemetikum Arzneimittel zur symptomatischen Behandlung von Übelkeit und Erbrechen → Dimenhydrinat
Antiepileptikum Arzneimittel zur Vorbeugung und Behandlung von epileptischen Krampfanfällen → Phenytoin
Antifibrinolytikum Arzneimittel zur Behandlung einer gesteigerten fibrinolytischen Aktivität, z.B. durch Hemmung der Plasminbildung und -wirkung, die zu einer sofortigen Fibrinolysehemmung führt
Antigestagen Arzneimittel, das der schwangerschaftserhaltenden Wirkung der Gestagene entgegenwirkt
Antihämophiles Globulin A Blutgerinnungsfaktor zur Substitution von Faktor VIII bei Hämophilie A
Antihämophiles Globulin B Blutgerinnungsfaktor zur Substitution von Faktor IX bei Hämophilie B
Antihistaminikum Arzneimittel, das die Histaminrezeptoren im Körper blockiert und so allergische Reaktionen abmildert (→ Clemastin, *H_1-Rezeptorblocker*) oder die histaminvermittelte Magensäuresekretion reduziert (→ Cimetidin, *H_2-Rezeptorblocker*)
Antihypertensivum (= Antihypertonikum) Arzneimittel zur Behandlung von Bluthochdruck → Nifedipin
Antihypertonikum s. *Antihypertensivum*
Antihypoglykämikum Arzneimittel zur Behandlung eines erniedrigten Blutzuckers → Glucagon
Antikoagulanz (= Antithrombotikum) Arzneimittel, das in die Blutgerinnung eingreift und z.B. einer pathologisch gesteigerten Gerinnungstendenz mit möglicher Thrombenbildung entgegenwirkt → Heparin
Antikonvulsivum Arzneimittel zur Behandlung von Krampfanfällen → Phenytoin, *Antiepileptikum*
Antikonzeptivum s. *Kontrazeptivum*
Antimalariamittel Arzneimittel zur Vorbeugung und Behandlung der Malaria
Antimanikum Arzneimittel, das zur Behandlung einer Manie eingesetzt wird und u.a. eine allgemeine Dämpfung der Erregbarkeit bewirkt
Antimetabolit Arzneimittel aus der Gruppe der *Onkologika*, das in das Wachstum von Zellen eingreift, indem es die natürlichen Stoffwechselbausteine verdrängt

Antimykotikum Arzneimittel zur Behandlung einer Pilzinfektion, das zu einer Wachstumshemmung und einem Absterben von Pilzen führt
Antineoplastische Antikörper Antikörper gegen die Neubildung von Krebszellen
Antineoplastisches Mittel Arzneimittel gegen die Neubildung von Krebszellen
Antiöstrogen Arzneimittel aus der Gruppe der *Onkologika*, das Östrogenrezeptoren besetzt, ohne die für das Östrogen typischen Wirkungen auszulösen
Antiparkinsonmittel Arzneimittel zur Behandlung des Morbus Parkinson
Antiphlogistikum Arzneimittel zur Behandlung von Entzündungsreaktionen
Antipsoriatikum Arzneimittel zur Behandlung einer Schuppenflechte, das den akuten Krankheitsschub lindert, die unnatürliche Vermehrung und das Abstoßen von Hautzellen verhindert sowie das normale Wachstum von Haut und Schleimhautzellen fördert
Antipyretikum Arzneimittel zur Senkung von Fieber → Paracetamol, *Anilinderivat*
Antirheumatikum Arzneimittel zur Behandlung von Rheumatismus
Antithrombotikum s. *Antikoagulanz*
Antitussivum Arzneimittel, das den Hustenreflex im Gehirn unterdrückt
Antivertiginosum Arzneimittel gegen Gleichgewichtsstörungen → Dimenhydrinat, *Antiemetikum*
APSAC s. *Anisolierter Plasminogen-Streptokinase-Aktivatorkomplex*
Azidosetherapeutikum Arzneimittel zur Behandlung einer metabolischen Azidose → Natriumhydrogenkarbonat
Barbitursäurederivat chemischer Abkömmling der Barbitursäure, der in niedriger Dosierung zu Schlafbereitschaft und Krampfhemmung und in hoher Dosierung zur Lähmung von Großhirn, Rückenmark und verlängertem Rückenmark führt → Thiopental, *Injektionsnarkotikum*
Benzodiazepin Arzneimittel, das das limbische System im Gehirn beeinflusst und angstlösend, sedierend (in höheren Mengen hypnotisch) und antikonvulsiv wirkt → Diazepam, *Sedativum*
Benzodiazepinantagonist Arzneimittel, dessen Wirkstoff sich an die Benzodiazepinrezeptoren anlagert und dort die zentral dämpfende Wirkung der *Benzodiazepine* aufhebt → Flumazenil, *Antidot*
Beta-2-Sympathomimetikum Arzneimittel, das die Beta-2-Rezeptoren im sympathischen Nervensystem anregt → Fenoterol, *Bronchospasmolytikum*
Betablocker (= Betarezeptorenblocker) Arzneimittel, dessen Wirkstoff sich an die Betarezeptoren anlagert und so verhindert, dass die körpereigenen *Hormone* Adrenalin, Noradrenalin und Dopamin ihre Wirkung entfalten. Hierdurch verringern sich Herzfrequenz, Herzkraft und der Sauerstoffbedarf des Herzens → Esmolol
Betalactamaseinhibitor Arzneimittel, das im Rahmen einer Antibiotikatherapie die Inaktivierung der Penicilline durch das Enzym Betalactamase verhindert

Betasympathomimetikum Arzneimittel, das speziell die Betarezeptoren im sympathischen Nervensystem anregt → Orciprenalin, *Bronchodilatator*

Biguanid orales *Antidiabetikum*, das im Darm Zucker aufspaltende Enzyme hemmt und so einen Blutzuckeranstieg nach der Nahrungsaufnahme verringert

Breitbandpenicillin *Antibiotikum*, das zusätzlich zum Wirkungsspektrum der normalen Penicilline noch gegen eine Reihe weiterer Erreger wirkt

Bronchialdilatator (= Bronchodilatator) Arzneimittel, das die Bronchien erweitert → Terbutalin, *Antiasthmatikum*

Bronchialtherapeutikum meist aus einer Wirkstoffkombination bestehendes Arzneimittel zur Behandlung von Erkrankungen der Bronchien, z.B. Kombinationen aus Mukolytika, *Bronchialdilatatoren* und/oder *Antibiotika*

Bronchodilatator s. *Bronchialdilatator*

Bronchospasmolytikum Arzneimittel, das Verkrampfungen der Bronchialmuskulatur löst, z.B. bei Asthma bronchiale → Fenoterol

C1-Esterase-Inhibitor Arzneimittel, das das Enzym C1-Esterase hemmt

Calciumantagonist s. *Kalziumantagonist*

Cannabinoidrezeptorantagonist Arzneimittel, das die Cannabinoidrezeptoren blockiert

Cephalosporin *Antibiotikum*, das eng mit dem Penicillin verwandt ist und unter anderem bei Infektionen durch gramnegative Bakterien und bei Patienten mit Penicillinallergie eingesetzt wird

Cholinergikum Arzneimittel, das die Wirkung des Neurotransmitters Acetylcholin und somit das parasympathische Nervensystem anregt. Cholinergika werden u.a. bei Magen-, Darm- und Blasenlähmung eingesetzt → Pyridostigmin

Cholinolytikum s. Parasympatholytikum

Clofibronsäurederivat chemischer Abkömmling der Clofibrinsäure, der zur Senkung der Fette wie Triglyceride und LDL-Cholesterin beiträgt und Fette wie HDL-Cholesterin im Blut ansteigen lässt, s. a. *Lipidsenker*

CMV-Präparat Arzneimittel zur Behandlung von Infektionen durch das Zytomegalievirus

COMT-Hemmer *Antiparkinsonmittel*, das das Enzym Catechol-O-Methyltransferase hemmt und so zusätzlich zur dopaminergen Wirkung die natürliche Inaktivierung von L-Dopa verhindert und seine Konzentration im wirksamen Bereich hält, s.a. *Dopaminergika*

Cortisol (= Kortisol) normalerweise in der Nebennierenrinde gebildetes *Hormon* (Glukokortikoid), das als Arzneimittel u.a. zur Behandlung von Entzündungen eingesetzt wird

CRH Abkürzung für das Corticotropin Releasinghormon, das als *Diagnostikum* z.B. bei Verdacht auf Schädigung der corticotropen Partialfunktion des Hypophysenvorderlappens eingesetzt wird

CSE-Hemmer Arzneimittel, das die natürliche Synthese von Cholesterin im Körper hemmt; s.a. *Lipidsenker*

Cumarinderivat chemischer Abkömmling des Cumarins, das die Aktivierung mehrerer Gerinnungsfaktoren in der Leber hemmt, s.a. *Gerinnungsmittel*

Derivat Oberbegriff für den Abkömmling einer chemischen Grundsubstanz

Diagnostikum Oberbegriff für ein Medizinprodukt zur Diagnosestellung

Digitalisglykosid aus Digitalis gewonnenens Arzneimittel, das die Kontraktionskraft des Herzens fördert → Digoxin

Diuretikum Arzneimittel zur Förderung der Harnausscheidung → Furosemid

Dopaminagonist Arzneimittel, das die gleiche Wirkung wie Dopamin entfaltet und so die Symptomatik bei Morbus Parkinson positiv beeinflusst

Dopamin-D2-Rezeptorantagonist Arzneimittel, das die Dopamin-D2-Rezeptoren für den Überträgerstoff Dopamin im Gehirn blockiert und so u.a. antipsychotisch wirkt → Haloperidol, *Neuroleptikum*

Dopaminergikum *Antiparkinsonmittel*, das ähnlich wie Dopamin wirkt und so die Symptome bei Morbus Parkinson positiv beeinflusst, z.B. L-Dopa, *Dopaminagonisten*, *MAO-B-Hemmer*, und *COMT-Hemmer*

Enzyminhibitor Arzneimittel, das ein Enzym in seiner Wirkung hemmt

Fibrinolytikum Arzneimittel zur Auflösung von Fibringerinnseln, z.B. im Rahmen der Behandlung eines akuten Herzinfarktes → Tenecteplase

Fibrinstabilisierender Faktor Gerinnungsfaktor XIII, Teil der Gerinnungskaskade

Gelatinederivat chemischer Abkömmling der Gelatine zur Behandlung eines intravasalen Volumenmangels, s.a. *Plasmaersatzmittel*

Gerinnungsfaktor für die Blutgerinnung essenzielle Substanz

Gestagen weibliches Schwangerschaftshormon, das zusammen mit Östrogen und weiteren übergeordneten Hormonen den Menstruationszyklus regelt

Glaukommittel Arzneimittel zur Behandlung von erhöhtem Augeninnendruck (Glaukom), das z.B. durch eine Verringerung der Kammerwasserproduktion den Augeninnendruck senkt

Glukokortikoid Oberbegriff für ein in der Nebennierenrinde gebildetes Hormon mit wichtiger Funktion im Kohlenhydratstoffwechsel des Körpers → Dexamethason

Glutamatrezeptorantagonist Arzneimittel zur Behandlung des Morbus Parkinson, das über die Glutamatrezeptoren die Freisetzung von Acetylcholin reduziert und so die Parkinsonsymptomatik verbessert

Glykopeptid *Antibiotikum*, das Bakterien durch eine Zerstörung der Zellwand abtötet

Glykosid s. *Digitalisglykosid*

Gonadorelin (= LH-RH) im Hypothalamus gebildetes *Hormon*, das als Arzneimittel zur endokrinologischen Diagnostik bei Verdacht auf Störungen hypothalamischer, hypophysärer und gonadaler Funktionen eingesetzt wird

H1-Blocker s. *Antihistaminikum*
H2-Blocker s. *Antihistaminikum*
HAES s. *Hydroxyaethylstärke*
Halbelektrolytlösung wässrige Infusionslösung mit Elektrolyten und Kohlenhydraten, deren Elektrolytkonzentration der Hälfte der Konzentration des Extrazellularraums entspricht
Heparinoid Arzneimittel mit heparinähnlicher, gerinnungshemmender Wirkung, s.a. *Gerinnungsmittel*
HHL-Hormon (= Hypophysenhinterlappenhormon) im Hypophysenhinterlappen gebildetes *Hormon*
Histamin-H1-Rezeptorantagonist s. *Antihistaminikum*
Histamin-H2-Rezeptorantagonist s. *Antihistaminikum*
HIV-Virustatikum spezielles *Virustatikum* zur Behandlung einer Infektion mit dem Human Immunodeficiency Virus
Hormon körpereigener Botenstoff, der in unterschiedlichen Körperdrüsen entsteht und Stoffwechsel und Organfunktionen reguliert
Hydroxyaethylstärke (= HAES) chemischer Abkömmling der Stärke zur Behandlung eines intravasalen Volumenmangels → HAES 6%
Hypnotikum einen Schlafzustand erzeugendes Arzneimittel
Hypophysenhinterlappenhormon s. HHL-Hormon
Immunsuppressivum Arzneimittel zur Unterdrückung des körpereigenen Abwehrsystems
Inhibitor Hemmstoff; Bezeichnung für eine Substanz, die eine oder mehrere Reaktionen - chemischer, biologischer oder physiologischer Natur - dahingehend beeinflusst, dass diese verlangsamt, gehemmt oder verhindert werden, z.B. *Alpha-Glukosidase-Inhibitor*
Injektionsnarkotikum *Allgemeinanästhetikum* zur Injektion in die Blutbahn → Etomidat
Insulin *Hormon*, das normalerweise in den Inselzellen des Pankreas (B-Zellen) gebildet wird und eine Senkung des Blutzuckers bewirkt
Insulinsensitizer orales *Antidiabetikum*, das dafür sorgt, dass Gewebe den Blutzucker besser aufnehmen können und die Leber weniger Blutzucker produziert
Interferon von Leukozyten, Lymphozyten oder Fibroblasten nach Kontakt mit einem Virus gebildetes Zytokin mit antiviralen, wachstumshemmenden und immunregulatorischen Eigenschaften
Intermediärinsulin *Insulin* mit mittlerer Wirkungsdauer von 12-24 Stunden
Kalziumantagonist Arzneimittel, das die Kalziumkanäle in den Wänden der Arterien und Venen schließt. Hierdurch sinken Blutdruck und Herzbelastung, und die Sauerstoffversorgung des Herzens wird optimiert → Nifedipin, → Verapamil
Kalziumstoffwechselregulator zur Osteoporosetherapie, bei tumorbedingter Hyperkalziämie oder bei Schmerzen durch Knochenmetastasen eingesetztes Arzneimittel, das den Kalziumhaushalt des Körpers reguliert, indem es z.B. Knochenmineralisation und/oder Knochenresorption (z.B. bei Morbus Paget) hemmt

Karminativum Arzneimittel zur Behandlung von Blähungen, das die Oberflächenspannung des Darminhalts, sowie die Schaum- und Gasbildung reduziert

Kationenaustauscher Arzneimittel, das nach Applikation seine Ionen mit anderen Ionen gleicher Ladung im Körper austauscht

Knochenmorphogen Arzneimittel, das auf die Entwicklung von Knochen einwirkt

Kontrazeptivum (= Antikonzeptivum) Arzneimittel zur Empfängnisverhütung

Koronardilatator s. *Koronarmittel*

Koronarmittel (= Koronardilatator) Arzneimittel zur Behandlung von Erkrankungen der Herzkranzgefäße → Digoxin

Kortikoid s. *Steroid*

Kortikosteroid s. *Steroid*

Kortisol s. *Cortisol*

Laxanz Arzneimittel gegen Verstopfung, das den Nahrungsbrei schneller durch den Darm führt

L-Dopa mit dem Dopamin verwandter Stoff, der von bestimmten Hirnzellen aufgenommen und in wirksames Dopamin umgewandelt wird

Leukotrienrezeptorantagonist entzündungshemmendes Arzneimittel, das durch Blockade von Leukotrienrezeptoren u.a. die bronchokonstriktorische Wirkung der Leukotriene hemmt

LH-RH s. *Luteinising hormone releasing hormone*, s. *Gonadorelin*

LH-RH-Agonist Arzneimittel zur Behandlung des fortgeschrittenen, hormonempfindlichen Prostatakarzinoms, das die Gonadotropinfreisetzung und Testosteronsekretion stimuliert

Lincosamid *Antibiotikum*, das die Bakterien daran hindert Zellbestandteile herzustellen, woraufhin deren Stoffwechsel so gestört wird, dass sie sich nicht mehr vermehren können

Lipasehemmer Arzneimittel, das das für die Aufspaltung von Fetten zuständige Enzym Lipase hemmt und so eine Fettaufnahme über den Darm verhindert

Lipidsenker Arzneimittel zur Senkung erhöhter Blutfette

Lokalanästhetikum Arzneimittel zur örtlichen Betäubung, das vorwiegend durch Blockierung von Natriumkanälen reversibel das Leitungsvermögen sensibler Nerven und die Erregbarkeit von Schmerzrezeptoren aufhebt

Makrolid *Antibiotikum*, das die Bakterien daran hindert Zellbestandteile herzustellen, woraufhin deren Stoffwechsel so gestört wird, dass sie sich nicht mehr vermehren können

MAO-B-Hemmer *Antiparkinsonmittel*, das das Enzym Monoaminooxidase-B hemmt und so zusätzlich zur dopaminergen Wirkung die natürliche Inaktivierung von L-Dopa verhindert und seine Konzentration im wirksamen Bereich hält

MAO-Hemmer *Antidepressivum*, das das Enzym Monoaminooxidase hemmt, das die Überträgerstoffe Adrenalin, Noradrenalin und Serotonin im Gehirn abbaut ⇒ antriebssteigernde und stimmungsaufhellende Wirkung

Mastzellstabilisator *Antiallergikum*, das die Ausschüttung von Histamin aus den Mastzellen in das umliegende Gewebe verhindert

Methylxanthin Arzneimittel aus einer Gruppe von in der Natur vorkommenden Alkaloiden wie Koffein, Theobromin oder → Theophyllin, *Bronchodilatator*

Mineralstoff nicht organischer Stoff, der den Stoffwechsel im Organismus entscheidend beeinflusst → Magnesium

Minipille *Kontrazeptivum*, das eine niedrige Gestagendosis enthält und konstant über 28 Tage eingenommen wird. Hierdurch wird die Zähigkeit des Gebärmutterschleims so stark erhöht, das sich die befruchtete Eizelle nicht einnisten kann

Motilitätssteigerndes Mittel Arzneimittel, das eine Steigerung der Darmbewegungen hervorruft, damit die Magenentleerung beschleunigt und die Verdauung angeregt wird → Metoclopramid

Mukolytikum schleimlösendes Arzneimittel → Acetylcystein

Muskelrelaxans Arzneimittel zur Muskelentspannung → Vecuronium

Narkotikum s. *Allgemeinanästhetikum*

Neuroleptikum Arzneimittel mit antipsychotischer und sedierender Wirkung → Haloperidol

Neutralisierungslösung Lösung zur Neutralisation von chemischen Stoffen im Rahmen der Behandlung von Verätzungen

Nichtselektiver Monoamin-Reuptake-Inhibitor (= NSMRI) Arzneimittel, das die Wiederaufnahme der Monoamine Noradrenalin und Serotonin in die präsynaptischen Vesikel hemmt und so für eine Stimmungsaufhellung durch Verstärkung der noradrenergen und serotoninergen Übertragung im ZNS sorgt

Nichtsteroidales Antirheumatikum (= NSAR) Arzneimittel aus der Gruppe der *Analgetika*, das die Schmerzen nicht zentral (wie die *Opioid-Agonisten*), sondern peripher durch eine Hemmung der Prostaglandinsynthese stillt und daher zusätzlich entzündungshemmend wirkt → Acetylsalicylsäure, → Paracetamol

Nikotinsäurederivat chemischer Abkömmling der Nikotinsäure, der zur Senkung der schädigenden Trygliceride beiträgt und Fette wie HDL-Cholesterin im Blut ansteigen lässt, s. a. *Lipidsenker*

NSAR s. *Nichtsteroidales Antirheumatikum, Analgetikum*

NSMRI s. *Nichtselektiver Monoamin-Reuptake-Inhibitor, Antidepressivum*

Onkologikum Arzneimittel zur Behandlung von bösartigen Geschwulsterkrankungen

Opioid-Agonist mit dem Opium verwandtes Betäubungsmittel, das u.a. zentral schmerzstillende Eigenschaften hat → Morphin

Opioid-Antagonist Arzneimittel, das Wirkungen von *Opioid-Agonisten* aufhebt → Naloxon

Orphan Drug Arzneimittel zur Behandlung sehr seltener Erkrankungen

Osmodiuretikum *Diuretikum*, das eine osmotische Bindung von Wasser im Tubuluslumen der Niere bewirkt und so zu einer vermehrten Wasserausscheidung bei geringer Mehrausscheidung von Elektrolyten führt

Östrogen Sammelbezeichnung für im Eierstock und in der Plazenta gebildete Hormone, die hauptsächlich für die Ausbildung von weiblichen Geschlechtsmerkmalen und die Steuerung des Menstruationszyklus zuständig sind

Östrogenrezeptor-Modulator Hormonpräparat, das durch Simulation der Östrogenwirkung in und nach den Wechseljahren einer Osteoporose vorbeugt

Otologikum Arzneimittel zur Behandlung von Ohrenerkrankungen

Parasympatholytikum (= Cholinolytikum) Arzneimittel zur Hemmung des parasympathischen Nervensystems an verschiedenen Organen, wie z.B. die Frequenz verlangsamende Wirkung des Nervus Vagus am Herz → Atropin

Parathormon in der Nebenschilddrüse gebildetes Hormon, das u.a. den Blutspiegel von Kalzium anhebt und den Blutspiegel von Phosphat senkt; als Arzneimittel wird das Parathormon hauptsächlich zur Behandlung der manifesten postmenopausalen Osteoporose eingesetzt

Penicillin *Antibiotikum* zur Behandlung von bakteriellen Infektionen

Phosphatbinder Arzneimittel, das die Phosphataufnahme über den Magen-Darm-Trakt hemmt

Phosphodiesterasehemmer Arzneimittel, das das Enzym Phosphodiesterase hemmt; hierdurch steht der Herzmuskelzelle mehr Kalzium zur Verfügung, und es erhöht sich bei steigender Herzfrequenz die Leistungsfähigkeit des Herzens

Plasmaersatzmittel Infusionslösung zum Ersatz des Blutplasmas, z.B. bei Volumenmangelschock → HAES 6% *(Hydroxyaethylstärkelösung)*

Plasmaexpander Arzneimittel zum Ersatz des Blutplasmas, das zusätzlich zu seiner eigenen Menge noch Flüssigkeit im Gefäßsystem bindet

Podophyllotoxin-Derivat Arzneimittel aus der Gruppe der *Onkologika*, das das Enzym Topisomerase hemmt und so den Prozess der regelgerechten Zellteilung stört

Postkoitalpille umstrittenes Arzneimittel, das nach dem Geschlechtsverkehr zur Vermeidung einer nicht gewollten Schwangerschaft eingesetzt wird; durch hochdosiertes Östrogen wird die befruchtete Eizelle daran gehindert, sich in die Gebärmutter einzunisten, und stirbt ab

Prolactinhemmer (= Laktotropes Hormon) Prolactin ist ein im Hypophysenvorderlappen gebildetes Hormon, das hauptsächlich der Entwicklung der weiblichen Brustdrüsen und der Steuerung der Milchproduktion im Rahmen der Schwangerschaft dient; als Arzneimittel werden Prolactinhemmer bei Brustentzündungen während der Stillzeit, einem Milchüberschuss nach der Geburt und bei einem Ausbleiben der Menstruation angewendet

Propionsäurederivat chemischer Abkömmling der Propionsäure

Prostatamittel Arzneimittel zur Behandlung von Erkrankungen der männlichen Vorsteherdrüse
Protektivum Oberbegriff für ein schützendes Mittel
Prothrombinkomplex Komplex aus den Gerinnungsfaktoren II, VII, IX und X, als Arzneimittel bei angeborenem oder erworbenem Mangel an den enthaltenen Gerinnungsfaktoren oder zur Behandlung einer Cumarinüberdosierung
Protirelin s. *Thyreotropin-Releasing-hormon*
Protonenpumpenblocker *Ulkustherapeutikum*, das die Protonenpumpen in der Magenschleimhaut hemmt und so die Produktion von Magensäure verhindert
Psychoanaleptikum Arzneimittel, das die psychischen Funktionen anregt
Pyrazolonderivat chemischer Abkömmling des Pyrazolons → Metamizol, *nichtsteroidales Antirheumatikum*
Recombinant tissue plasminogen activator (= rt-PA) *Fibrinolytikum*, das eine proteolytische Umwandlung von Plasminogen in Plasmin bewirkt und so nicht organisierte Thromben im Körper auflöst → Alteplase
Rezeptoragonist s. *Agonist*
Rezeptorantagonist s. *Antagonist*
Rhinologikum Arzneimittel zur Behandlung von Erkrankungen der Nase
rt-PA s. *recombinant tissue plasminogen activator*
Schilddrüsenhormon Sammelbegriff für ein in der Schilddrüse gebildetes *Hormon* mit wichtiger Funktion im Stoffwechsel
Schleifendiuretikum Arzneimittel zur Förderung der Harnausscheidung durch Hemmung der Wiederaufnahme von Primärharnbestandteilen in der Henle'schen Schleife der Niere → Furosemid, *Diuretika*
Schleimhautprotektivum Arzneimittel, das die Schleimhaut schützt
Sedativum Beruhigungsmittel → Diazepam, *Benzodiazepine*
Selektiver Serotonin-Reuptake-Inhibitor *Antidepressivum*, das eine Wiederaufnahme von Serotonin hemmt. Hierdurch steht den Neuronen im Gehirn mehr Serotonin pro Zeit zur Verfügung, was die Stimmungslage positiv beeinflusst
Serotoninantagonist Arzneimittel, das die zentralen 5-HT3-Rezeptoren blockiert und so gegen Übelkeit und Erbrechen wirkt → Ondansetron, *Antiemetikum*
Sexualhormon auf die Geschlechtsorgane wirkendes Hormon
Spasmolytikum Arzneimittel zur Behandlung von Krämpfen im Bereich von Magen, Darm, Gallenblase und Urogenitaltrakt durch eine Blockade des Muscarinrezeptors, was zu einer Tonussenkung der glatten Muskulatur im betroffenen Bereich führt → Butylscopolamin
SSRI s. *selektiver Serotonin-Reuptake-Inhibitor*
Stärkederivat chemischer Abkömmling der Stärke → HAES (*Hydroxyaethylstärke*), *Plasmaersatzmittel*
Steroid (= Kortikosteroid, Kortikoid) Oberbegriff für ein aus Cholesterin in der Nebennierenrinde gebildetes *Hormon*,

z.B. das *Mineralkortikoid* Aldosteron, das *Glukokortikoid* Cortisol, Androgene und Östrogene

Stickstofflost-Analogon zu den *Alkylanzien* gehörendes *Onkologikum*, das in das Wachstum von Zellen eingreift, indem es mit dem Erbgut der Zellen reagiert und so die Weitergabe von genetischem Material an die Tochterzelle stört

Sulfonamid *Antibiotikum*, das einen mangelhaften Zellaufbau bei Bakterien verursacht und so deren Vermehrung verhindert

Sulfonylharnstoff orales *Antidiabetikum*, das in der Bauchspeicheldrüse die Freisetzung noch vorhandener *Insulin*reserven bewirkt und hierdurch den Blutzucker senkt

Sympathomimetikum Arzneimittel, das lokal oder im gesamten Organismus die gleiche Wirkung wie eine Sympathikuserregung bewirkt

Tetracyclin *Breitbandantibiotikum*, das gegen eine Vielzahl von Bakterien wirkt, indem es sie daran hindert, wichtige Zellbestandteile zu bilden, und so ihre Vermehrung verhindert

Therapeutikum Oberbegriff für ein Arzneimittel zur Behandlung einer Erkrankung

Thrombininhibitor Gerinnungsmittel, das die Entstehung des aus Prothrombin entstehenden Blutgerinnungsfaktors Thrombin hemmt, der Fibrinogen in Fibrin umwandelt

Thrombolytikum Arzneimittel, das nicht organisierte Thromben im Körper auflöst → Alteplase

Thrombozytenaggregationshemmer Arzneimittel, das die Zusammenballung von Thrombozyten und damit eine Thrombenbildung verhindert → Clopidogrel

Thyreostatikum Arzneimittel zur Behandlung einer Schilddrüsenüberfunktion, das die Ausschüttung von Schilddrüsenhormonen hemmt

Thyreotropin-Releasinghormon (= TRH, Protirelin) im Hypothalamus gebildetes *Hormon*; regelt im Hypophysenvorderlappen die Ausschüttung von TSH (= Thyroidea stimulierendes Hormon)

Tokolytikum s. *Wehenhemmer*

TRH s. *Thyreotropin-Releasinghormon*

Tuberkulostatikum Arzneimittel zur Hemmung des Wachstums des Mycobacterium tuberculosis

Ulkustherapeutikum Arzneimittel zur Behandlung von Geschwüren

Urikostatikum Arzneimittel bei Gicht, das die Bildung von Harnsäure verringert

Urikosurikum Arzneimittel bei Gicht, das die Ausscheidung von Harnsäure fördert

Urolithiasismittel Arzneimittel zur Prophylaxe oder Auflösung von Nieren- und Harnsteinen

Urologikum Arzneimittel zur Behandlung von Erkrankungen der Nieren und Harnwege

Urospasmolytikum Arzneimittel zur Behandlung von Krämpfen im Bereich des Urogenitaltrakts durch eine Blockade des

Muscarinrezeptors, was zu einer Tonussenkung der glatten Muskulatur im betroffenen Bereich führt

Vasodilatator Arzneimittel, das zu einer Erweiterung von Blutgefäßen führt

Vinca-Alkaloid Arzneimittel aus der Gruppe der *Onkologika*, das sich an das für die Zellteilung erforderliche Eiweiß Tubulin bindet und so die Zellteilung hemmt

Virustatikum Arzneimittel zur Behandlung einer Virusinfektion, das innerhalb der Zelle in den komplizierten Ablauf der Virusvermehrung eingreift und diese zum Stillstand bringt

Vitamin für den Körper lebensnotwendiger Wirkstoff, der von außen zugeführt werden muss, da er vom Körper nicht oder nicht ausreichend selber hergestellt werden kann

Vollelektrolytlösung wässrige Infusionslösung, deren Elektrolytkonzentration der des Extrazellularraums entspricht → Ringer-Laktat

Wachstumsfaktor Substanz, die Signale von einer Zelle auf die andere überträgt und so z.B. die Bildung von Granulozyten stimuliert

Wachstumshormon-Rezeptorantagonist Arzneimittel, das durch eine selektive Bindung an die Wachstumshormonrezeptoren die Wirkung von Wachstumshormonen hemmt

Wehenhemmer (= *Tokolytikum*) Arzneimittel, das im Rahmen von Geburtskomplikationen die Kontraktion des Uterus herabsetzt → Fenoterol, *Beta*$_2$*-Sympathomimetikum*

Weheninduktor Arzneimittel zur Einleitung einer Geburt, das die Kontraktion der Uterusmuskulatur fördert

Xanthin-Oxidase-Inhibitor Arzneimittel, das das Enzym Xanthin-Oxidase hemmt und so die Harnsäureproduktion verringert

ZNS-Medikament Arzneimittel, das im zentralen Nervensystem wirkt

Zweidrittelelektrolytlösung wässrige Infusionslösung, deren Elektrolytkonzentration zwei Drittel der Konzentration des Extrazellularraums entspricht

Zytostatikum Oberbegriff für Arzneimittel zur Hemmung des Wachstums von Zellen, z.B. zur Behandlung von bösartigen Geschwulsterkrankungen, s.a. *Onkologikum*

Index

Numerics

A

B

C

D

H

I

J

K

L

M

N

O

P

Q

R

S

T

U

pockets

Akupunktur pocket	978-3-89862-291-2
Anamnese & Untersuchung pocket	978-3-89862-289-9
Anatomie fast	978-3-89862-276-9
Arzneimittel Manual 06-07	978-3-89862-248-6
Arzneimittel Phytotherapie pocket	978-3-89862-258-5
Arzneimittel pocket 08	978-3-89862-286-8
Arzneimittel pocket plus 08	978-3-89862-287-5
Arzneimittel Therapie pocket 07-08	978-3-89862-270-7
Arzneimittel Rettungsdienst pocket	978-3-89862-292-9
Arzneimittel Pädiatrie pocket	978-3-89862-249-3
Arzneimittel Infektionen pocket	978-3-89862-273-8
Biologie fast	978-3-89862-232-5
Chirurgie fast	978-3-89862-261-5
Differenzialdiagnose pocket	978-3-89862-280-6
EKG Fälle pocket	978-3-89862-266-0
EKG pocket	978-3-89862-221-9
GK 3 Termini pocket	978-3-89862-226-4
Heilpraktiker Kompaktwissen pocket	978-3-89862-259-2
Homöopathie pocket	978-3-89862-246-2
Homöopathie für Kinder pocket	978-3-89862-247-9
Labormedizin pocket	978-3-89862-254-7
Medizinisches Englisch pocket	978-3-89862-239-4
Medizinisches Französisch pocket	978-3-89862-264-6
Medizinisches Spanisch pocket	978-3-89862-240-0
Medizinisches Italienisch pocket	978-3-89862-265-3
Medizin Translator pocket	978-3-89862-274-5
Mensch Körper pocket	978-3-89862-278-3
Neurologie pocket	978-3-89862-253-0
Notaufnahme Innere Med. pocket	978-3-89862-245-5
Normalwerte pocket	978-3-89862-230-1
Pneumologie pocket	978-3-89862-279-0
Psychiatrie fast	978-3-89862-243-1
Wörterbuch Medizin pocket	978-3-89862-267-7
Patientologie	978-3-89862-908-9
Notizbuch, Sonderedition	Bestellnummer: 612

XXS pockets

Antiinfektiva XXS pocket	978-3-89862-284-4
Asthma XXS pocket	978-3-89862-281-3
COPD XXS pocket	978-3-89862-282-0
Pneumonie XXS pocket	978-3-89862-283-7
Neurologie XXS pocket	978-3-89862-285-1
Notfall Med. XXS pocket	978-3-89862-512-8

pockettools

EKG pockettool	978-3-89862-314-8
EKG Lineal pockettool	978-3-89862-318-6
Asthma/COPD pockettool	978-3-89862-315-5
DANI pockettool	978-3-89862-316-2
Med. Engl. pockettool	978-3-89862-285-1

e-pockets im Mobipocket-Format

- Arzneimittel e-pocket 2007 bzw. Arzneimittel e-pocket 2008
- Arzneimittel e-pocket plus 2007
- EKG e-pocket
- Homöopathie e-pocket
- Medizinisches Englisch e-pocket
- Medizinisches Spanisch e-pocket
- Medizinischer Taschenrechner e-pocket

e-pocketcards im Mobipocket-Format

- Antibiotika e-pocketcard Set 2008
- Normalwerte e-pocketcard

Programmübersicht

pocketcards

Anamnese & Untersuchung pc	978-3-929785-84-5
Anästhesie-Intensivmeds pc Set (2)	978-3-89862-042-0
Antibiotika pocketcard 2008	978-3-89862-060-4
Antibiotika pocketcard Set (2) 2008	978-3-89862-064-2
Antimykotika pocketcard	978-3-89862-062-8
Asthma pocketcard Set (2)	978-3-89862-067-3
COPD pocketcard Set (2)	978-3-89862-068-0
Demenz pocketcard Set (3)	978-3-89862-065-9
Diabetes pocketcard Set (3)	978-3-89862-066-6
Dyslipidämien pc Set (2)	978-3-89862-071-0
Echokardiographie pocketcard Set (2)	978-3-89862-051-2
EKG pocketcard	978-3-929785-72-2
EKG Auswertungs pocketcard	978-3-929785-36-4
EKG Lineal pocketcard	978-3-89862-011-6
EKG pocketcard Set (3)	978-3-89862-015-4
Elektrol./Säure-Basen pc Set (3)	978-3-89862-069-7
Epilepsie pocketcard Set (2)	978-3-89862-054-3
Erste Hilfe pocketcard Set (3)	978-3-89862-014-7
Geriatrie pocketcard Set (3)	978-3-89862-055-0
Hypertonie pc Set (2)	978-3-89862-061-1
Lungenfunktion pocketcard	978-3-929785-75-3
Med Englisch pocketcard Set (2)	978-3-89862-050-5
Med Spanisch pocketcard Set (2)	978-3-89862-049-9
Neonatologie pocketcard Set (2)	978-3-89862-053-6
Neurologie pocketcard Set (3)	978-3-89862-070-3
Normalwerte pocketcard	978-3-89862-017-8
Notfallmedizin pocketcard Set (2)	978-3-89862-018-5
Pädiatrie pocketcard Set (2)	978-3-89862-056-7
Periodensystem pocketcard	978-3-89862-058-1
Präklinische Schlaganf.-Man. pc	978-3-89862-046-8
Psychiatrie pocketcard	978-3-89862-047-5
Reflexzonen pocketcard	978-3-89862-000-0
Regionalsnästhesie pocketcard Set (3)	978-3-89862-052-9
Sehpoben pocketcard	978-3-89862-013-3
Sono Abdomen pc Set (3)	978-3-89862-063-5
Stroke pocketcard Set (2)	978-3-89862-045-1
Terminologie pocketcard Set (2)	978-3-89862-003-1
The English patient pc Set (2)	978-3-929785-86-9
TNM pocketcard	978-3-89862-023-9
Wundlineal pocketcard	978-3-89862-059-8

Börm Bruckmeier Verlag